U0167764

我们一起解决问题

人工智能通识课

[意] 皮埃罗·斯加鲁菲（Piero Scaruffi）◎著
张瀚文◎译

INTELLIGENCE IS NOT ARTIFICIAL

（EXPANDED EDITION）

人民邮电出版社
北　京

图书在版编目（CIP）数据

人工智能通识课 / (意) 皮埃罗·斯加鲁菲
(Piero Scaruffi) 著 ; 张瀚文译. -- 北京 : 人民邮电
出版社, 2020.6 .
ISBN 978-7-115-53680-8

Ⅰ. ①人… Ⅱ. ①皮… ②张… Ⅲ. ①人工智能
Ⅳ. ①TP18

中国版本图书馆CIP数据核字(2020)第049517号

内容提要

本书纵贯人工智能技术在全球 70 多年的发展历史，综合逻辑学派和神经网络学派的主流观点，系统介绍了人工智能各种算法的起源与演进过程，以及人工智能技术在消费者行为分析、机器人、自动驾驶、医疗等方面的应用实践，使读者可以全面了解人工智能领域的真实现状，及其给人类社会带来的技术、哲学乃至艺术层面的影响。最后，本书作者对于人工智能的未来发展做了非常客观、务实的展望。

本书语言深入浅出，非技术专业人士也可以读懂，适合各种知识背景的读者了解人工智能技术的全貌，对人工智能技术建立起客观理性的认知；也适合作为高校人工智能通识课程的教材或参考读物。

◆著　　　　[意] 皮埃罗·斯加鲁菲（Piero Scaruffi）
译　　　　张瀚文
责任编辑　王飞龙
责任印制　彭志环

◆人民邮电出版社出版发行　　北京市丰台区成寿寺路 11 号
邮编 100164　　电子邮件 315@ptpress.com.cn
网址 https://www.ptpress.com.cn
北京天宇星印刷厂印刷

◆开本：720×960 1/16
印张：23　　　　2020 年 6 月第 1 版
字数：320 千字　　　　2025 年 3 月北京第 25 次印刷

著作权合同登记号　图字：01-2019-2390 号

定　价：99.00 元

读者服务热线：（010）81055656　印装质量热线：（010）81055316

反盗版热线：（010）81055315

推荐序

张钹，清华大学计算机系教授、中国科学院院士

由于我们对人类“智能”的了解很少，“人工智能”至今未能有一个明确的定义。对于一个没有明确定义的领域，自然会产生各种不同的学派，人们各持不同的观点，从而引起不同人群对人工智能千差万别的解读，有乐观的、有恐惧的、有反对的，还有认为人工智能不可能实现的，林林总总。同样，由于没有明确的定义，当下“人工智能”已被作为时尚用词，什么事物都可以贴上这个标签，到处滥用，大众对人工智能的认知十分混乱。皮埃罗·斯加鲁菲（Piero Scaruffi）以“智能不是人为的”（Intelligence is not artificial）为书名，试图回应大众的各种错误认识，给人工智能一个正确的解读，拨乱反正。

作者通过分析人工智能的发展历史，两个主流学派的观点，各种算法的起源与演进过程，以及人工智能的应用实践，对人工智能做出了如下的描述。

他认为，目前那些只解决结构化环境下确定性问题的“人工智能”，不能算是真正的人工智能，充其量是“自动化”而已。而真正的人工智能应该去解决非结构化环境下的不确定性问题。他还认为，目前的人工智能技术满足不了这个要求，需要新的理论与技术，因此要实现真正的人工智能还有很长的路要走。这些观点与我们提出的发展第三代人工智能的思路基

本吻合。这些见解无疑是正确的，符合当前人工智能发展的真实状况。此外，他从哲学、社会学等人文学科的角度，分析了人工智能技术对于人类的现实意义与挑战，特别提醒大众关注人工智能技术发展可能给人类带来的负面影响，也就是说，提请大众关注人工智能的安全与治理。最后，在人工智能的未来上，他讨论了“机器是否会有智能”“机器是否会有意识”和“机器智能能否全面超越人类”等话题。对于这些关乎人工智能未来的话题，目前存在两种完全相反的观点——肯定的与否定的。作者显然属于后者，认为计算机不可能做到这些。

我们该怎样看待这些问题？由于对人类大脑和智能的了解太少，我们目前还无法对此类问题进行严格的科学论证，一般只能从哲学的角度加以分析。显然，作者的否定态度也是建立在哲学的思考上的。哲学思辨必然产生各种不同的流派，而不同观点与哲学流派的思想碰撞，有利于人工智能科技的发展，我们自然不必在他们之间“选边站”。至于“硅能产生智能吗”之类的问题，我们是这样看的：人类的智能是由“碳”通过亿万年的自然进化产生的：这是我们目前为止发现的唯一的“智能物”。通过计算机技术的创新与进步，是不是也能进化出更加复杂的“智能”机器？当然，不同的人有着不同的见解。不过有一点是肯定的，即这种“智能”（暂且这样称呼）的机器一定与人类不一样，它的性能在某些方面可能超过人类，而在某些方面不如人类。这正是我们所希望的，二者互补，才能建立起“人－机”和谐共处的社会。其实，我们真正关心的是人工智能科技该如何发展，作者认为，发展机器人来取代人类的各种工作是一件好事，应该“不害怕人工智能的到来”。而且，考虑到互联网等先进技术，通过“隐形机器人云”可以研制出更加复杂的人工智能，人工智能具有广阔的前景。有这种态度已经够了，至于是否要研制与人类完全一样的“人造智能物”，这并不是人工智能的事。如果有这个需要，我同意作者的意见，“生物学的方法”应该更加可行。

本书讨论了什么是人工智能，如何发展人工智能以及人工智能的未来等大问题，既有哲学高度的大道理，也有基于大量的技术细节和目前人工智能已取得的最新成果的深入分析，颇具说服力。

本书值得不同领域和不同背景的读者阅读。

前言

首先，我为这篇冗长的前言致歉，借用幽默小说家马克·吐温的自辩："我无暇写短篇小说，故此作了一篇很长的前言。"

自从我的《智能的本质》出版以来，市场上相关的学术著作接踵而至。这些书籍天马行空地预测了人工智能科幻式的前景，还为其神速发展出谋划策。

所幸的是，越来越多的专家和学者义无反顾地挺身而出，抨击盲目的炒作、可耻的剽窃，而且竭力澄清不专业媒体的夸张分析和由此得出的错误论断，因为这些论断给人们造成了无谓的恐惧。

在2013年，我写了本书的前身《智能的本质》。当年媒体开始长篇累牍地报道人工智能的惊人发展，并由此展开了热烈的探讨，其极度夸张的内容近似荒谬的境界。因此，与其说《智能的本质》是一本学术性著作，不如说是哲学性的。

现今，"人工智能"一词已经成了时尚的标志性用词，备受青睐和追捧。不管什么事物都想尽可能地贴上人工智能的标签。各种广义上的"物联网"设备都被张冠李戴地作为"人工智能"产品来销售，数字统计及数字科学亦是如此。一旦某家企业在一篇文章中提出了一个热点技术，就会经由大力的网络宣传被大众接受，成为推动技术、社会，甚至经济革命的重要一步。众多响应者也会及时跟进，在他们的营销材料中加上诸如"机器学习"和"机器人"等流行术语，以此跻身时尚潮流。

“人工智能”一词如今已泛滥成灾，这也引起了我的质疑：为何照明开关不能被称为人工智能？它拥有神奇的功能，可以把一个伸手不见五指的房间变得光明敞亮。

我曾询问一位公司创始人，为什么公司的这些设备属于“人工智能”，而电视机却不是？他却支支吾吾，无言以对。电视机使用了复杂的“算法”和“应用程序”，只要按下遥控器，根据成像原理，人们就能看到地球上不同位置的人们；再按一下，就又切换到另外的城市和场景。在我看来，这是非常神奇的“应用程序”，超过了创业公司提供的那些穿戴设备，虽然后者可以显示某些身体数据，并在数据超越正常值时发出警告。

《智能的本质》出版已经过去了多年，在此期间，科技界发生了很大变化，技术的进步还在其次，重要的是对于“人工智能”的定义的变化。在20世纪90年代，人们曾嘲讽“人工智能”的肆意滥用。三十年河东，三十年河西，潮流已然逆转。如今，“人工智能”重现江湖并几乎吞并了“自动化”的地盘，现在所有的自动化都被冠以“人工智能”这个霸气的称号，如生产企业中均有一些简单、一成不变、周而复始的工序步骤是由机器完成的，准确而高效。现在，这样的设备均有幸被划归为高级别的领域——“人工智能”。那些老派的人工智能研究人员已经开始迷惘：除了“人工智能”还有什么可以让自动化占有一席之地？自动化已经无家可归了。

铁路客运和飞机座位的预订是极其复杂的计算机系统才能胜任的，它们正在为数以亿计的旅客提供优质服务。这在以前从未被认为是人工智能，但在今天一定会被冠以这种头衔，比起棋盘游戏，这些系统显然更有实用价值。另外，各种天气预报系统（世界上最具挑战性的模拟程序），如果不是它们比人工智能这个名词更早出现，恐怕也将被网罗在内。但是下面这个似乎有些离经叛道：那些入侵全球数百万计算机的恶意软件，是否也能在人工智能的殿堂中占据一席之地呢？

20世纪60年代的航空航天科学家们很谦逊，从未声称阿波罗登月系统是人工智能。而今天，技术含量远逊于登月系统的无人机却大言不惭地自诩为人工智能。

约翰·麦卡锡曾说：“一旦成功有效，就再也没有人会称它为人工智能了。”（补充一句，我从来没找到过这句话的出处。）今天的观点与其恰恰相反：“一旦成功有效，它就是人工智能。”

在20世纪80年代，有一部电影，电影内容涉及人工智能领域的一项数十亿美元的投资，电影也因此而名噪一时，此后凡事只要贴上“人工智能”的标签，便能身价倍增，无论是对小型公司、集团企业还是个体从业人员（我便是其中之一，时任加利福尼亚奥利维蒂人工智能中心的创始人兼主任）来说都是如此。在21世纪初，我们都亲身经历了这股热潮。在彭博社宣布对2015年人工智能的总体投资预测为1.28亿美元（比上一年下降了50%）后，风投雷达（Venture Scanner）则对此做出了“22亿美元”的预测，整整高出近20倍。彭博社怎么会犯这种错误呢？因为这一切都取决于你如何定义人工智能。两份研究报告出炉间隔的几个月内，大把初创企业都将自己重命名为人工智能的公司，至少也是改名为与人工智能相关的企业。这样的现象已蔚然成风。企业的项目、公司的产品无一不以人工智能为基础，人工智能将很快涵盖手机上的每款软件。

自2014年以来，我一直使用一款即时短信应用程序。我最近发现，该网站的推荐大为改观，声称“拥有了一种全新的语音通话功能，清晰度高，安全性也极高，已具备了人工智能特性”。但是，稍作检查比对就会发现，这款应用程序与它在2014年推出时完全相同。佳能公司于1995年推出了EF 75-300/4-5.6变焦镜头，其他相机制造商遂纷纷效仿，尼康称其为“减震”（Vibration Reduction，但VR的首字母缩写现在早已是虚拟现实的代表）。该创新基于一个简单的光学原理，并无惊人之处，因此彼时也没人将它称为人工智能。至于现在，与时俱进的佳能公司的产品经常以具有智能功能的相机亮相市场。

在1992年，美泰公司（Mattel）发布了一款能说话的芭比娃娃，能够说几句诸如“希望来一个比萨吗”之类的话。这款芭比娃娃若是出现在今天，人工智能阵营中定会又增加一名成员（当时会说话的芭比娃娃曾出现在电视节目《辛普森一家》中，后来因美国大学女性协会指控其为性别歧视而被召回）。

在1999年，蒂姆·韦斯特格伦（Tim Westergren）和维尔·格拉泽（Will Glaser）设定了几百种特性，对音乐作品加以分类。他们在2000年推出了一款应用程序，名叫“潘多拉”（Pandora），即根据喜好为用户推荐音乐作品。该软件性能优异，一直被广为使用至今，他们并没有为其冠以“人工智能”的美名。这和今天的观点截然不同，甚至有人认为错过“人工智能”的称谓是件令人遗憾的事情。我一直怀疑，如果秋广横井（Akihiro Yokoi）于1996年推出的电子宠物“Tamagotchi”（拓麻歌子）放在今天，也能够算得上是人工智能了。

当然，游戏发行公司Playlogic于2009年在荷兰上市的索尼猴（Eyepet）——一款运行在索尼PlayStation3上的畅销游戏——应该有此资格。该虚拟宠物在增强现实技术成为潮流之前就能够对物体和人物做出反应。

在2017年，华为公司推出了配置有“神经处理单元”（NPU）的智能手机“Mate 10 Pro”，据称其可加速微软的翻译软件，但其实质仍只是一款速度更快的处理器而已。

在杭州，有人告诉我，当地正在建造一家人工智能酒店。我思索良久，不得其解。我询问何为人工智能酒店？结果被告知，就是客人可以使用身份证进门并完成自助式入住登记，酒店内不设前台接待处。这让我想起，我曾经有两次入住过这样的酒店，分别是在瑞典和法国，但是谁也没有认为这就是人工智能的酒店。想过没有，你的洗碗机很快会成为人工智能的，不久以后你的家即将变成人工智能“集中营”，家用电器的生产制造厂商正准备修订他们的产品使用手册，让商品能与人工智能“沾亲带故”。

在1997年，爱立信推出了功能型手机（Smart Phone）GS88，自此，功能型手机在1999—2002年席卷手机行业，特别是在黑莓公司发布首款黑莓手机（5810型）之后。苹果公司于2007年发布的iPhone碰巧遇上了“深度学习”（Deep Learning）技术的出现——两者在本质上并无联系，但前者代表着功能（Smart），后者被称为智能（Intelligent）——混淆在所难免。2012年是属于全球移动市场的：智能手机销量猛增至6.8亿部，年增长率为30%（引自高德纳调研公司的资料）。这种辉煌只在第二年重现了一次。智能手机销售在2012年第四季度达到了白热化的程度，全球共销售出2.08亿部智能手机，比前一年同期增长了38%。与此同时，在人工智能领域中，深度学习在大规模视觉识别挑战赛（ILSVRC）中大放异彩。“功能”与“智能”成为各类电器、工具和设备不可或缺的前缀。如果人工智能的创始者被告知“智能”已经被如此无节制地滥用，一定会顿足捶胸、追悔莫及。

“人工智能无所不在”的预言正在成为现实，因为只要我们一厢情愿地贴上标签，那这种名不副实的头衔便会成为时尚的标识。

一个相悖的现象是：99%对人工智能的研究其实并没有实际应用于商业；而99%的商业应用却在借人工智能的名义来销售。市场正在重新定义人工智能，这是许多人未能预见到的。

从技术层面分析，将计算机科学纳入“人工智能”是合理的。因为计算机问世之初就被认为是一种“电子大脑”。即便在今天，我们仍然可以把计算机称为“电脑”。软件工程师编写的每个软件产品，都是第一台计算机出现以后的人工智能的后续产品。但是，计算机科学与人工智能之间的合理分割仍然模糊不清、模棱两可。

姑且不论人工智能最终将被如何定义和诠释，有一点是可以肯定的：人工智能不是神奇的魔术，只是计算科学在自动化技术上的实践应用。

本书试图解释人工智能科学家所做的事情。无论你对人工智能作何定义，如何对智能进行不同的解读，确实有很长一段时间，科学家们对人工智能背后的数学问题殚精竭虑、苦心钻研。今天人工智能工作者更像是工匠，而非科学家：工匠并不理会已经由科学家所证明的理论，而是一直做他们可以做到的事情。

有关智能的炒作愈演愈烈，但我却发现事情在往相反的方向发展。我看到，算法设计得是如此愚蠢，而我们正在被这类算法包围，它们将会把我们变成愚蠢的机器人。我很想写一本名为《如何应对超级愚蠢的机器时代》的书。我不是愚蠢的机器人，但那些木讷的算法坚持像对待愚蠢的机器人那样对待我。我很想振臂高呼："我是有智慧的！"但这群木讷的算法仍将我紧紧包围。

我们正在降低人类自身的智商，将机器视为智能正变得顺理成章。我们自己的智力越低，那些机器就相对地越智能。那么，现在我们应如何判断：世界已经被智能化占领了，这是因为机器的智能越来越高，还是我们自己的智力越来越低了？用阿尔伯特·爱因斯坦的话说："一切都是相对的，当你看到火车在向前行驶时，火车上的旅客看到的你是在向后倒退的。"

我看到，世界逐渐被"庞大的算法官僚主义"主宰——那才是真正意义上的反乌托邦。算法只是结果，而非成因。人们在组织社会的过程中创造出了官僚体系。起初，算法是由人们手动执行的。在一家快餐连锁店订购三明治时，你仍会看到人们执行算法的方式：选择三明治做法、选取面包、挑选蔬菜类型等，然后让服务员依据既定步骤为你准备三明治，你则是去收银台付款。转向机器算法只是用计算机取代了人工执行的部分。其中的关键在于，我们交互的对象从人变成了算法。"智慧城市"意在描绘由万物互联的高效算法构成的城市。问题在于，城市里不光有建筑物、街道、汽车，还有人。"智慧城市"让你联想到一座完全为居民服务的智慧型城市，但事实上这可能只是一个高科技集中营，每个人在其中都只是一组数字符号。

这本书只是现今茫茫书海中的一本，其他同类书大多是介绍有关人工智能应用的各种方法，但这本书从技术角度追根溯源，涉及人工智能领域各种关联技术的发展历史，其中也会谈到人类的思维在被愚蠢的机器包围后，智商不断被降低的风险。除去单独的技术探讨外，本书还会涉及与社会学相关的各个领域。

人工智能根本未能揭示人类思想的奥秘，甚至没有往这个方向努力——我们对自己大脑的运作知之甚少。

我们所理解的，并不足以用来解释我们要去理解它的原因。

神经科学与人工智能研究的开端

距今200多年前，即1818年，在英国出版了一本小说——《弗兰肯斯坦——现代普罗米修斯的故事》，作者是一位叫玛丽·戈德温的少女，她的父亲是无政府主义的先驱威廉·戈德温，母亲则是女权主义的开创者玛丽·沃斯通克拉夫特。玛丽·戈德温后来与诗人珀西·雪莱结婚，改名为玛丽·雪莱。她的母亲曾两度企图自杀，而她丈夫的前妻亦是自杀身亡的。这部小说创作于印度尼西亚的坦博拉火山爆发的那一年，火山爆发导致各种极端气候出现。玛丽·戈德温的小说从中汲取灵感，同时还引用了意大利医生路易吉·伽伐尼于1791年提出的理论——“电流对肌肉运动的影响理论”，这个理论和这本小说建立起了神经系统与电流之间的关系，被认为是神经科学的开端。

目　录

Chapter 1

Intelligence is not Artificial (Expanded Edition)

Intelligence is not Artificial (Expanded Edition)

Intelligence is not Artificial (Expanded Edition)

Intelligence is not Artificial (Expanded Edition)

第一章 人工智能发展史

Intelligence is not Artificial (Expanded Edition)

Intelligence is not Artificial (Expanded Edition)

Intelligence is not Artificial (Expanded Edition)

Intelligence is not Artificial (Expanded Edition)

Intelligence is not Artificial (Expanded Edition)

文化背景：知识型的社会

出生于奥地利的经济学家彼得·德鲁克（Peter Drucker）在其于 1959 年出版的《明日的里程碑》（*Landmarks of Tomorrow*）一书中提出了“知识型工作者”（Knowledge Worker）的概念。值得一提的是，这本书创作于电子计算机还没有普及的年代。德鲁克在书中强调了线性因果范式的“模式”（更重要的是，他预测了政府影响力的衰落）。

另一位出生于奥地利的经济学家弗里茨·马克鲁普（Fritz Machlup）任职于普林斯顿大学，他于 1962 年提出大学是“知识产业”，他在《美国知识的生产和分配》一书中提出了“信息化社会”的概念。

哈佛大学社会学家丹尼尔·贝尔（Daniel Bell）在其于 1967 年发表的《后工业社会的笔记》中用“后工业社会”这一称谓来描述一个“知识将成为最具价值的资源”的社会。贝尔在其于 1973 年出版的《后工业社会的到来》一书中将此称为“知识型社会”，他认为这种社会将会“围绕着知识进行自我组织”。

1971 年，日本通过了一项国家计划，旨在到 2000 年时，让日本成为所谓的“信息化社会”。不知何种缘由，日本在软件和服务（新知识型经济）方面的经济成就远不及其汽车和消费类电子方面（传统的工业化生产）。或许我们可以将此视作信息（传统工业的必备要素）与知识之间存在的差异。

人工智能研究的起源

人们可以将机器智能的历史追溯到两千年前的古希腊，又或者是一个世纪前的第一台电动机器，但是我宁愿把智能机器的历史起点设定为“通用机器”（Universal Machine）的出现。它最初由英国数学家艾伦·图灵于

1936 年构思成熟。虽未亲自将其付诸实践，但图灵意识到，通过操纵电路开关产生逻辑信号，人们能创造出可与完美的数学家相媲美的机器。虽然第一台计算机并不属于通用图灵机（Universal Turing Machines，UTM），但自 1946 年 ENIAC 诞生以后，大多数的计算机，包括我们今天使用的笔记本电脑和智能手机都属于通用图灵机。它建立在“是否”的逻辑上，只承认两个值（“真”和“假”），所以任何“智能”机器的核心计算机都使用二进制逻辑（1 和 0）。

1943 年，数学家诺伯特·维纳（Norbert Wiener）、数学逻辑学与生物学家阿图罗·罗森布鲁斯（Arturo Rosenblueth）以及工程师朱利安·毕格罗（Julian Bigelow）合作发表了论文《行为、目的和目的论》（*Behavior, Purpose and Teleology*），首次提出了“控制论”的概念，阐述了机器与生物体之间的关系：机器可以被看成某种形式的生命体，反之亦然，生物体也是某种形式的机器。

然而，在通常情况下，“智能”只是被认为仅比“活着”高出一个或多个阶段：（人类）通常认为人类属于智能范畴，而虫子则不是。

如果可以设计出一台数字电子计算机来模拟人类大脑的工作，那么这就太神奇了！科学家们一系列的发现使其成为了可能。1891 年前后，神经科学之父卡哈尔（Santiago Ramon y Cajal）发现，大脑神经元的工作原理就像电气开关：触发导通和切断关闭。它们从其他神经元接收信号，当信号累计超过某个阈值时，便会触发导通。在更早些时候，英国哲学家乔治·布尔（George Boole）在其于 1854 年出版的《思维法则》一书中，首次提出了二进制逻辑。在 1943 年的芝加哥大学，数字电子计算机与神经元学科碰撞出了火花：精神病学家沃伦·麦卡洛克（Warren McCulloch，他同时也是一位诗人）与流离失所的数学神童沃尔特·皮茨（Walter Pitts）从数学角度提出，“人工”的神经元只可能以二进制形式存在；他们还研究如何在一个异常复杂的网络中连接海量的二进制神经元，从而模拟出大脑的工作方式。当信号被发送到网络时，它们根据简单的规则扩散到对应的神经元，即任意接收到足够信号能量的神经元会向其他神经元发出信号。随后，他们具有开创性意义的论文《在神经活动中，思想的逻辑微积分》(1943)证明了这种二进制神经元网络相当于通用图灵机。麦卡洛克受到罗森布鲁斯的影响（两人在梅西会议上成为朋友），开始寻找神经系统之间的逻辑关系；而师从（非正式）当时著名逻辑哲学家鲁道夫·卡尔纳普（Rudolf Carnap）的皮特斯则找到了一种能将布尔代数应用于解释大脑神经元行为的方式。于是人们认为，大脑似乎确实是依据罗素与怀特海德所发现的逻辑方式工作的，这被称为“数学原理”(Principia Mathematica)。当然，真实的神经元的工作原理远不止理论中所提到的这些。他们的理论引用了三部作品：卡尔纳普的《语言逻辑句法》，伯特兰·罗素（Bertrand Russell）的《数学原理》，以及大卫·希尔伯特（David Hilbert）的《理论逻辑基础》。卡尔纳普后来从欧洲搬到了美国的芝加哥大学，而他对于形而上学的敌意有助于皮特斯思考一种新的逻辑语言，以至于皮特斯的《思想的逻辑微积分》在感觉上就像是卡尔纳普应用逻辑演算诠释了神经系统的运作。

1945年，约翰·冯·诺依曼发表了关于“程序存储架构”(Stored-Program Architecture)——目前仍然作为可编程计算机的体系架构——的《EDVAC报告》，报告的初稿极具影响力，他只引用了一篇由麦卡洛克与皮特斯撰写的论文。他甚至略过了在宾夕法尼亚大学摩尔电气工程学院与其共事的同僚，尤其是ENIAC的设计师约翰·莫克里（John Mauchly）和普雷斯伯·埃克特（Presper Eckert）——是他们为冯·诺依曼提供了思路。

1955年，在纽约举行的无线电工程师现场交流大会（Institute of Radio Engineers’ Offsite Link Convention）期间，麦卡洛克组建了一个名为“模拟人类大脑行为的机器设计”小组。他满怀信心地宣称：“从理论上讲，我们无须质疑是否可以通过构建机器来完成人类大脑所能从事的工作，因为大自然创造人类大脑的过程已经告诉我们这完全是可行的（当然，事后人们用哥德尔的理论证明了麦卡洛克与皮特斯理论中的缺陷，但这只是细节问题）。”皮特斯则来到麻省理工学院与诺伯特·维纳共事，他们的合作非常成功，慧眼独具地将神经元的确定性规律转化为行为的统计规律。这显然有些为时过早，因为当时第一台数字电子计算机还未面世（这将发生在1951年）。

这些极具智慧的专家的目标不是“计算机科学”，而是控制论。1946—1953年，控制论的创始人定期召开由纽约州梅西基金会组织举办的控制论会议（也被称为“梅西会议”），由威廉·拉普利担任该基金会主席，会议有时会在一年内召开两次，是一个真正的跨学科会议。第一次会议的发言人是冯·诺依曼（计算机科学）、诺伯特·维纳（数学）、沃尔特·皮茨斯（数学）、阿图罗·罗森布鲁斯（生理学）、拉斐尔·洛伦特（神经生理学）、拉尔夫·杰拉德（神经生理学）、沃伦·麦卡洛克（神经精神病学）、格雷戈里·贝特森（人类学）、玛格丽特·米德（人类学）、海因里希·克吕弗（心理学）、莫莉·哈罗（心理学）、劳伦斯·库比（精神分析）、费尔默·鲁斯诺普（哲学）、劳伦斯·弗兰克（社会学）和保罗·拉扎斯菲尔德（社会学）。正是在1947年的第二次控制论会议上，皮特斯宣布，他正在撰写有关三维神经网络概率的博士论文。不幸的是，他最终烧毁了自己未完成的博士论文。

1951年1月，在路易·库菲尼亚尔（Louis Couffignal）的协助下，约瑟夫·佩雷斯（Joseph Pérès）在巴黎组织了名为“计算机器与人类思想”的控制论会议。一年后，路易·库菲尼亚尔出版了《思考的机器》（*The Thinking Machines*）。参加会议的学者有麻省理工学院的诺伯特·维纳，哈佛大学的霍华德·艾肯（Howard Aiken），伊利诺伊大学的麦卡洛克，剑桥大学的莫里斯·威尔克斯（Maurice Wilkes，他也是EDSAC项目的负责人），巴恩伍德医院（Barnwood House Hospital）的罗斯·阿什贝（Ross

Ashby，他于 1948 年设计了第一款恒定器），电信研究机构的皮特·乌特利（Pete Uttley），伯登神经学研究所的威廉·格雷–沃特（William Gray-Walter，他于 1949 年制作了电子海龟），法国物理学家路易·德·布罗意（Louis de Broglie，波与物质二元论的发现者），波兰的数学家本华·曼德博（Benoit Mandelbrot，分形科学的未来发明者），曼彻斯特大学的弗雷德里克·威廉姆斯（Frederick Williams，他于 1947 年开发了随机存取记忆管），曼彻斯特大学的汤姆·吉尔伯恩（Tom Kilburn，工程师，他在 1948 年曾经运行过第一款计算机程序），费兰蒂公司（Ferranti，该公司在当时即将推出第一台商用计算机）以及 IBM 的代表。在这次会议上，维纳与列奥纳多·托雷斯·奎维多（Leonardo Torresy Quevedo）的自动象棋机进行了对弈。奎维多是一位西班牙工程师，他的象棋机于 1914 年首次亮相。这里有一个小细节：1951 年的法国实行的是食物的定量供应，就在这时，法国、联邦德国、意大利、比利时、荷兰和卢森堡等国在巴黎举行会议，创建了欧洲煤炭和钢铁共同体（European Coal and Steel Community），即欧盟（EU）的前身。

控制论的影响超越了生物学和工程学。例如，哈佛大学的捷克裔社会学家卡尔·多伊奇（Karl Deutsch）在他的一系列文章中运用控制论的方法来解决社会政治问题，这些文章以《机制、生物与社会》（1951）为引子，后被收录在《政府的神经》（*The Nerves of Government*，1963）一书中。

《计算机器与智能》是艾伦·图灵在 1950 年发表的论文，其中引入了“图灵测试”（Turing Test）的方法，这种方法被认为是用以区分机器是否智能的有效验证手段：我们向机器提出不同类型的问题，得到了答案。当我们无法分辨这样的答案是机器还是人类做出的时，这个机器就是智能机器。这是机器必须通过的一种验证，使之被确认为是“智能的”。

贝尔实验室（Bell Labs）的克劳德·香农（Claude Shannon）发表了开创性的论文《通信数学理论》（*A Mathematical Theory of Communication*）。

之后不久，于1949年3月在纽约举行的全美无线电工程师学会（Institute of Radio Engineers，IRE）大会上，他又发表了名为《为国际象棋编程的计算机》（*Programming a Computer for Playing Chess*）的演讲。根据香农的传记作家罗伯·古德曼（Rob Goodman）的回忆，晚年的香农为自己的葬礼策划了一场纪念游行，其中有爵士乐组合——一支由417种乐器组成的军乐队、杂技演员，以及可以下国际象棋的电脑和能玩杂耍的机器人。

人工智能研究的早期发展

1955年，在洛杉矶举行了极具影响力的首次智能机器设计师会议——西部联合计算机大会（Western Joint Computer Conference）。在这次会议上，艾伦·纽维尔（Allen Newell）和赫伯特·西蒙（Herbert Simon）提出了“逻辑理论机器”（Logic Theory Machine）的概念。纽维尔还展示了他的“国际象棋机器”。沃尔特·皮茨斯的室友奥利弗·塞尔弗里奇（Oliver Selfridge）发表了演讲——《模式识别和现代计算机》。韦斯利·克拉克（Wesley Clark）和贝尔蒙特·法利（Belmont Farley）报道了第一个由计算机模拟神经的神经网络，即自组织系统中模式识别的产生。

然后在1956年，约翰·麦卡锡（John McCarthy）在达特茅斯学院（Dartmouth College）组织了一次会议，名为“达特茅斯人工智能夏季研究项目”（Dartmouth Summer Research Project on Artificial Intelligence）。明斯基、麦卡锡和雷·索洛莫诺夫参加了从6月18日到8月17日的为期两个月的夏季研讨会。其中，雷·索洛莫诺夫是芝加哥大学科幻俱乐部的主席，其他出席者还有克劳德·香农、朱利安·毕格罗、沃伦·麦克洛克、奥利弗·塞尔弗里奇、罗斯·阿什比、阿瑟·塞缪尔、赫伯特·西蒙、艾伦·纽厄尔，以及另外9位出席者。维纳没有参加，因为这个研讨会是反对控制论的。这个研讨小组主要由纽维尔和西蒙掌控，旨在奠定一个全新的符号信息处理学科。图灵早在该研讨会召开的两年前（1954）就自杀了，没能见证“人工智能”被纳入常用词汇。需要注意的是，维纳（此时也在麻省理工学院）已经创造了“控制论”一词，没有必要为这门学科物色一个新的术语。麦卡锡试图表明，他的“人工智能”与维纳的“控制论”不同的是，人工智能基于数学逻辑，而非工程学。但是今天，“人工智能”这个术语仍然存在，我们也用它来命名一些项目（如神经网络），从发展历史的层面上来讲，这些项目或许被称为“控制论”更恰当。

对于有着颠覆式思想的年轻人来说，这是一个黄金时代。这次会议的规划早在1955年8月便已成熟。同期发生的事件包括：塞缪尔·贝克特（Samuel Beckett）的歌剧《等待戈多》（*Waiting for Godot*，最初用法语写作）在伦敦首映；1955年7月，查克·贝里（Chuck Berry）发行了他的流行摇滚单曲，这也是在迈尔斯·戴维斯（Miles Davis）与赛罗尼斯·蒙克（Thelonious Monk）在纽波特爵士音乐节上合作演出、成为爵士乐的后起之秀前的一个月；胜利唱片（RCA Victor）发行了一套由四张碟片组成的唱片专辑，是由“电子音乐合成器”生成的声音与音乐（合成器由哈利·奥尔森和赫伯特·贝莱尔在胜利唱片公司位于普林斯顿的实验室制作而成）；比利·怀尔德的电影《七年之痒》（*The Seven Year Itch*）上映，由玛丽莲·梦露主演，她也由此建立起标志性的女性形象；理查德·布鲁克斯的电影《黑板丛林》（*Blackboard Jungle*）描绘了少年犯的生活，其电影原声带《全天候摇滚》（*Rock Around the Clock*）由比尔·哈利（Bill Haley）和他的彗星乐队演唱，成了逆反的年轻人群的赞歌。而在前一年，即1954年，瓦雷兹发布了电子磁带音乐——《沙漠》；俄罗斯插画家鲍里斯·阿茨巴舍夫（Boris Artzybasheff）出版了《如我所见》——一本描绘关于后人类社会的富有远见的图书（主题是人性化的机器和半机械人）；乔治·凯普（Gyorgy Kepes）正在撰写他的《艺术与科学的新格局》一书，这本书混合着从X光机、电子显微镜、声波、雷达、望远镜和红外传感器中获得的现代化照片。

这也是一个动荡的时期：1955 年 9 月，威廉·肖克利在硅谷成立了他的第一家创业公司；当年年底，“颓废派”诗人艾伦·金斯伯格在旧金山朗诵了他的诗《嚎叫》；同样在旧金山，马丁·路德·金开始了一轮民权运动（事件由一位黑人妇女引发，这位名叫罗莎·帕克斯的黑人妇女因拒绝为一位白人乘客让出巴士座位而遭到逮捕）。1955 年 3 月，查理·帕克去世，阿尔伯特·爱因斯坦在同年 4 月去世，温斯顿·丘吉尔于 4 月退休，托马斯·曼则在 8 月去世。

1956 年，麦卡锡还与克劳德·香农合编了一本名为《自动化机器研究》的书，延续了麦卡洛克与皮特斯对神经元项目的探究，参与者包括罗斯·阿什比、皮特·乌特利、明斯基、冯·诺依曼，以及香农和麦卡锡本人。值得注意的是，书中还囊括了兰德公司（RAND Corporation）的哲学家詹姆斯·伯特森提出的“被浪费的机器人”理论，他在其于 1948 年发表的《视神经传导机制和形式感知》中提出了数学神经网络模型，并在 1952 年提出了“假设机器人”的概念；同在兰德公司就职的斯蒂芬·克林重新修订了名为《表示神经网络的事件和有限自动机》的论文，该论文最早发表于 1951 年。罗斯·阿什比甚至在其论文《智能放大器的设计》中讨论了如何让机器产生创造力。

专家系统的兴起

在早期人工智能理论不断被提出的同时，专家系统[1]在学术界逐步兴起。布鲁斯·布坎南于 1972 年在斯坦福大学发现了霉菌素，将其用于医学

[1] 专家系统（Expert System）是一种使用人工智能技术进行编程的软件。这类系统利用专家知识数据库，在医学诊断和股票交易等领域提供建议或做出决定。

诊断；约翰·麦克德莫特于1978年在卡耐基-梅隆大学编写了Xcon[1]；到了20世纪80年代，在工业与金融领域中还大量出现了知识与信息传递领域的创新（如卡耐基-梅隆大学的内罗斯·奎廉推出的语义网络、麻省理工学院的明斯基发明的框架、罗杰·丹克在耶鲁大学创造的运行脚本，以及斯坦福大学的巴尔巴拉·海斯-罗斯建立的黑板系统[2]等）。

框架（Frame）是奥托·塞尔兹模式的一个变体，是一种识别环境状况的结构，当意识到环境状况时，框架还会告诉我们该如何反馈。而脚本（Script）是明斯基提出的框架模型下的一种偏向社交模式的变体，代表了对情景的固有认识，由一系列的动作与角色构成。一旦识别到具体的环境状况，脚本就会通过规划得出合理的动作和可能需要扮演的角色。脚本有助于理解环境状况，并预测在这种环境下可能发生的事情。脚本会进行“预期推理”。日常生活中的推理并不按照严格的逻辑进行，而是“基于案例”的推断，相当于一种类比判断。在这之中，每种新的情况都会与已知情况相匹配，从而预测接下来将会发生什么。推理是“由预期驱动的”。诸如感知、识别、推理、理解与记忆等认知现象都有一个基本的特性：它们同时发生，任意一个都不可或缺。明斯基与沙克受到杰罗姆·布鲁纳与其他“新面貌”[3]运动者的影响，认为“预期决定着我们的看法”。

1980年，第一家从事人工智能的初创企业Intellicorp在硅谷成立。

人工智能的繁荣没有跨出美国本土：1973年，剑桥大学数学家詹姆斯·莱特希尔（James Lighthill）为英国政府撰写的一份名为《人工智

---

[1] R1（内部称为Xcon，用于专家配置）程序是基于生产规则的系统，它通过根据客户的需求自动选择计算机系统组件来协助DEC公司的VAX计算机系统进行排序。

[2] 黑板（Blackboard）系统是一种基于黑板体系结构模型的人工智能方法，其中一个公共知识库“黑板”由一组不同的专家知识库进行迭代更新，从问题规范开始，以解决方案结束。

[3] “新面貌”将功能视角与主流的“正式”视角进行对比，前者将感知视为一种自给自足的过程，并将其与周围的世界分开进行考虑。

能——一项全面调查》（*Artificial Intelligence: a General Survey*）的报告几乎扼杀了英国的人工智能研究。

相反，在美国，几个专家系统的项目在同时进行，特别是在医疗领域。1972 年，撒乌耳·阿马雷尔的学生卡西米尔·库利科夫斯基和肖洛姆·韦斯在罗格斯大学开发了 Casnet（Causal Associational Network，即因果联想社交网络）。1974 年，匹兹堡大学的哈利·波普尔创建了 Dialog（后更名为 Internist）。1976 年，斯蒂芬·波克尔在塔夫斯大学首次推出了 PIP（现在的疾病项目）。所有关于医学专家系统的注意力都聚焦在了罗格斯大学举办的第一次人工智能医学研讨会上，该研讨会于 1975 年由库利科夫斯基负责召集。

认知基础的体系在架构方面的进展弥补了计算机缓慢的发展速度。1980 年，朱迪亚·珀尔引入了博弈棋类算法（Scout Algorithm），该算法突破了传统的剪枝算法（Alpha-beta）。1983 年，亚历山大·雷恩斯菲尔德用他的负值侦察（Nega Scout）算法进一步优化了搜索算法。

有一项重要因素，使符号处理的方法优于联结主义的方法，那就是后者使用了更复杂的算法，换句话说，它需要更多的计算能力，而那在当时是罕见和昂贵的。

（注：我于 1985 年进入该领域，负责欧洲最大的电脑制造商奥利维蒂位于硅谷的人工智能中心，后来又在 Intellicorp 工作了几年）。

摇滚乐：欢迎来到机器的时代

摇滚乐或许是人工智能涉足的第一门艺术。克劳斯·舒尔茨（Klaus Schulze）的《电子人》（*Cyborg*，1973）、平克·弗洛伊德（Pink Floyd）的《欢迎来到机器时代》（*Welcome to the Machine*，1975）与克拉夫·特维克（Kraf twerk）的《人与机器》（*Man Machine*，1978）唤起了一个人类与机器智能融合的世界。在这一时期，科幻电影的主题仍主要是太空旅行、时空跨越、外星人入侵、反乌托邦、受核影响产生的怪物，但是在1965年，当智能电脑在让·吕克·戈达尔的电影《阿尔法城》中出现后，效仿者接踵而至，其中包括斯坦利·库布里克的《2001太空漫游》（1968），约瑟夫·萨金特的《巨人——Forbin项目》（1970），迈克尔·克莱顿的《西方世界》（1973）和唐纳德·坎默尔的《恶魔的种子》（1977）。智能机器很快就在多部电影中担任配角，包括乔治·卢卡斯（George Lucas）的《星球大战》（*Star Wars*），以及雷德利·斯科特（Ridley Scott）的《异形》（*Alien*）（1979）。

探讨人工智能历史的前提

奇怪的是，很少有人提出“为什么”，为什么要启动人工智能？目标是什么？为什么要制造出一种行为（感觉）近似于人类的机器呢？

这其中有很多种动机。我相信最初的火花是纯粹的科学好奇心。一个世纪以前，一位颇有影响力的德国数学家大卫·希尔伯特提出了一个囊括了所有数学公理的程序，他认为这足以挑战全世界的数学家。在某种意义上，他的终极目标可以这样来表述：我们是否能找到一种程序，让任何人解决任何数学问题——通过运行这个程序就能证明所有定理。1931年，库尔特·哥德尔（Kurt Goedel）证明了他的不完备定理（Theorem of Incompleteness），这是对希尔伯特挑战的回应。其结论是：不，这是不可能的，因为总会有至少一个命题是我们无法证明其是正确还是错误的。但在1936年，艾伦·图灵提出了他的解决方案，后被称为“通用图灵机”，这是我们能得到的最接近希尔伯特梦想的程序。今天的电脑，包括笔记本电脑、平板电脑和智能手机，都是通用图灵机。下一步就是想知道这台机器是否可以被称为“智能”，也就是说，它是否能像人类一样行动（通过图灵测试）、具备意识状态，甚至比它的创造者更聪明（即奇点）。

第二种动机纯粹是从商业角度出发的。长期以来，自动化一直是提高生产率和创造财富的源泉。工业革命加速了自动化的发展，到目前为止，自动化仍然是经济发展的重要引擎，但是人类尚不能完全被机器取代。机器可以一天 24 小时、一周 7 天连续工作，不会罢工，不用停下来吃饭，不需要睡觉，不会生病，不受愤怒或悲伤等情绪的影响。它们要么能发挥作用，要么不起作用——这种情况发生时我们可以用其他机器取而代之。在计算机被发明以前，自动化在纺织工业中是普遍存在的。洗碗机等家用电器使家务活儿实现了自动化；装配线实现了自动化制造；农用机器的自动化将人们从繁重的农村杂务中解放出来。这一趋势仍在继续。在我写作的这个时代，机器（交通灯上悬挂的传感摄像头与城市的交通部门远程相连）正在取代世界上许多城市的交警来引导交通（并捕捉那些闯红灯司机的信息）。

第三种动机是理想化的。一个“专家系统”可以提供世界上最好的专家所能提供的服务。人类与机器的区别在于，人类专家无法在世界各地进行复制，而专家系统却可以。想象一下，如果我们有一个克隆了世界上业务最顶尖医生的专家系统，我们就可以将这个专家系统免费提供给全世界的人们（富人或穷人），并使之一天 24 小时、一周 7 天不间断地工作。

套用道格拉斯·霍夫斯塔特（Douglas Hofstadter）在其著作《流体概念和创造性类比》（1995）中的观点，对“智能”机器的研究有两种类型。一种类型（工程方法）是对实际结果感兴趣，使之成为技术，以此来获得与人类智力劳动相同甚至是与之相比更好的效益。另一种方法与实际结果无关，是研究智力与创造力的本质。工程师有针对性地建造了一台用以满足某种特定需求的机器，就像印刷机和蒸汽机。这些发明改变了数百万人的生活，但是这些机器不会模仿人类的思维。而研究人类智力的学者想要探究人类的思维方式。人类大脑的反应速度相对较慢；人们需要吃饭和睡觉；人们还会生病，或者心烦意乱；人们需要花精力去支付账单和交税；但人们仍然能够找到方法来解决所面临的问题。例如，霍夫施塔特强调，“计算机上的象棋程序可以教会我们预测人类棋手对弈时的思维方式”。这些程序可以击败任何一位象棋冠军，这是程序设计的最初目的。尽管如此，程序却无法告诉我们，一个国际象棋冠军在没有庞大的数据库和计算机处理速度的支持下，为何能表现得如此出色。

需要指出的是，速度并不是我们追求的唯一目标。一台机器被制造出来后，它能胜任我们做的某项工作，甚至比我们做得更好。但是它们的执行方式和我们不一样。飞机比鸟飞得快，但飞机不会像鸟那样拍动翅膀。我们的目标是什么？制造一台比人类更好的机器？当一台机器被发明创造出来，如果你称它为“智能机器”，那么你也必须同样称钟表和洗碗机为“智能机器”。如果我们的目标是制造一个像人类一样“智能”的机器，让机器展示出人类所具备的智能，那么在这种情况下，时钟和洗碗机不符合“智能”的标准，我也不清楚除了人类之外是否还有其他生物或物件能做到这一点。

想要模仿一只猫？那就直接选一只活猫，最好就是你想要模仿的那一只。

——阿图罗·罗森布鲁，控制论的奠基者之一

步入人工智能的寒冬

人工智能的研究很快就沦为了一场充斥着不切实际的幻想和概念混淆的闹剧，令人惋惜。

1958 年，《纽约时报》的一篇文章（1958 年 7 月 8 日）报道了一场新闻发布会，罗森布拉特在会上指出，传感器是电子计算机的胚胎，美国海军希望这台计算机能够行走、说话、阅读、写作、实现自我复制，并能够意识到自我的存在。

1958 年，美国著名数理逻辑学家巴希勒发表了一份“证明”，证明“机器翻译”是不可能实现的。

1965 年，赫伯特 · 西蒙预言，在 20 年内，机器将有能力完成人类所能做的任何工作。

1966 年，语言自动处理咨询委员会（ALPAC）的报告称，其减少了对机器翻译研究投入的资金。

1969 年，明斯基和帕伯特所著的《传感器》一书扼杀了美国神经网络的研究项目。

1970 年，马文 · 明斯基在接受《生活》杂志的采访时表示，在 3~8 年的时间里，将出现一台具有普通人正常智力的机器。

1972 年，理查德 · 卡普（Richard Karp）表示，有许多问题可能需要经过漫长的岁月才能逐一得到解决。

1973 年，莱特希尔的报告在英国彻底否定了人工智能。

在 20 世纪 80 年代，科学家们对第五代机器的过度夸大使人们产生了恐慌情绪。第五代计算机系统是日本国际贸易和工业省（Ministry of International Trade and Industry）于 1982 年发起的一项倡议，旨在创建一款能够代表人工智能的超级计算机。美国的人工智能科学家表示，如果美国不响应这一倡议，而是像当年“斯普特尼克号”（Sputnik）[1] 那样采取制衡手段，那么美国将会面临一场危机。

引用 13 世纪的圣·博纳旺蒂尔的一句话：“猴子爬得越高，看到的就越多。”

人工智能的逆向发展阶段

人们对人工智能的预期，在现有的知识体系下并未实现。专家对于构建人类的数字克隆体态度并不积极，而且在许多情况下，克隆体的可靠性尚待商榷。

专家系统也由于万维网的出现而走向失败。当成千上万的专家已经在网上发布了所有问题的答案时，你不再需要借助某个专家系统，取而代之的需求是一个高效的搜索引擎。这个搜索引擎整合了世界各地成千上万的人发布的数以百万计的信息（免费），完成了“专家系统”应该做的工作。专家系统是一种高度智能化的知识汇集与启发式的推理实践，而网络则是一个比任何专家系统的设计师理想中都更加庞大的知识库。搜索引擎没有复杂的逻辑，但依赖今天的计算与网络传输的速度，它可以在网络上快捷地找到答案。在计算机程序的世界里，搜索引擎犹如一只粗暴但动作迅猛的野兽，但却可以完成曾经只属于艺术家的工作。

值得注意的是，网络的“智能”（能够提供解决各种问题的能力）来自成千上万人“非智能”的贡献，这种方式类似于一个蚁群的智能如何从数千只蚂蚁的非智能贡献中展现出来。

[1] 斯普特尼克号是苏联发射的第一颗人造卫星“伴侣号”。这颗卫星于 1957 年 10 月 4 日由苏联的 R7 火箭在拜科努尔航天基地发射升空。斯普特尼克号卫星重 83kg，绕地球一圈需约 98 分钟。其发射的成功在政治、军事、技术、科学领域给美国带来了新的挑战，也标志着人类航天时代的来临，同时更直接地导致了美国和苏联在航天技术方面的激烈竞争。

回想起来，许多复杂的基于逻辑的软件都与缓慢而昂贵的机器有关。随着机器变得更便宜、更快、更小，我们不再需要复杂的逻辑：可以使用“愚蠢”的技术来达到同样的目标。试想一下，如果汽车、司机和汽油的价格足够低廉，商品便宜到可以免费地交付到千家万户手中，那么试图设计出一种最好的交付渠道的想法就变得纯属多余了。如果一个人就可以将多件货物经由各条路径送到目的地，那么精于路线规划、驾驶技术娴熟的司机将变得毫无用处。这正是在消费型社会的许多专业领域中所发生的事情：你还记得上一次修理鞋子或手表是在什么时候吗？

人工智能科学家们产生创造性想法是基于缓慢、庞大而昂贵的机器。但由于现在机器变得高速、小巧且价格低廉，他们在这方面产生创意的动力就大大降低了。现在，他们的计划是访问数千颗并行处理器，并让它们连续运行几个月。他们的创造力已经转移到如何协调这些处理器，使得它们能同时搜索数十亿条信息。随着计算资源变得唾手可得，机器智能已经不再是一种逻辑智能，而是一种接地气的智能。

在 20 世纪 80 年代，我们还见证了神经网络的逐渐复兴，这一过程在 21 世纪初将呈指数式增长。

1976 年，LNR 研究小组的两名成员——认知心理学家唐·诺曼（Don Norman）和大卫·鲁梅尔哈特（David Rumelhart）在加州大学圣地亚哥分校创办了认知科学研究所（Institute for cognitive Science at UCSD），并聘用了一名刚毕业的英国毕业生杰弗里·辛顿（Geoffrey Hinton），后者正巧是二进制逻辑创始人乔治·布尔（George Boole）的玄孙。不久之后，加州大学圣地亚哥分校便成了神经网络研究的圣地。1982 年初，受拉杰·兰迪（Raj Reddy）在卡耐基 - 梅隆大学的某个项目的启发，鲁梅尔哈特、辛顿、杰伊·麦克勒兰德、保罗·斯莫伦斯基，以及生物学家大卫·齐普泽（David Zipser）和弗朗西斯·克里克组成了 PDP（并行分布式处理）研究小组，该小组由心理学家和计算机科学家构成。6 个月后，最初的组织者辛

顿搬到了卡耐基 - 梅隆大学，他在那里组织了一个夏季研讨会，并认识了特里·谢诺沃斯基（Terry Sejnowski），了解了有关玻尔兹曼机的构思，而麦克勒兰德则来到了麻省理工学院。不久之后，两人又在卡耐基 - 梅隆大学重逢，在那里还诞生了第二个 PDP 小组——圣地亚哥小组，其成员包括大卫·齐普泽的学生罗纳德·威廉姆斯，迈克尔·乔丹和杰弗里·艾尔曼。

1982 年，加州理工学院的物理学家约翰·霍普菲尔德（John Hopfield）拯救了神经网络。他在这一年发表了论文《具有突发集体计算能力的神经网络和物理系统》，描述了新一代的神经网络。霍普菲尔德设计了一个完全对称式的连接网络，即所有神经元都是输入和输出神经元。它是一个“循环”的网络，因为一个神经元的计算结果最终都会流回那个神经元。在此之前，业界最流行的架构是“前馈”类型，即神经元层的输出并不影响同一层，只影响下游的层。相反，反馈网络则有可能对上游产生影响。复发性网络或许难以分析，但在霍普菲尔德的对称网络中，神经元与神经元是一种二进制式的连接。在这种情况下，动态网络可以用物理学中的“能量函数”加以描述，即测量“能量”网络的每个状态，受训的网络相当于降低了能量。当网络达到能量最小时，说明它已经学到了一些东西。记忆是神经网络的最小能量。

这些神经网络不受明斯基理论的影响。霍普菲尔德网络的主要特点是其与统计力学有相似性。统计力学将热力学定律转化为大粒子群的统计性质。统计力学的基本工具（以及新一代神经网络最新的应用）是玻尔兹曼分布（实际上是由约书亚 - 威拉德·吉布斯在 1901 年发现的），这是一种计算某个物理系统处于特定状态的概率的方法。同年（1982 年），图沃·科霍宁提出并普及了自组织映射（SOM）理论，使之很快成了最受欢迎的自我学习算法（引自《自组织形成正确拓扑架构的特征图》，1982），其借用了德国马尔斯堡的克里斯多夫使用的体系结构来模拟视觉皮层（引自《自组织方向敏感的细胞在纹状皮层》，1973）。

脚注：神经网络与玻璃中的数学

1975年，剑桥大学的物理学家山姆·爱德华兹和菲利普·安德森解决了所谓的“自旋玻璃”（引自《自旋玻璃理论》，1975）中无序状态的问题，意大利物理学家乔治·帕里西找到了一个更普遍的解决方案（引自《自旋玻璃的平均场论》，1980）。霍普菲尔德将他们的自旋玻璃理论扩展到了神经网络，以色列希伯来大学的物理学家丹尼尔·阿米特、哈诺古德·菲瑞德和哈伊姆·索波林斯基则更进一步地说明了这一现象（引自《在神经网络的自旋玻璃模型中存储无限数量的模式》，1985）。

玻璃自远古时代起就是一种神秘的材料（古称琉璃）。事实上，物理学家甚至难以确定它是液体还是固体。虽然它外形平滑、造型优雅，但却是无序材料的一个例子。在低温无序的状态下，玻璃会被卡住或“淬火”。物理学家知道如何研究由于高温而导致的无序状态；但是玻璃在低温情况下亦是无序的。玻璃的原子会分布于任意位置，且保持静止不动。当水变成冰时，它会经历一个相变。令人费解的是，玻璃在由液体变成玻璃时不经历相变：从某种意义上来说，玻璃是一种过冷的液体。玻璃是一种液体，因为它在冷却之前会变得越来越黏稠，直到它停止流动。

自旋玻璃是另一种材料，表现出了与“淬火”相反的“退火”的现象，状态同样紊乱。（“玻璃”一词容易引起误解：这里所要表达的是其中包含的无序与混乱。）这是一种远离平衡的系统，为有关玻璃的研究提供了用于深入探讨复杂系统的数学模型，如解决组合优化问题的方法。

任何反映真实世界的系统都会呈现出无序状态，或者，更直接地说，都有混乱的成分。如果我们将一个系统“淬火”，那么这个状态会瞬间变成一个与环境不平衡的永久状态（想象一下，将一块加热到临界温度以上的金属浸入一桶冰水中）。如果我们采取“退火”的方式，那么状态是逐渐改变的，能使系统在任何时候都几乎与环境处于平衡状态（例如，我们缓慢冷却热金属）。从时间的角度来看，淬火的无序性体现在极速的降温上，而退火的无序性则是因为降温是渐进的（例如，它可以进行状态的逆转）。淬火的无序比退火的无序更难以用数学来建模。尽管如此，从蛋白质折叠到神经网络，这类应用都引起了人们的强烈兴趣。例如，阿尔卡迪乌什·托马斯和卡塔日娜·斯萨金文在波兰的弗罗茨瓦夫大学描述了两种主要心理障碍人群的行为理论：退火理论更多用于判断个体的行为，而淬火理论则侧重于确定个体的人格特质（引自《对个体情况辩论的回顾》，2017）。社会心理学的“人与情境辩论”与特质理论说形成了对立，主张后者的理论家包括伦敦国王学院的汉斯艾森克（著有《人格论》，1947）与伊利诺伊大学的雷蒙德·卡特尔（著有《个性》，1950），以及首批应用计算机技术（伊利阿克号计算机）的心理学家们，他们与斯坦福大学的沃尔特·米歇尔（著有《个性与评估》，1968）和密歇根大学的理查德·尼斯贝特（著有《非专业心理学与职业心理学的特质建构》，1980）形成了两种针锋相对的学派。

玻尔兹曼机与神经网络

霍普菲尔德网络指出了明斯基和帕佩特的误区，但其中仍有一个问题：它倾向于陷入数学家们所称的“局部极小值”（Local Minima）。后来，霍普菲尔德网络提出了两项改进方案：玻尔兹曼机和反向传播。

玻尔兹曼机的灵感来自物理学中的退火过程。在霍普菲尔德引入递归神经网络的同时，IBM 的斯科特·柯克帕特里克引入了一项数学优化的随机方法，称为“模拟退火”（引自《模拟退火的优化》，1983），它使用一定程度的随机性来克服局部极小值。这种方法的灵感来自冷却液体直至达到固态的物理过程。

认知心理学家杰弗里·辛顿曾是PDP小组的成员，其于1983年在加州大学圣地亚哥分校任职时，和卡耐基-梅隆大学的物理学家特里·谢诺沃斯基（霍普菲尔德的学生，当时在约翰霍普金斯大学任职）共同发明了一种被称为玻耳兹曼机的神经网络。该网络使用随机技术，避免了局部最小值的问题，也被称为霍普菲尔德网络的蒙特卡罗版本（引自《最优感知推理》，1983）。他们使用了一个“能量函数”——与霍普菲尔德网络的能量函数相当（即退火过程），但他们用概率神经元取代了霍普菲尔德网络中的确定性神经元。模拟退火使玻尔兹曼机能够找到低能量、高概率的状态。他们的玻尔兹曼机（不使用分层技术）规避了局部最小值，向全局最小值靠拢。玻尔兹曼机的学习规则很简单，然而，从学习规则中可以发现关于训练数据的有趣特性。实际上，玻尔兹曼机不过是一种“无向图形模型”（Undirected Graphical Models），这种模型长期以来在统计物理学中被使用，节点只能采用二进制值（0或1），并通过对称方式进行连接。它们是“随机的”，其行为的根据是概率分布，而非确定性公式。1986年，谢诺沃斯基训练神经网络NETtalk朗读英语文本。但这其中仍然存在一个主要问题：玻尔兹曼机的学习过程非常缓慢。在使用多层技术的情况下，它仍然会被局部最小值困扰。1982年，斯坦福线性加速器中心的戴维·帕克（David Parker）重新发现了反向传播，将其称为“学习逻辑”，并在麻省理工学院发表了一篇有影响力的报告（引自《学习逻辑》，1985）。1985年，年轻的燕乐存（Yann LeCun）也在巴黎电子技术学校重新发现了反向传播（引自《不对称阈值网络的学习方案》，1985）。保罗·沃波斯将该算法作为统计回归的一个扩展，同时意识到其可以用于训练多层神经网络，进而解决了明斯基的难点。保罗·沃波斯明确提出将反向传播作为神经网络的一种方法（引自《非线性灵敏度分析进展的应用》，1982）。

1986年，数学心理学家大卫·鲁梅尔哈特得到了同样年轻的学者辛顿（当时在卡耐基-梅隆大学任职）和罗纳德·威廉姆斯——两位前PDP小组成员的帮助。他使用“局部梯度下降”的算法，将反向传播训练多层神经网络（或称“深度网络”）进行了优化，这种算法在之后的二十年里成了一种标准规范，即广义德尔塔（δ）规则（引自《错误反向传播中的学习现象》，1986）。错误反向传播是一个非常缓慢的过程，需要大量的数据，但是反向传播为人工智能科学家们提供了一种计算和调整“梯度”的有效方法，以适应多层网络中神经连接的强度（从技术上来讲，反向传播以均方差作为权重函数，按梯度下降）。

至此，世界上终于有了一种构建多层神经网络的方法（实际上是两种方法），明斯基的难题得以解决。

值得注意的是，反向传播的想法来自工程学（即传统关于反馈的控制论思维）与心理学。

与此同时，另一位来自科罗拉多大学的物理学家保罗·斯莫伦斯基（Paul Smolensky）提出了更进一步的优化方案，即“簧风琴”（harmonium），也就是众所周知的受限玻尔兹曼机（Restricted Boltzmann Machine，引自《动力系统中的信息处理》，1986），因为它限制了层与层之间允许的连接数量。辛顿和谢诺沃斯基设计的学习算法在多层玻尔兹曼机中的运行速度很慢，但在受限玻尔兹曼机中运行迅速。多层神经网络终于成为现实。玻尔兹曼机的体系结构使得传播错误变得不再必要，从而使得玻尔兹曼机及其所有变体不再依赖于反向传播。

上述这些事件标志着神经网络的复兴。作为《并行分布处理》（1986）上下两卷的作者之一，鲁梅尔哈特于1987年在圣地亚哥举办了国际神经网络会议。圣地亚哥是一个非常适合的地方，因为曾在1953年参与相关研究并成为脱氧核糖核酸（DNA）结构发现者之一的英国生物学家弗朗西斯·克里克在1982年已迁居至南加州，他开设了亥姆霍兹俱乐部。其成员包括加州大学尔湾分校的物理学家戈·登肖（最早专研音乐神经科学的研究人员），加州理工学院的神经生理学家维兰努亚·拉玛钱德朗（后来在加州大学圣地亚哥分校就职），加州理工学院的神经外科医生约瑟夫·博根（罗杰·斯佩里在脑外科领域的学生），加州理工学院的神经生物学家约翰·奥尔曼、理查德·安徒生以及大卫·凡·埃森（他绘制出了短尾猴的视觉系统）、卡弗·米德、特里·谢诺沃斯基和大卫·鲁梅尔哈特（可怜的鲁梅尔哈特由于神经退化疾病在短短几年后便退出了该领域）。

还有其他一些开创性的想法，列举如下。

无监督学习（Unsupervised Learning）与电气工程中的源分离问题密切相关，源分离问题的实质是找到电信号的信号源。珍妮·埃罗省和法国格勒诺布尔理工学院的克里斯蒂安·贾顿开创了一项名为“独立分量分析”的方法，即核心部分分析的高阶泛化（引自《借助神经网络模型实现空间或时间的自适应信号处理》，1986），而后由法国科学研究中心（CNRS）的让卡·多佐与法国汤普森市的皮埃尔·科蒙加以完善（引自《独立分量分析》，1991）。

1986 年，位于约克敦海茨的 IBM 研究实验室的拉尔夫·林斯科发表了三种无人监督的模型，可以重现视觉皮层神经元的已知特性（引自《从基本网络原理到神经结构》，1986）。而后，林斯克又创造出一种用于无监督学习的 infomax 方法，这种方法简化了独立部分分析（引自《感知网络中的自组织》，1988），并验证了它重复了厄特丽的一个论点（引自《神经系统中的信息传输》，1979）。infomax 原则主要用于最大化神经网络处理器的输入输出信息。

加州大学圣地亚哥分校的大卫·齐普泽提出了“自动编码器”的概念（autoencoder），这显然引自前一年辛顿的一个未曾发表的想法（引自《计算空间函数的编程网络》，1986）。当然，这个术语是苏珊娜·贝克（Suzanna Becker）在 1990 年首次以书面提出的。自动编码器是一种无监督的神经网络，它通过反向传播训练（模拟）实现输出输入。换句话说，它试图学习恒等函数，即自动编码器试图通过输入项目来预测输入。这听起来不足挂齿，但在某些情况下，中间（隐藏）层最终会掌握相关的数据。自动编码器还可以存储输入，以便随后尽可能准确地检索，即自动编码器的结果是在创建一个输入的呈现方式（“编码”输入）之后，以非常精准的形式实现网络检索。自动编码器通过对输入呈现方式的重构过程实现自我学习。事实上，自动编码器是捕捉数据特征的一种强大模型。

罗切斯特大学（University of Rochester）的达纳·巴拉德（Dana Ballard）将所谓的“深层信念网络”和“堆叠式自动编码器”的面世提前了 20 年，当时他使用无监督学习的方式逐层构建表示层（引自《神经网络中的模块化学习》，1987）。

林斯科的 infomax 是香农的信息论在无监督神经网络中的早期应用。剑桥大学网络学院（Cambridge University Networks）的马克·普拉姆利（Mark Plumbley）也曾尝试过类似的方法（引自《无监督联结主义模型的信息理论方法》，1988）。

梯度下降的加速版是由俄罗斯数学家尤里·涅斯捷罗夫（Yurii Nesterov）在莫斯科中央经济数学研究所提出的（引自《一种解决凸面规划问题的方法》，1983），该版本目前已成为业界最流行的基于梯度的优化算法（被称为“涅斯捷罗夫动量”）。之后，哥伦比亚大学的宁谦（音译）从物理学中的耦合与阻尼谐振子理论中找到了与涅斯捷罗夫理论的相似之处（引自《关于梯度下降学习算法中的动量项》，1999）。

很快，新的优化方式催生出了新的梯度下降方法，较突出的是“实时复发性学习”算法，该算法由剑桥大学的托尼·罗宾逊和弗兰克·弗利赛德（引自《效用驱动的动态误差传播网络》，1987）与普林斯顿国防分析研究所的加里·库恩同时提出（引自《语音歧视初探与反复使用联结主义网络链接》，1987），而加州大学圣地亚哥分校的罗纳德·威廉姆斯与大卫・齐普泽则将其推而广之（引自《持续运行完全递归神经网络的学习算法》，1989）。就职于华盛顿国家科学基金会的保罗・沃波斯将反向传播扩展为“随时间反向传播”（引自《反向传播的推广，并应用于循环天然气市场模型》，1988）。随着时间的递进，反向传播的研究成果还包括罗纳德・威廉姆斯在西北大学开创的“数据块更新”方法（引自《确切的梯度计算递归神经网络算法的复杂性》，1989），加州理工学院的雅各・布巴伦、萨德・托马利安和桑迪普・古拉蒂提出的“快进传播”方法（引自《伴随算子算法更快的学习动态神经网络》，1991）以及马里兰大学孙国政（音译）、陈兴贤（音译）与李亦春（音译）提出的“格林函数方法”（引自《格林函数法快速在线学习递归神经网络算法》，1992）。所有这些算法都被加州理工学院的阿米尔・阿缇亚和德州农业大学的亚历山大・帕洛融会贯通（引自《循环网络训练的新结果》，2000）。

以上这些都是经过精心校准的数学算法，用以构建既可行（考虑到神经网络计算的处理需求）又较为有效（正确地解决了问题）的神经网络。

尽管如此，哲学家们仍在争论“联结主义”方法（神经网络）是否有意义。最具影响力的两位哲学家杰里・福多（Jerry Fodor）和芝农・派利夏恩（Zenon Pylyshyn）认为，认知架构不可能是联结主义者的理论（引自《联结主义和认知架构》，1988）。而苏塞克斯大学的哲学家安迪・克拉克（Andy Clark）在他的著作《微观认知》（*Microcognition*，1989）中提出了完全相反的观点。科罗拉多大学的保罗・斯莫伦斯基（引自《联结主义的精神状态的组成结构》，1988）、乔丹・波拉克（引自《自动组合记忆的递归》，1988）以及杰弗里・艾尔曼（引自《结构化表示和联结主义模型》，1990）证明了神经网络可以精确完成福多认为无法做到的事，同时，另一位哲学家——印第安纳大学的大卫・查尔默斯为此事做出了“盖棺定论”（引自《为什么杰里・福多错了》，1990）。

上述这个学派与另一个来自统计学和神经科学背景的学派合二为一。

加州大学洛杉矶分校的朱迪亚·珀尔（Judea Pearl）将贝叶斯思想引入人工智能，处理与概率相关的问题（引自《推理引擎中看到贝叶斯先生的影子》，1982）。雷·索洛莫诺夫的通用贝叶斯归纳法最终被证明是正确的。

贝叶斯网络的一种变形，即隐马尔可夫模型（Hidden Markov Model），已被人工智能技术使用，尤其是在语音识别领域。

神经网络与概率有一个共同点：两者都不是完美的推理。经典逻辑以演绎推断为基础，旨在证明真理。神经网络和概率则是为了接近真理。神经网络具有“泛逼近性”（Universal Approximators），其在1989年被伊利诺伊大学的乔治·塞彬珂（引自《叠加近似S型函数》，1989）、奥地利技术大学的库尔特·尼克以及联合加州大学圣地亚哥分校的经济学家麦克斯韦·斯汀康比和哈波特·怀特（引自《多层前馈网络普遍接近者》，1989）首次证实。塞彬珂和尼克证明了神经网络可以近似于任何连续的函数，事实上，这是一种普遍的现象。神经网络本质上是用简单的数学函数来近似复杂的数学函数——这正是我们的大脑所做的事，它简化了存在于我们周围环境中的难以置信的复杂性，尽管其只能达到近似值。复杂性用非线性函数表示。神经网络更接近非线性函数。非线性函数可以更有效地用参数更少的多层体系结构来表示，这成了研究多层体系结构的驱动力。

脚注：梯度简介

训练神经网络的目的是使其误差最小化。神经网络为此需要两种算法：一种算法是在一系列步骤中最小化“梯度”，另一种算法则是计算每个步骤的“梯度”。反向传播是一种计算梯度的算法。与反向传播结合起来使用的算法属于优化方法，因为将错误最小化等同于我们希望找到一个计算复杂（非线性）函数最小值的方法。有很多这样的优化方法，最早可以追溯到牛顿发表了他的万有引力方程之后，天文学家需要找到函数的最小值。英国数学家约翰·沃利斯（John Wallis）在他的《代数历史与实用论》中提出了所谓的“牛顿法”（Newton’s method），这本书介绍了极限的微积分，但是极限微积分的正式提出者是法国数学家奥古斯汀·柯西（Augustin Cauchy），他在1847年提出的“梯度下降法”（或称“陡坡下降法”）使天文学家无须求解牛顿的运动微分方程，使用（更简单的）代数方程即可计算一个天文物体的轨道。

你可以将函数视为空间的曲线，它类似于山脉的天际线，有山峰和山谷，这样理解就非常直观了。我们的目标是从山顶下降到停车场。每一步中最快的方法（如果你没有恐高症）便是选择最陡的路——沿着斜坡下山的方向走。问题是，许多时候这会将你带到一个山谷之中，如坐落于两座山峰之间的盆地，这时策略便失败了——你已经无路继续往下走。从数学的角度来讲，任何局部最小值的梯度都是零，所以它不能告诉你如何继续优化函数。这就是“局部极小值”的问题。

神经网络的一个非常流行的梯度计算方法是与反向传播结合起来使用的，这是由赫伯特·罗宾斯在1951年首创的“随机梯度下降法”。这种方法更有效，这是一个非常重要的事实，当你训练一个神经网络与大数据集时，使用该方法可以减少陷入局部极小值问题的概率。

反向传播在微积分中被称为“链式法则”，它计算出每一步的梯度，然后优化方法，再决定下一步应该采取的步骤。梯度计算和优化的迭代应用使得连接神经元的“权值”逐步得到修正。

此外，还有无梯度优化的方法，特别是模拟退火和遗传算法，实际上它们已经被人工智能学者研究很久了。

大部分人工智能的推理方式是从一组可选的解决方案中“找出”一个解决方案。该任务与数学中的优化问题紧密相关，优化问题中系统的所有可能状态都有一个目标函数，需要找到目标值最大的状态。例如，爬坡搜索包含一个循环，该循环不断向上增加；梯度下降是爬坡问题的近亲。这种策略显然是幼稚的，因为爬坡会在它不能再增加数值的时候停止，但这可能只是山脉的次峰（即一个“局部最小值”）。爬坡算法会被任何一个局部极小值迷惑，而且，假如它进入一个平台（在这个平台上，每个方向都产生相同的值），它也不知道该走哪条路。有许多关于改进诸如爬坡这类简单搜索算法的方法，如斯科特·柯克帕特里克在1983年的模拟退火；科罗拉多大学的弗雷德·格洛弗在1986发表的塔布搜索（引自《未来路径整数规划与人工智能的链接》，1986），以及得克萨斯大学的托马斯·费奥与加州大学伯克利分校的毛利西奥·雷森迪提出的贪婪随机自适应搜索过程（GRASP，引自《概率启发式计算困难的集合覆盖问题》，1989）。

搜索所有可能的动作与解决方案的“树”仍然是所有“智能”系统的基本工作之一，而先验算法仍然是这类搜索的基础。然而，先验算法及其所有变体都是“脱机”搜索的方法——甚至在开始第一步之前，它们就已经为实现目标计划好了完整的步骤序列，即规划完成了从开始直到目标达成的所有状态。相反，实时搜索方法只对最初的几个步骤做出了计划。这种方法在实际情况下更加实用。一些实时算法也是先验算法的变体，特别是由加州大学洛杉矶分校的理查德·科尔夫在实时先验算法的基础上提出的学习式实时先验算法（引自《实时启发式搜索》，1987）。随着时代的发展，后者的性能有所提高，但效率低于前者。

人工智能的强化学习阶段

1946年，荷兰心理学家德赫罗特（Adriaan de Groot，同时也是一位国际象棋大师）在他的分析文献《国际象棋中的思维与选择》中指出，国际象棋中的高手比新手用更少的时间来寻找下一步棋的可选策略——专家擅长“猜测”下一步棋的最佳策略，而非计算。尽管如此，设计用来玩棋类游戏的程序仍然使用深度搜索。长谷川五郎（Goro Hasegawa）的桌游《奥赛罗》（Othello）是人工智能社区的最爱。1980 年，美国西北大学的彼得·弗雷组织了第一届“人机大战”——奥赛罗锦标赛，当时的世界冠军井上浩就是参赛选手之一。卡耐基 - 梅隆大学的保罗·罗森布鲁姆设计的程序伊阿古（1982 年）——该程序在 1986 年依次为桑乔伊·马哈詹、李开复与比尔·盖茨所改进——击败了当时美国的顶级大师。NEC 研究院的迈克尔·布罗开发的 Logistello 则在 1997 年击败了当时的世界冠军武石村上。

花絮：李开复于 1988 年所作的毕业论文是《斯芬克斯》（Sphinx），这是第一个独立运行的语音识别系统，李开复后来成了中国著名的风险投资家。

算法还有另一种玩法。

2016 年，伴随着谷歌的 DeepMind 和 AlphaGo 围棋程序的面世，强化学习流行起来，该程序由黄亚杰的团队开发（他曾是库仑的学生）。强化学习是一个非常古老的概念。我们一直都知道它是有效的。遗憾的是，它只适用于学习一件事（以 AlphaGo 下围棋为例）。一旦机器学会了做某件事，就很难训练它去干另外的事情。这似乎也有点傻，机器学习所需的时间太长了，以至于强化学习很少能应用在关键任务的应用程序中。游戏是强化学习的应用领域：让机器自己下棋，几个月后它就会成为冠军。虽然你可以在任何指定的项目上使用它，但强化学习只有在规则永远不变的前提下，且等上几个月才能奏效。例如，学习如何过马路或许就不是一个合适的应用领域，因为周边环境在不断地发生变化，而机器要学习的对象中有在行驶中能随机应变的汽车，它得“死”上几千次才能学会过马路。甚至有人会想，或许直接编写一套有关如何过马路的流程，而不是让机器自己学习，成果是否会来得更加容易——机器学习既定的规则只要几毫秒的时间。

神经网络可以是被监督或无监督的。监督网络依靠确定的实例数据集进行学习，典型的应用是计算机视觉当中的对象识别。无监督网络则是通过相似性将对象聚在一起，模拟概念的形成。强化学习既不是监督也不是无监督：它通过与环境的直接交互来提高性能。强化学习的任务可以用数学方法描述为马尔可夫的决策过程，这是一种关于最大化价值的函数或策略。

强化学习结合了积极的和消极的反馈，即奖励和惩罚，就像你在教育孩子过程中所做的那样（试错）。“价值函数”会对系统中的各种状态进行奖惩。而“策略”函数则决定如何选择“下一步”更有可能从价值函数中获得最大回报。“Q 函数”是价值函数和策略函数的组合。对于数学家来说，“强化”意味着一个必须最大化的目标函数。一些算法直接修改策略，称为“仅动作（Actor-Only）”，而另一些算法则针对价值函数，称为“仅评价（Critic-Only）”。一般来说，神经网络的作用是在策略函数过于复杂时，选择与它近似的功能。

“强化学习”甚至在有“人工智能”这个称谓之前就被提出来了，可追根溯源至神经科学的开端和心理学当中的行为主义时代。1911 年，哥伦比亚大学（Columbia University）的爱德华·桑代克（Edward Thorndike）曾有过这样的描述：“满足感或不安感越强，相关的强化或弱化就越大。”1926 年，伊凡·巴甫洛夫描述了条件反射：“条件反射和非条件反射之间的偶然性导致了条件反射的程度和时间的变化。”1938 年，明尼苏达大学的伯勒斯·斯金纳创造出“操作性条件作用”这个词汇，描述人类和动物的学习过程，两种学习行为都是为了获得奖励和避免惩罚。多纳尔·赫布曾在亚特兰大的耶基斯国家灵长类动物研究中心（1942—1946）就职，他在自己的著作《组织行为》(1949)中提出制定一个简单的规则(现在被称为“赫布学习”)来阐述大脑神经元之间会发生什么变化:活跃的相关神经元,即同时传入传出的元素在一起时,会变得更加强大,而不活跃的相关神经元则相反(受巴甫洛夫条件反射的影响,赫布在1932年提交给加拿大麦吉尔大学的硕士论文《有条件和无条件反射与抑制》中已经阐述了类似的学习规则)。1949年,克劳德·香农建议使用一个评估函数来帮助电脑学习如何下棋(引自《为下棋而编程》,1949)。强化学习是马文·明斯基于1954年在普林斯顿大学的博士论文(引自《神经网络和大脑模型问题》)的主题。强化学习最早在1959年塞缪尔的棋盘游戏程序中被使用。这个项目从优秀的棋手那里学到了很多东西,但是和“三脚猫”棋手比赛会使它的表现差强人意,所以塞缪尔最终只允许它和冠军比赛。1961年,英国战时密码破译专家艾伦·图灵的同事和爱丁堡大学的分子生物学家唐纳德·米基发明了一种装置(是用火柴盒做的),用来玩一种叫作“MENACE”(可编程的火柴盒零和交叉引擎)的井字游戏。1976年,密歇根大学的约翰·霍兰(John Holland)引入了分类器系统,这是一种强化学习系统,其分配积分的算法受到塞缪尔棋盘游戏程序的启发(引自《适应力》,1976)。

1973年,伯纳德·威德罗修改了他的自适应线性神经元(监督)学习机算法,推出了一项强化的学习规则(引自《惩罚与奖励——纠正学习的自适应阈值系统》),而在英国埃塞克斯大学的伊恩·威滕则致力于能够实现长期策略的强化学习系统(引自《操作员和自动自适应控制器》,1973)。1977年,威滕实现了第一个“评价–动作方法”(Actor-Critic),即行为批评家方法(引自《离散时间马尔可夫环境的自适应最优控制器》,1977),尽管这个术语是在后来由安德鲁·巴尔托提出的(引自《能够解决学习控制难题的类神经元元素》,1983)。这对强化学习是非常重要的一步,在动物学习实验与大脑研究(尤其是基底神经节)中也能够得出同样的模型。

1978年，强化学习由安德鲁·巴托的学生理查德·萨顿在马萨诸塞大学复兴（引自《单一渠道理论》，1978）。他们应用了数学家哈里·克洛普夫（Harry Klopf）在波士顿空军研究实验室发表的40页报告（引自《大脑功能和适应性系统》，1972）中提出的观点：神经元是一种由目标导向的媒介，同时也是一个享乐主义者——神经元会主动寻找“引起兴奋”的信号，避免“产生抑制”的信号。萨顿将克洛普夫的思想扩展到现代的“时间差法”（引自《适应性网络的现代理论》，1981）。时间差法此前分别在阿瑟·塞缪尔的《跳棋游戏》（1959）和伊恩·威滕的《Actor-Critic 架构》（1977）中使用过，并在约翰·霍兰的“救火队列”算法中用于重新制定出新的分类系统（引自《救火队列的属性》，1985）。这些算法根据时间连续预测之间的差异来分配积分。

神经科学领域也得出了类似的结论。哥伦比亚大学的埃里克·坎德尔（Eric Kandel）和罗伯特·霍金斯（Robert Hawkins）等人正在研究高级无脊椎动物的细胞适应机制（引自《对于简单形式的学习，是否存在细胞生物学字母表》，1984）。这里有一个花絮：受西格蒙德·弗洛伊德精神分析学影响，奥地利人坎德尔终其一生都在研究记忆是如何在大脑皮层中实现的。尤其值得一提的是，他在研究海参的过程中通过实验证明了“赫布学习”（引自《海蛞蝓的行为生物学》，1979）。此外，他还出版了最早的神经科学教科书之一——《神经科学原理》（1981）。

萨顿在1981年已经使用了差别赫布学习规则，但是对这些规则做出最好概述的是位于圣地亚哥的薇西莉亚公司的巴特·柯斯可（引自《差别赫布学习》，1986）和克洛普夫本人（引自《单神经元功能的驱动强化模型》，1986）。

罗纳德·威廉姆斯（Ronald Williams）是鲁梅尔哈特和辛顿的《反向传播》（*Backprop Agation*）一书的合著者，当时他已经在从事强化学习的研究（引自《联结主义网络中的强化学习》，1986）。进入美国东北大学后，他开发了 REINFORCE（加强）算法（虽然有些难以置信，但这确实是“增量奖励 = 非负数的系数 × 抵消强化 × 特征资格”的缩写），该算法指出，强化学习算法与随机神经网络神经元相比的主要优点是便于实现（引自《简单统计梯度跟随联结主义强化学习算法》，1992）。

1989 年，剑桥大学的克里斯多夫·沃特金斯（Christopher Watkins）发明的 Q-Learning 算法与米基的 MENACE 相融合，自此以后，所有的学术研究便围绕着强化学习展开。Q-Learning 算法用时间差法同时优化价值函数和策略函数（引自《延迟奖励中的学习》，1989）。沃特金斯发现了强化学习与最优控制理论之间存在着本质上的相似之处。最优控制理论流行于 20 世纪 50 年代，由列夫·庞特里亚金（Lev Pontryagin，引自《最大化原理》，1956）和兰德公司的理查德·贝尔曼（Richard Bellman，引自《贝尔曼方程》，1957）的研究得出。

花絮：就是贝尔曼创造了“维度灾难”，这个词一直困扰着神经网络领域。

不幸的是，两种主要的时间差方法，即萨顿的自适应启发式算法与沃特金斯的 Q-Learning 算法，都非常缓慢。此后几年，卡耐基 - 梅隆大学的林隆基（音译）提出了一种加速方案，让学习的机器能够记得以前的经验，并对之加以改进，尤其明显的改进是通过顺序重演过去经验的学习算法，该方法被称为“经验回放”（引自《基于强化学习、计划和教育实现自我完善的机器》，1992）。

强化的“似然比法”（Likelihood-Ratio Method）开启了“策略梯度法”的风潮，极大地改善了强化学习：策略梯度法通过梯度下降法优化策略。马萨诸塞大学的维杰库玛·古拉帕利——他同时还是巴尔托的学生，在技能学习中也使用了这种方式（引自《通过强化学习获得机器人技能》，

1994）。之后，伦敦大学的沙姆·卡卡德将日本学者甘利俊[1]的自然策略梯度应用于强化学习（引自《一个自然策略梯度》，2002），而南加州大学的简·彼得斯和斯蒂芬·史卡尔则创造和改进出了用于高维度间运动的方法（引自《类人机器人强化学习》，2003）。

强化学习的第一个成功案例是在机器人领域，这是因为机器人需要通过试错互动来发现其在特定环境下的表现。例如，乔纳森·康奈尔和斯里达尔·马哈德万于1991年在IBM公司制造的方尖碑（Obelix）机器人；1996年，斯蒂芬·史卡尔在日本高级电信研究所（ATR）的时候，制造了一款萨尔科斯人形机器人；以及在2001年由安德鲁·巴内尔和杰夫·施奈德在卡耐基-梅隆大学建造的自动直升机。

强化学习在机器人领域之外的首次成功是在1992年，当时IBM的杰拉尔德·特索罗发布了一款神经网络“TD-Gammon”，它学会了西洋双陆棋游戏，并且越玩越好（引自《使用自我教学神经网络编程Backgammon》，1992）。其实早在1987年，杰拉尔德·特索罗就在伊利诺伊大学与约翰霍普金斯大学的特里·谢诺夫斯基合作，教授一款神经网络西洋双陆棋。1994年，谢诺夫斯基用TD-Learning训练了一款围棋网络。而到了1995年，德国波恩大学的塞巴斯蒂安·特伦用它训练了一款下棋网络。1994年，加拿大阿尔伯塔大学的乔纳森·谢弗（Jonathan Schaeffer）设计的奇努克（Chinook）项目赢得了跳棋世界锦标赛（13年后，谢弗从数学角度证明了奇努克是无法被击败的），但它使用的是老式的试探法（即逻辑思维）。

值得一提的是，Q-Learning算法的一个更简单的版本是SARSA算法（即“状态—动作—奖励—状态—动作”的简称），这是加文·拉美瑞在剑桥大学的论文主题（引自《使用连接系统的在线Q-Learning算法》，1994）。

---

[1] 甘利俊是随机梯度法的先驱之一（引自《自适应模式分类器理论》，1967），以及信息几何领域的创始人（引自《统计学中的微分几何方法》，1985）。

与此同时，在神经科学领域，“强化”被用来表示在大脑的基底神经节能够影响神经递质的多巴胺。尤其值得注意的是，瑞士弗莱堡大学的沃尔弗拉姆·舒尔茨（引自《多巴胺神经元传递与奖赏相关的信号》，1995）、西北大学的詹姆斯·胡克（引自《一个模型基底神经节的生成和使用神经信号，预测钢筋》，1995）以及日本冲绳理工学院的建治铜屋（引自《连续时间和空间的时间差异学习》，1996）等人的成就。1998 年，斯洛文尼亚的萨索·达尔斯基（Saso Dzeroski）和比利时的吕克·德·雷德（Luc De Raedt）将 Q-Learning 算法与归纳逻辑规划相结合，得到了关系强化学习，将沃特金斯的 Q-Learning 算法表示为一阶回归树的 Q 函数（引自《关系强化学习》，1998）。

在同一时期，历史记录下了算法改进方面的首次重大突破。圣地亚哥的大卫·福格尔和库马尔·切拉皮拉开发出了 Blondie24，这是一种用于优化神经网络的进化算法：一群程序在跳棋中对弈，并进化出保持最佳表现的程序。

尽管有这些领域的进步，强化学习仍然面临着严重的计算问题。例如“积分分配问题”：要让机器人在回报为零的前提下，有足够的动力为实现某个目标而采取一系列动作。

难道你不觉得强化学习在社会中十分常用吗？想想交通罚款吧。如果警察发现你超速驾驶，你一定会被罚款；但或许你从未触犯过这项法规。社会系统不会因为你每次都遵守限速规定而奖励你——它只会在你开得过快时给予你惩罚。即使你长时间低于限速也没用，系统从不考虑总体时间，只计算你开得过快的那几分钟。这种规则对好的行为没有奖赏，只有对坏的行为的惩罚。

人类也通过强化学习来学习，但重要的是，人类还可以重新创造游戏规则。2014 年，媒体大肆宣传了一场不知从何而来的“把爱传出去运动”：人们开始为排在他们身后的陌生人买单。在这个运动中有一个广为传播的故事：在星巴克的得来速餐厅（不用下车即可点餐），一个又一个的顾客连续 11 个小时不断地为下一位顾客买单。虽然不清楚是由谁开始的，但我喜欢这个版本。一位女士正在点咖啡，排在她后面的汽车里的一位男士开始大喊大叫，因为他觉得她太慢了。点单的女士向收银员说，她要为那人点的东西付钱。当这位女士驶离以后，这个不耐烦的男人（我们通常会称之为“混蛋”）把车开到窗前，点了杯咖啡，却惊讶地被告知不用付钱，因为那位被他侮辱的女士已经为他付了钱。毫无疑问，这时他的心理状态已经彻底发生改变：或许这时羞愧已经取代了愤怒；他不再只是以自我为中心，只关注自己的时间安排，而是想要照顾身后的陌生人，于是，他也为后来者买了单。那位不知名的女士使用了与强化学习完全相反的方法。她用一种更聪明的策略改变了这项游戏。事实上，她已经创造了一种新的游戏规则：她没有试图从旧的游戏中胜出，而是选择创造了一种新的游戏，在这个游戏中她一开始就立于不败之地（假设她的目标是让愤怒的陌生人平静下来）。

人工智能的卷积神经网络阶段

“深度学习”的另一条主线来自“卷积神经网络”（CNNs），这是日本的福岛邦彦（Kunihiko Fukushima）于 1979 年发明的一种异构多层网络。福岛邦彦的新认知机器（Neocognitron）是根据哈佛大学的两位神经生物学家——加拿大的大卫·休伯尔（David Hubel）与瑞典的托斯顿·韦素（Torsten Wiesel）于 1958 年对猫的视觉系统进行的研究而开发出来的（引自《猫纹皮层中单个神经元的接受区》，1959）。他们证明了视觉感知是一个连续递增的结果，或者可以理解成：在传播活跃模式的过程中，连接视网膜的第一层神经元会检测轮廓等简单特征，较高层的神经元结合基本特征来识别更复杂的形状，如圆形物体、人脸形状等。他们发现了两种类型的神经元：一种是简单的细胞，只对一种视觉刺激做出反应，表现得像卷积神经；另一种是复杂的细胞。福岛邦彦的系统是一个多级结构，模仿了不同种类的神经元。

休伯尔和韦素的研究启发了哥伦比亚大学的大卫·罗伊（David Lowe），他开发出了“尺度不变特征变换”（SIFT）。多年以来，该算法在计算机视觉领域一直是最流行的算法（引自《局部尺度不变特征的对象识别》，1999）。罗伊的原始论文称：“这些特征与灵长类视觉中用于物体识别的下颞叶皮层神经元具有相似的特性。”

1989年，卡耐基-梅隆大学的亚力克斯·韦贝尔开创了一种全新的神经网络——“时延”神经网络（引自《使用时延神经网络的音素识别》，1989）。他的研究方向是语音识别，即对声音元素的分类，而语音信号往往是连续的，即音素的起止位置不明确。时延神经网络在激活函数中引入了延迟机制，并围绕集群组织层次，每个集群只关注输入值的最小单位。他的团队与日本的高级电信研究所和德国的西门子公司合作开发了第一款多语言的语音到语音的翻译系统，名为“杰纳斯”（引自《使用联结主义和符号处理策略的语音到语音翻译系统》，1991）。

尽管有了这些进步，多层神经网络仍然无法与传统的学习方法，如支持向量机（SVMs）竞争。神经网络在1989年取得了一次重大成功，当时多伦多大学的辛顿的前助理燕乐存（Yann LeCun，现在任职于贝尔实验室）应用反向传播卷积网络解决了识别手写数字的问题（引自《手写数字识别与反向传播网络》，1989），并获得了他的第一个卷积神经网络，该网络被命名为“LeNet-1”。该卷积神经网络后来发展至LeNet-4。1993年，美国国家标准与技术研究所（National Institute of Standards and Technology）公布了其60 000个手写数字的数据集合。

在此之后的几周内，法裔加拿大人帕特里斯·西马尔（同样任职于贝尔实验室）设计了一款助推版本。他的卷积网络受到时延网络的影响，是深度学习的第一个成功案例。接下来的几年里，燕乐存的团队将其应用于人脸检测（引自《图像中物体定位的原始方法》，1994）以及支票阅读（引自《基于梯度的学习应用于文件识别》，1998），后者被称为“LeNet-5”。

这时，受福岛邦彦新认知机器的启发，该体系结构在一系列卷积和“池化层”（一种更常见的通用性功能集合）的技术革新中逐渐稳定下来。

实际上，处理银行支票的首个成功案例是利昂·波特、本希奥和燕乐存合作开发的“图形变压器网络”（引自《用传感器进行文档分析》，1996）。

七层结构的 LeNet-5 代表了计算效率的重大改进（在还无法借助 GPU 力量的时代），其体系结构将在之后的 10 年保持引自模型典范的地位。该体系结构由三部分组成：从图像中提取特征的卷积、减少代表尺寸的池化阶段和以 S 形激活函数或双曲切线（或双曲正切函数）激活函数（而非感知器的阶跃函数）形式出现的非线性阶段。从数学上讲，卷积是一种线性运算，必须引入一些非线性函数才能使神经网络正常工作。值得注意的是，特征检测器能够检测到一个特征的存在，但是会忽略它在图像中的位置。因此，特征的位置不会影响分类。换句话说，对一张拥有两只眼睛、一个鼻子和一张嘴巴的脸，即使将嘴巴放在眼睛和鼻子之间，也会被认为是同一张脸。

燕乐存网络的问题在于，韦伯斯式的反向传播需要花费将近三天的时间来为一个简单的应用程序训练网络。很显然，这种方法不适用于更复杂的识别任务。

1994 年，麻省理工学院的宋家凯（Kah-kay Sung）和托马索·波吉欧（Tomaso Poggio）使用其他神经网络检测人脸（引自《基于实例的学习用于基于视图的人脸检测》，1994）。到了 1996 年，卡耐基 - 梅隆大学的金出武雄（Takeo Kanade，引自《基于神经网络的人脸检测》，1996）同样使用了其他的神经网络来检测人脸。检测人脸比识别人脸要困难得多：一张脸可以隐藏在非常混乱的场景中。一旦你知道这是一张脸，那么就比较容易判断它和谁的脸最相似。直到1991年，深度卷积网络只是被用来识别孤立的二维手写数字。一直等到翁巨扬（Juyang Weng）在密歇根州立大学（Michigan State University）的团队开发出自然生长认知网（Cresceptron）、使用改良后的“最大池化”技术（引自生长认知网，一种自组织自适应生长的神经网络）后，识别三维物体的技术突破才得以实现。

卷积神经网络不是周期循环的，它们属于前馈网络。

卷积神经网络由几个卷积层组成。每个卷积层由卷积或滤波阶段（简单细胞）、检测阶段和池化阶段（复杂细胞）组成，每个卷积层的结果都以“特征图谱”的形式存在，作为下一个卷积层的输入。最后一层是分类模块。

每个卷积层的检测位于简单细胞和复杂细胞之间的中间体，提供了传统多层神经网络的非线性特性。原先，这种非线性是由一个被称为“S形曲线”的数学函数提供的，但约书亚·本吉奥在2011年发明了一种更有效的函数——“整流线性单元”（ReLu，引自《深度稀疏整流网络》）。这同样是受到大脑的启发，进一步避免了S形单元“梯度消失”的问题。

卷积网络的每一层都会检测到一组特性，从主要特性开始，然后再转移到更为细节化的特性。这就像一群朋友玩一个简单的游戏：你给其中一个人看一幅画，让他给另一个人提供这幅画的简短描述，且使用非常模糊的词汇，如“一个有四肢和两种颜色的物体”。第二个人可以用稍精确的词汇对下一个人进行描述，如“有黑白条纹的四足动物”。每个人都可以对下一个人使用越来越具体的词汇。最后一个人便能说出这个物体的名字，从而正确地辨认出图片。当信息传达到最后一个人的时候，描述就已经变得相当清楚了（皮毛是黑白相间的哺乳动物，如斑马）。

卷积是一种精准定义的数学运算：给定两个函数，根据一个简单的公式，会产生第三个函数。当新函数是第一个函数的近似时，这很有用，也更容易分析。有许多网页提供关于卷积是什么以及我们为什么需要卷积的“简单”解释：这些“简单”解释只有几页长，几乎没有人能理解它们，而且彼此之间各不相同。现在你知道“卷积”这个词是怎么来的了吧！

递归神经网络

截至目前，神经网络擅长识别模式（如这个特定的物体是一个苹果），但不擅长随时学习新的事件。从原则上来讲，神经网络并没有时间感。递归神经网络（以及一般的联结主义模型）有一种基本的持久性，即“记忆”。于是问题就出现了，在联结主义模型中如何表示时间，特别是处理与自然语言相关的时间。传统的时间表示方法基本上使用了时间的空间隐喻：在空间中按序列创建一系列事件。使用神经网络分析语言的困难在于，神经网络联结主义的表达方式难以根据语法来加以组合。然而，尽管联结主义者的表达缺乏语法结构，但仍然可以根据功能函数加以组合。迈克尔·乔丹（Michael Jordan）将递归神经网络的应用扩展到序列分析，将信息输出输入“上下文”层，然后再输入中间层。例如，网络接收一个步骤的输入和上一个步骤的输出（引自《联结主义序列机中的吸引子动力学和并行性》，1986）。加州大学圣地亚哥分校的杰弗里·艾尔曼（Jeffrey Elman）追随乔丹的脚步，发明了他所谓的“简单递归神经网络”（SRNN），这实际上是另一个复杂的模型，用于处理序列而不仅是模式（引自《实时发现型结构》，1990）。如果递归神经网络能够对序列进行操作，这就意味着它们能够实时完成关系建模，这对于处理自然语言至关重要。

以色列巴伊兰大学的哈瓦·西格尔曼（Hava Siegelmann）和罗格斯大学的爱德华多·桑塔格（Eduardo Sontag）证明了一个令人鼓舞的定理：假如连接的权重是有理数，那么递归神经网络可以实现图灵机的功能；如果权重是实数，即网络是模拟的，那么递归神经网络甚至比通用图灵机更强大（引自《关于神经网络的计算能力》，写于 1992 年，但直到 1995 年才发表）。日本丰桥工业大学的船桥健一（Kenichi Funahashi）和中村雄一（Yuichi Nakamura）证明了递归神经网络属于通用逼近器，即它们可以逼近任何动力系统（引自《用连续时间递归神经网络逼近动力系统》，1993）。在位于普林斯顿的日本电气株式会社研究所，克里斯汀·欧姆林（Christian Omlin）和李·贾尔斯（Lee Giles）证明了递归神经网络可以无限近似于任意有限状态机（引自《在稀疏递归神经网络中构造确定性有限状态自动机》，1994）。递归神经网络（RNNs）的典型应用场景包括：图像字幕，将图像转换成一系列的单词（序列输出）；句子分类，将一个单词序列转换为一个类别（序列输入）；整句翻译（顺序输入和顺序输出）。RNNs 的创新在于其中的一个隐藏层，它连接了两个时间点。在传统的前馈结构中，神经网络的每一层都进入下一层。而在 RNNs 中，这个隐藏层不仅提供给下一层，还会在下一步反馈给自身。这种递归或循环在传统的反向传播中融入了时间模型，故而被称为“时间反向传播”（Backpropagation Through Time）。

一个神经网络通常是被设计用来解决一项特定问题的，但在 1990 年，马萨诸塞州大学的罗伯特·雅各布斯引入了“多专家模型”（Mixture-of-Experts）架构，同时培训不同的神经网络，让他们参与任务学习，最终使得不同的网络各自习得不同的功能。同样，汤姆·米切尔（Tom Mitchell）的学生里奇·卡鲁阿纳（Rich Caruana）在卡耐基 - 梅隆大学的研究表明，多个神经网络并行学习任务可以共享他们所学到的知识，并从中获益（引自《多任务学习，归纳偏差的知识基础来源》，1993）。2008 年，罗南·科洛贝尔（Ronan Collobert）和詹森·韦斯顿（Jason Weston）提出的用于自然语言处理的统一架构同样证明了这一点。

机器学习的另一项难以实现的目标是给机器配备“转移学习”的能力，即将它们在一项任务中学到的内容转移到另一项任务中的能力，实现所谓的“多任务学习”，也就是学习不止一项任务的能力。1991 年，马萨诸塞大学的萨鼎德·辛格（Satinder Singh）发表了《通过组成元素顺序任务的解决方案来传递学习》；科罗拉多矿业学院的罗瑞安·普拉特（Lorien Pratt）发表了《在神经网络中直接传递学习信息》。与此同时，汤姆·米切尔在卡耐基 - 梅隆大学的团队已经成为世界级的、卓越的转移学习和多任务学习中心，正如塞巴斯蒂安·特伦（Sebastian Thrun）于 1994 年发表的《学习不止一件事》和里奇·卡鲁阿纳（Rich Caruana）于 1997 年发表的《多任务学习》中所记录的那样。但其技术进步自从塞巴斯蒂安·特伦和罗瑞安·普拉特编撰完成《学会学习》（1998）一书以后便就此止步。特伦的“终身学习”（学习多项连续的任务）仍然是对神经网络的一个挑战。在特伦发表宣言的几年之前，约翰霍普金斯大学的迈克尔·麦克洛斯基（Michael McCloskey）和尼尔·科恩（Neal Cohen）已经证明，学习一项新任务的过程会突然且彻底地抹去神经网络以前学过的东西，这种现象后来被称为“灾难性遗忘”（引自《联结主义网络中灾难性的干涉》，1989）。

澳大利亚国立大学的乔纳森·巴克斯特（Jonathan Baxter）将瓦里恩特（Valiant）的 PAC 学习模型扩展到多个相关的学习任务。在这个案例中，学习者被提供了一系列的假设空间，而不是仅一个（引自《归纳偏见学习的一个模型》，2000）。这是一个有趣的数学理论，但需要一代人的时间才能产生实际结果。

多层神经网络常见的问题（“深度”的神经网络，尤其是 RNNs）是“梯度消失”，慕尼黑工业大学的约瑟夫·谢普·霍克赖特在 1991 年对此进行了描述（引自《动态神经网络调查》，1991），更著名的论述是 1994 年约书亚·本吉奥的《难以解决的学习与梯度下降的长期依赖性》。“梯度消失”是指每个新层的计算指令变得越来越不清晰。这个问题类似于计算一连串的事件发生的概率：假如你用 0~1 的概率乘以另一个 0~1 的概率，往复数次后结果都会趋向于 0，甚至对于所有概率为 99% 的事件也是如此。具有多个层的网络很难训练，因为最后一层的“权重”往往会太弱。

新的无监督学习算法包括多伦多大学的杰弗里·辛顿（Geoffrey Hinton）设计的“觉醒–睡眠”算法（wake-sleep，引自《觉醒–睡眠无监督神经网络算法》，1995）和他的学生苏珊娜·贝克（Suzanna Becker）设计的imax（引自《一种在立体图中发现随机点表面的自组织神经网络》，1992）。拉尔夫·林斯科的infomax被索尔克研究所、特伦斯·谢诺沃斯基实验室的安东尼·贝尔（Anthony Bell）进一步简化（引自《执行盲分离的非线性信息最大化算法》，1995）。

随后，日本理化研究所的甘利俊认识到，infomax算法可以通过使用所谓的“自然梯度”对之加以改善，该梯度将新旧两种状态的神经网络进行概率分布，然后使用所谓的相对熵——又被称为KL（Kullback-Leibler）散度——来测量两种状态的分布（引自《神经学习结构化参数空间》，1996）。这是少有地将微分几何应用于统计学中，它处理的是黎曼几何而不是欧几里得几何，类似于爱因斯坦的广义相对论。

与此同时，1996年，康奈尔大学的大卫·菲尔德（David Field）与布鲁诺·奥尔斯豪森（Bruno Olshausen）发明了“稀疏编码”（Sparse Coding），这是一种神经网络的无监督技术，用于学习数据集合中固有的模式。稀疏编码有助于神经网络以一种可被其他神经网络使用的有效方式来呈现数据。自动编码器具有发散的倾向，但稀疏编码后的自动编码器则修复了这个问题。这个想法来源于初级视觉皮层的工作方式。当一个刺激（如声音或图像）导致只有少数神经元的激活，这种激活模式就像“稀疏编码”的刺激，是以一种有效的方式来表现刺激的：用最小的计算量来重建输入图像的能力。经过稀疏约束训练的自动编码器也有类似的优点：它们相当简单，允许堆叠多层。它们的流行始于斯坦福大学吴恩达的团队（引自《自学学习——从无标记数据转移学习》，2007）和纽约大学燕乐存的团队（引自《稀疏编码算法与目标识别的应用》，2008）。一些探索的方法是“半监督式”的，如宾夕法尼亚大学的大卫·亚罗斯基（David Yarowsky）

设计的“自我训练”方法（引自《无监督与监管相抗衡的词义消歧方法》，1995），它包含一个模型的预测训练（当然，模型不能纠正自己的错误）；还有阿夫林·布鲁姆（Avrim Blum）和汤姆·米切尔（Tom Mitchell）在卡耐基 - 梅隆大学的“联合训练”（引自《将标记和非标记数据与联合训练相结合》，1998）；以及后来周志华（音译）在南京大学的“三重训练”——平均地训练三个独立的模型（引自《利用三个分类器开发未标记数据》，2005）。

机器学习做得很好，不需要建模时间维度——支持向量机、逻辑回归、传统神经网络与卷积神经网络——便可以识别模式。然而，有些应用程序需要进行顺序分析，即需要依据时间维度来建模，如语音识别、图像字幕、语言翻译与手写识别。隐藏的马尔可夫（Markov）模型已经被用来建模，但从计算角度看，它们在具有长期依赖性的建模方面显得不切实际。

1997 年，塞普·霍切莱特与他的老师尤尔根·施米德胡贝（现任瑞士人工智能研究所所长）提出了一个解决方案：长短时记忆（LSTM）模型。在该模型中，神经网络的单位（神经元）被一个或多个记忆细胞取代。每个单元格都像迷你图灵机一样，执行简单的操作，即由简单事件触发的读、写、存储和擦除。该模型与图灵机的最大区别在于，它不是二进制决策，而是“模拟”决策，由 0 和 1 之间的任意实数来表示，而不仅是 0 和 1。例如，如果网络正在分析文本，那么一个单元可以存储段落中包含的信息，并将这些信息应用到后续段落中。LSTM 模型背后的原理是一个递归神经网络包含两种记忆：一种是关于最近活动的短期记忆，另一种是对由于最近活动而改变了原本联结间的“权重”的长期记忆。随着网络的训练，权重的变化非常缓慢。LSTM 模型还试图保留最近活动中包含的信息，在传统网络当中，这些信息仅用于微调权重，然后便被丢弃了。

LSTM 递归神经网络代表了神经网络中的一次巨大突破，因为它们获取了时序依赖，包括理解视频、文本、语音和运动所必需的依赖。

后来，施米德胡贝的学生亚历克斯·格雷夫斯改进了LSTM，用于诸如笔迹和语音识别等任务，他开发了“联结主义时间分类”模型，或称“CTC”（引自《联结主义时间分类》，2006）。

在这个时间点上，有人试图重写神经网络的历史，重新开发编程语言的元素。首先是简单的麦卡洛克–皮特神经元，即由一个计算单元产生一系列的乘积，并与一个激活函数（如S形）相结合，它起着编程语言的“IF”语句的作用。霍普菲尔德的循环网络相当于引入了“LOOP”语句。最后，LSTM添加了与编程语言的变量相等的值，这是一种存储值的方法。

燕乐存的卷积网络解决了如何训练深度前馈神经网络架构的问题；而长短时记忆则解决了如何训练深度递归神经网络的问题。

在引入LSTM的同时，1997年，日本高级电信研究所的迈克·舒斯特尔（Mike Schuster）和库拉特·普里斯瓦尔（Kuldip Paliwal）发现了“双向循环的神经网络”，可以实现类似的持久性能。

在2010年以后，其他几种神经网络与一些长期记忆结合，类似于LSTM，已经被作为“神经图灵机”（在2014年，由谷歌英国公司DeepMind的亚历克斯·格雷夫斯发明）和“记忆网络”（在2014年，由Facebook纽约实验室的詹姆士·韦斯顿发明）。就像LSTM一样，这些神经网络可以执行复杂的推理。这似乎是逐步向混合计算方式的转变，这种混合计算方式可能会调和神经网络与传统的知识型学派。谷歌的卢卡斯·凯瑟（Lukasz Kaiser）和伊莉娅·苏克弗（Ilya Sutskever）引入了神经GPU，这是对亚历克斯·格雷夫斯的神经图灵机的改进——通过输入输出实例合成一个算法（引自《神经GPU的学习算法》，2015）。

神经网络时代的概率

神经网络的基本限制是，在开始“学习”之前，它们需要接受成千上万，甚至数百万个例子的“训练”。一个孩子通常可以从一个例子中学到一个新概念，然后在以后遇到类似对象或情况时加以应用（一次性概括能力）。

贝叶斯思维将知识解释为一组概率（非确定性）的陈述，并将学习解释为提炼这些可能性的过程。随着更多证据的获得，我们可以完善原有的信念。1996 年，发展心理学家珍妮·萨弗兰（Jenny Saffran）指出，婴儿便是通过概率论来了解世界的，这使得他们能很快熟悉周边的世界。因此，贝叶斯在 18 世纪可能于无意中发现了一个重要的关于大脑运作的方式，而不仅是一个单纯的数学理论。

概率归纳法是人工智能最早的议题之一，较著名的是 1956 年索洛莫诺夫（Solomonoff）的“归纳推理机”；朱迪亚·珀尔（Judea Pearl）的贝叶斯推理（Bayesian reasoning，1982）为概率计算提供了整套的工具。他们的设想与最初驱使费尔米和乌拉姆的设想一样：当精确的算法过于复杂而导致响应时间难以接受时，便需要用到概率推理。在这些情况下，最好能找到一个近似（但更加快速）的解决方案。在这两者之间，哈佛大学的亚瑟·邓普斯特（Arthur Dempster，引自《由多值映射引起的上、下概率》，1967）和普林斯顿大学的格伦·谢弗（Glenn Shafer，在 1976 年出版《证据的数学理论》）提出了一种对主观概率的概括，即“证据理论”。

卡耐基 - 梅隆大学的莫里斯·德格罗特（Morris DeGroot）在 1970 年出版了《最优统计决策》一书，同年，他出版的《概率论》——基于他早在 1928 年的演讲的内容——更是推动了概率推理的“东山再起”。

与此同时，多伦多大学的基思·黑斯廷斯（Keith Hastings）在 1970 年推广了都市算法（引自《使用马尔可夫链及其应用的蒙特卡罗抽样方法》，1970）。

另一种流行的马尔可夫链蒙特卡罗（MCMC）算法——吉布斯取样法（Gibbs sampling）——是由斯图尔特·杰曼和唐纳德·杰曼两兄弟（分别在布朗大学和马萨诸塞大学）在 1984 年开创的，他们致力于计算机视觉技术

（引自《随机松弛、吉布斯分布和图像的贝叶斯恢复》，1984）；朱迪亚·珀尔（Judea Pearl）很快在他的贝叶斯网络中引入了吉布斯取样法，因而他的网络也被称为“信念网络”和“因果网络”（引自《使用随机模拟的证据推理》，1987）。

诺丁汉大学的阿德里安·史密斯（Adrian Smith）与艾伦·盖尔芬德（Alan Gelfand）的合作让 MCMC 算法异军突起，展示出这一算法对于各类不同场景的适用性（引自《基于采样的方法来计算边际密度》，1990）。就在那时，统计软件 BUGS（使用吉布斯取样法的贝叶斯推理）正在成为学术界使用马尔可夫链蒙特卡罗算法的贝叶斯推理——这是由安德鲁·托马斯于1989年在剑桥大学开发的，当时他正在为大卫·斯皮格哈尔特（David Spiegelhalter）工作。1993 年，国际贝叶斯分析学会在旧金山召开了第一次会议。在会议最后，多伦多大学的拉德福·尼尔（Radford Neal）发表了一篇题为《使用马尔可夫链蒙特卡罗算法的概率推理》（1993）的报告，佐证了上述情况，并在 1996 年出版了《神经网络的贝叶斯学习》一书。

在同一时期，卡耐基 - 梅隆大学的杰弗里·辛顿和约翰·霍普金斯大学的特里·谢诺沃斯基（Terry Sejnowski）于 1983 年引进了仍处于发展完善阶段的玻尔兹曼机。由于无向模型的计算成本非常高，玻尔兹曼机采用了一种近似方法，实际上这就是吉布斯抽样法。1992 年，多伦多大学的拉德福德·尼尔为玻尔兹曼机的连接（最初是无定向的，即对称的）增加了“方向”，以改进训练过程。朱迪亚·珀尔阐述了信念网（Belief Nets），以此来代表专家知识（来自人类的知识）。尼尔则证明了信念网可以实现自我学习。1995 年，辛顿和尼尔曾与英国的彼得·达扬（Peter Dayan）合作——后者曾热衷于寻找赫尔曼·冯·亥姆霍兹的知觉理论体系中相似性的神经学家——设计了亥姆霍兹机（引自《亥姆霍兹机》，1995）、发明了“睡眠清醒”算法，用于无监督学习（引自《使用睡眠清醒算法的无监督算法神经网络》，1995）。这是一个纯粹从神经科学角度构思的觉醒 – 睡眠算法，在一个由随机神经元组成的多层网络中，训练自顶向下和自底向上的概率模型（即生成模型和推理模型）。它是“贝叶斯学习”的一种变相形式：当情况变得棘手而难以处理时，它近似于贝叶斯推理，如同多层网络中的典型情况。

与此同时，瑞典统计学家乌尔夫·格伦南德（Ulf Grenander）——他曾于 1972 年创立了布朗大学（Brown University）的模式理论小组——推动了一场关于计算机如何描绘世界的革命：不是依据理论概念，而是基于模型模式。他的“通用模式理论”为识别数据集中的隐藏变量提供了数学工具。格伦南德的学生大卫·芒福德（David Mumford）专门研究视觉皮层，他同时提出了一种基于贝叶斯推理的模块化层次结构：信息能够在上下两层之间传播（引自《大脑皮层的计算架构 II》，1992），假设视觉区域的前馈 / 反馈循环通过概率推理将自上而下的期望和自下而上的观察整合在一起。芒福德基本上运用分层贝叶斯推理模拟出了大脑的工作方式。

辛顿在 1995 年发明的亥姆霍兹机实际上实现了这些创意：基于芒福德和格伦南德的思想实现一种无监督学习算法，用来发现一组数据的隐藏结构。

另一项重要的思想起源于非平衡热力学（也称为不可逆过程的热力学）。美国洛斯阿拉莫斯国家实验室的克里斯托弗·贾金斯基（Christopher Jarzynski）用马尔可夫链，通过一系列中间分布，逐步将一种分布转化为另一种（引自《非平衡平等自由能量的差异》，1997）。根据同样的理论，多伦多大学的拉德福德·尼尔实现了另一种退火方式（引自《退火重要性抽样》，2001）。

GPU 与人工智能的兴起

神经网络在 20 世纪 90 年代再次“失宠”。事实上，在 2000 年，神经信息处理系统（NIPS）会议的组织者已经不再鼓励提交关于神经网络的论文，而转向支持与向量机相关的主题。

人工智能被电子游戏救了回来。视频游戏需要对图像进行非常快速的分析，而图像则是由数百万像素组成的，一次分析一个像素绝非快速分析图像的最佳方案。因此，该行业发明了图形处理单元GPU，从而可以并行分析所有像素。事实证明，这与神经网络的工作方式是相似的：一个层的节点表现得像一帧图像的像素，并且必须在理想的情况下并行处理。从技术上来讲，神经网络层是一个矩阵，对神经网络的训练包括一系列的矩阵乘法。2001年，大卫·麦卡利斯特（David McAllister）在北卡罗来纳大学（University of North Carolina）的学生斯科特·拉森（Scott Larsen）在GPU上实现了矩阵乘法。他们把最初用于绘制图像的GPU变成了一种快速数字计算器——一种科研工具。2005年，帕特里斯·西马德（Patrice Simard）带领的微软团队率先将GPU用于机器学习。2007年，最著名的GPU制造商英伟达（Nvidia）发布了高级编程语言CUDA（最初是计算统一设备架构的简称），这是C语言的扩展，旨在帮助程序员在他们的GPU中实现矩阵乘法。这是融合了天时地利的好机会，辛顿和本吉奥刚刚构思出训练"深层"神经网络的数学方法。2009年，辛顿的学生，多伦多大学的阿卜杜勒拉赫曼·穆罕默德（Abdelrahman Mohamed）和乔治·达尔（Abdelrahman Mohamed）的研究似乎表明，所谓的"深层信念网络"在语音识别方面比隐马尔可夫模型表现得更好，但实际上，它揭示了一个更重要的事实——使用GPU（Nvidia Tesla S1070型）可以实现惊人的结果（引自《深度信念网络电话识别使用区别的特性》，2011）。2010年，瑞士人工智能实验室（IDSIA）的施米德胡贝团队的丹·喀尔刻（Dan Ciresan）在Nvidia GTX 280图形处理器上构建了一个九层神经网络。

GPU使多层神经网络成为可能。有人可能认为，在2010年以后，人工智能在语音/图像识别和游戏玩法等方面已经取得了成功，而在30年前，人工智能就已经在这些方面有所表现了，只是略显稚嫩、有些可笑。因此，人工智能发展的关键是利用GPU加速神经网络的训练，然后充分利用多层（深层）神经网络的力量。不过，人们有所不知的是，30年前的局限性依然存在：人工智能系统缺乏常识，只能以非自然的方式进行学习。

人工智能发展的深度学习阶段

从20世纪80年代开始，神经网络理论又重新开始流行，并在21世纪初实现指数增长。1982年，约翰·霍普菲尔德（John Hopfield）基于对退火物理过程的模拟，提出了新一代的神经网络模型，正式开启了人工神经网络学科的新时代。这些神经网络完全不受明斯基批判理论的影响。霍普菲尔德的主要成就是发现了其与统计力学之间的相似性。在统计力学中，热力学定律被解释为大量粒子的统计学特性。统计力学的基本工具（很快就演变为新一代神经网络的工具）是玻尔兹曼分布，这种方法可用来计算物理系统在某种特定状态下的概率。站在霍普菲尔德这一巨人肩膀上，杰弗里·辛顿与特里·谢诺沃斯基（Terry Sejnowski）在1983年发明了玻尔兹曼机（Boltzmann）[1]，这是一种用于学习网络的软件技术；1986年，保罗·斯模棱斯基（Paul Smolensky）在原有基础上对之做了进一步优化，并发明出了受限玻尔兹曼机（Restricted Boltzmann Machine）。这些都属于经过严格校准的数学算法，可以确保神经网络理论的可行性（考虑到神经网络对于计算能力的巨大需求）与合理性（能够准确地解决问题）。在这里我插播一个历史花絮：约翰·冯·诺依曼和斯塔尼斯拉夫·乌拉姆（Stanislaw Ulam）等人在1946年的一项绝密军事项目中发明了ENIAC计算机，模拟蒙特卡罗方法是约翰·冯·诺依曼随后用ENIAC编写的第一批

[1] 从技术上说，它可算作霍普菲尔德网络的蒙特卡罗（Monte Carlo）版本。

程序之一。

人工智能神经网络学派逐渐与另一个以统计和神经科学为背景的学派相融合。朱迪亚·珀尔对此功不可没。他成功地将贝叶斯思想的精髓引入人工智能领域来处理概率知识[1]。托马斯·贝叶斯（Thomas Bayes）是18世纪著名的数学家，他创立了我们今天还在应用的概率论。不过颇为讽刺的是，他从未公布他的主要研究成果，如今我们称之为“贝叶斯定理”。

隐马尔可夫模型（Hidden Markov Model）——贝叶斯网络中的一种形式——已经在人工智能领域，特别是语音识别领域得到了广泛的应用。隐马尔可夫模型是一种特殊的贝叶斯网络，具有时序概念并能按照事件发生的顺序进行建模。该模型由伦纳德·鲍姆（Leonard Baum）于1966年在美国新泽西州国防分析研究院建立，在1973年被卡耐基-梅隆大学的吉姆·贝克（Jim Baker）首次应用于语音识别，后来被IBM公司的弗雷德·耶利内克（Fred Jelinek）采用。1980年，杰克·弗格森（Jack Ferguson）发表的《蓝皮书》（由他在国防分析研究院讲课的讲义整理而成）在语音处理领域普及了隐马尔可夫模型的统计方法的应用。

与此同时，瑞典统计学家乌尔夫·格伦南德（Ulf Grenander，1972年成立了布朗大学模式理论研究组）掀起了一场概念革命——计算机应该用模式（pattern）而不是概念（concept）来描述世界知识。

乌尔夫·格伦南德的“通用模式论”为识别数据集中的隐藏变量提供了数学工具。后来，他的学生戴维·芒福德（David Mumford）通过研究视觉大脑皮层，提出了基于贝叶斯推理的模块层次结构——它既能向上传播，也能向下传播[2]。该理论假设，视觉区域中的前馈/反馈回路借助概率推理，将自上而下的预期与自下而上的观察进行整合。芒福德基本上将分层贝叶

---

[1] 《牧师贝叶斯的推理引擎》（*Reverend Bayes on Inference Engines*，1982）。

[2] 《大脑新皮层的计算架构》（*On the Computational Architecture of The Neocortex II*，1992）。

斯推理应用在了建立大脑工作模型上。

1995年，辛顿发明了亥姆霍兹机，实现了以下设想：基于芒福德和格伦南德的理论，用一种无监督学习的算法发现一组数据中的隐藏结构。

后来，卡耐基-梅隆大学的李带生（Tai-Sing Lee）进一步细化了分层贝叶斯框架[1]。这些研究也为后来Numenta建立的广为人知的“分层式即时记忆”模型提供了理论基础。Numenta是2005年由杰夫·霍金斯（Jeff Hawkins）、迪利普·乔治（Dileep George）以及唐娜·杜宾斯基（Donna Dubinsky）在硅谷成立的创业公司。此外，人们还可以通过另一种方式建立同样的范式：分层贝叶斯信念网络。

直到2006年，杰弗里·辛顿开发了深度信念网络（Deep Belief Networks，DBN）——一种用于受限玻尔兹曼机的快速学习算法，此领域才真正开始腾飞。20世纪80年代到21世纪初，真正发生改变的是计算机的运行速度（和价格）。当辛顿的算法被应用于成千上万的并行处理器上时，取得了惊人的效果。也就是在此时，媒体开始大肆宣传机器学习领域取得的各种巨大成就。

深度信念网络是由多个受限玻尔兹曼机通过上下堆叠而组成的分层体系结构，每一个受限玻尔兹曼机（简称为RBM）的输出都作为上一层RBM的输入，而且最高的两层共同形成相连存储器。一个层次发现的特征成为下一个层次的训练数据。

辛顿等人发现了用多层RBM创建神经网络的方法。上一层会将学会的知识向下一层传递，下一层利用这些知识继续学习其他的知识，然后再向更下一层传递，以此类推。

不过，深度信念网络（DBNs）仍存在一定的局限性：它属于“静态

[1]《视觉皮层中的分层贝叶斯推理》（*Hierarchical Bayesian Inference In The Visual Cortex*，2003）。

分类器”（static classifiers），即它们必须在一个固定的维度进行操作。然而，语音和图像并不会在同一固定的维度出现，而是会在（异常）多变的维度出现。所以它们需要“序列识别”（即动态分类器）对其加以辅助，但DBNs却爱莫能助。所以将DBNs扩展到序列模式的一个方法就是将深度学习与“浅层学习架构”（如Hidden Markov Model）相结合。

“深度学习”的另一条发展主线源于福岛邦彦于1980年创立的卷积网络理论。燕乐存在此理论的基础上，于1998年成功建立了第二代卷积神经网络。卷积网络基本上属于三维层级的神经网络，专门用于图像处理。

从前文的历史回顾中我们可以看到，深度学习的“发明”以及神经网络理论的“重整旗鼓”与许多科学家的努力分不开。但其中最突出的贡献当属摩尔定律：从20世纪80年代到2006年，计算机以极快的速度朝着更快速、更便宜、更小巧的方向发展。

如今，人工智能领域的科学家能够处理比以前复杂数百倍的神经网络，而且还可以使用数以百万计的数据训练这些神经网络。这在20世纪80年代简直无法想象。因此，从1986年（受限玻尔兹曼机刚刚问世）到2006年（深度学习理论发展成熟），正是摩尔定律将人工智能领域的天平从逻辑方法向联结主义方法转移的过程。如果没有计算机在速度和价格方面的日新月异，深度学习将不会变为现实。另外，拥有超级动力的GPU（图形处理器）在2010年以后价格迅速降低，这也对深度学习的发展起到了推波助澜的作用。

2012年，深度学习神经网络领域取得了里程碑式的成就，亚历克斯·克里泽夫斯基（Alex Krizhevsky）与其他几位多伦多大学辛顿研究组的同事在一篇深度卷积神经网络方面的研究论文中证实：在深度学习训练期间，当处理完2000亿张图片后，深度学习的表现要远胜于传统的计算机视觉技术。

2013年，辛顿加入谷歌，而燕乐存加入了Facebook。

花絮：有意思的是，虽然在深度学习领域做出杰出贡献的专家并非生于美国，但是他们最终都来到美国从事相关的工作。其中，燕乐存和约书亚·本吉奥是法国人，辛顿是英国人，吴恩达是中国人，亚历克斯·克里泽夫斯基和伊利亚·苏特斯科娃是俄罗斯人，布鲁诺·奥尔斯豪森是瑞士人。

深度信念网络是由多层概率推理组成的概率模型。托马斯·贝叶斯在18世纪提出的定理迅速成为历史上最有影响力的科学发现之一（万幸的是，贝叶斯生前从未发表的手稿，在他死后被发现）。贝叶斯的概率理论将知识解释为一组概率（不确定的）表述，而把学习解释为改善那些概率事件的过程。随着获得更多的证据，人们会逐步掌握事物的真实面貌。所以，贝叶斯定理在不经意间揭示了关于大脑工作方式的基本原理，因此我们不应将其简单地当作数学理论。

自2012年以来，世界上几乎所有的主要软件公司都纷纷投资人工智能领域的初创公司，其中重要的有：亚马逊（Kiva，2012），谷歌（Neven，2006；Industrial Robotics，MEKA，Holomni，Bot & Dolly，DNNresearch，Schaft，Boston Dynamics，DeepMind，Redwood Robotics，2013—2014），IBM（AlchemyAPI，2015；Watson项目），微软（Adam项目，2014），苹果（Siri，2011；波士顿的Perception2和英国的VocalIq，2015；加州大学圣地亚哥分校的Emotient；剑桥大学的VocalIQ，2015；卡耐基-梅隆大学剥离出的产品Turi，2016；斯坦福大学剥离出的产品Lattice Data，2017；丹麦计算机视觉初创公司Spektral，2018）。

2012年以后，深度学习的应用范围迅速扩大，大数据、生物技术、金融、医疗……无数的领域希望在深度学习的帮助下实现数据理解和分类的自动化。

而且，目前多个深度学习平台开放成为开源软件，如纽约大学的Torch，加州大学伯克利分校彼得·阿布比尔研究组的Caffe，加拿大蒙特利尔大学的Theano，日本Preferred Networks公司的Chainer，以及谷歌的Tensor Flow等。这些开源软件的出现使得研究深度学习的人数迅速增加。

2015年，德国图宾根大学的马蒂亚斯·贝特格团队成功地让神经网络学会了捕捉艺术风格，然后再将此风格应用到图片中去。

从深度学习理论诞生起，围棋一直是最受关注的研究领域。2006年，雷米·库伦（Remi Coulom）推出了蒙特卡罗树形检索（Monte Carlo Tree Search）算法并将其应用到了围棋比赛中。这个算法有效提高了机器战胜围棋大师的概率：2010年，由一个多地区合作团队研发的MogoTW战胜了卡塔林·塔拉努（Catalin Taranu，罗马尼亚棋手）；2012年，Yoji Ojima公司研发的Tencho no Igo/Zen战胜了武宫正树（Takemiya Masaki）；2013年，雷米·库伦研发的“疯狂的石头”(Crazy Stone）击败石田芳夫（Yoshio Ishida）；2016年，隶属于谷歌的DeepMind公司研发的AlphaGo击败了李世石。各路媒体关于DeepMind获胜的报道曾铺天盖地。DeepMind采用了稍作修改后的蒙特卡罗算法，但更重要的是，AlphaGo通过跟自己对弈，增强了自身的学习效果（所谓的“强化学习”）。AlphaGo的神经网络是通过与围棋大师的15万场比赛得到训练的。

AlphaGo代表了能够捕捉人类模式的新一代神经网络。

出乎意料的是，很少有人注意到，2015年9月，马修·莱（Matthew Lai）推出了一个名为Giraffe的开源围棋引擎，该引擎能通过深度强化学习在72小时内学会下棋。这个项目由马修·莱独立设计，运行于伦敦帝国理工学院的他所在系里的一台性能平庸的计算机上（2016年1月，马修·莱受邀加入谷歌的DeepMind公司，两个月后，AlphaGo打败了围棋大师）。

2016年，丰田公司向外界展示了一种能自我学习的汽车，这是AlphaGo以外深度强化学习实际应用的再一次尝试：设置好必须严格遵守的交通规则，让很多汽车在路上随意驰骋，过不了多久，这些汽车就能通过自学掌握驾驶本领。

人工智能发展的深度强化学习阶段

自深度学习诞生以来，围棋一直是人们喜爱的研究领域。

在2006年，法国的雷米·库仑将乌拉姆传统观念的蒙特卡罗方式应用到了搜索树数据结构的问题上（这是计算数学中最常见的问题之一，但当数据是游戏中的下一步棋时就显得特别困难了），从而产生了蒙特卡罗树搜索算法，并被应用于围棋游戏（引自《基于蒙特卡罗规划的"打劫"》，2006）。同时，列文特·柯奇士（Levente Kocsis）和乔鲍·斯盘泽瓦里（Csaba Szepesvari）开发了UCT算法（上限置信区间算法），将打劫算法应用于蒙特卡罗搜索。在概率论中，打劫算法作为一个问题最初在1952年被高级研究学院的赫伯特·罗宾斯提出并研究（引自《序贯实验设计的某些方面》，1952）。

DeepMind原先结合了卷积网络与强化学习来训练神经网络，参与电子游戏：2013年，伏尔迪米尔·明（Volodymyr Mnih）与其他人用Q-Learning算法的变体训练卷积网络，即所谓的"异步动作与评价"算法或A3C，从而改善策略功能（引自《如何与强化学习计算机玩雅达利游戏》，2013）。这种深度Q网络（DQN）是用DeepMind开发的深度强化学习方法的第一项进展，进而产生了AlphaGo与AlphaZero。

深度Q网络存在一些固有的局限性，其需要大量的计算能力，这不仅提高了成本，而且让响应时间变得滞后。DeepMind重新发现了林（Lin）在1992年开发的"经验回放"算法，并将其作为弥补雅达利游戏网络的一种方法。DeepMind随后又发现了强化学习的策略梯度方法（尽管不同于强化学习的概率比方法），如大卫·西尔韦（David Silver）在2014年开发的

“确定性策略梯度”和尼古拉斯·海斯（Nicolas Heess）在2015年开发的“随机值梯度”。伏尔迪米尔·明的团队所研究的是异步梯度下降算法，并行运行多个代理，而不是使用“经验回放”。2015年，阿伦·纳雅尔（Arun Nair）等人设计了通用强化学习架构（Gorila），通过对强化学习代理（100个独立的动作–学习者过程）进行异步训练，大大提高了雅达利游戏的性能。

2016年，DeepMind团队还将深度Q网络应用到了更普遍的连续动作领域（引自《持续控制与深度强化学习》，2016）。

2016年，丰田展示了一款自我学习型汽车，这是AlphaGo等深度强化学习的另一项应用：多辆汽车一起随机漫游，唯一的规则是必须避免事故。过了一段时间，汽车学会了在路上正确地行驶。

扑克是人工智能科学家们目标中的另一项游戏，其玩法的数量如此之多，以至于阿尔伯塔大学甚至建立了一个电脑扑克研究小组。该小组中的麦克·鲍林（Michael Bowling）在2007年开发出了一款被称为反事实遗憾最小化或CFR（Counterfactual Regret Minimization）的算法（引自《遗憾最小化和游戏中的不完整的信息》，2007），其建立在2000年由塞尔久·哈特（Sergiu Hart）与安德鲁·马斯柯莱（Andreu Mas-Colell）在以色列爱因斯坦数学研究所发明的“遗憾匹配”算法的基础之上（引自《一个简单的自适应过程导致相关均衡》，2000）。

这些都是在自我游戏中使用的技巧：描述了游戏给定的规则，算法就会和自己进行游戏，并不断开发出自己的策略来更好地参与游戏。这是强化学习的另一种形式，只不过在这种情况下，强化学习从根本上设计游戏策略，而不会局限于人类固有的策略思维。CFR及其众多变体的目标是对不完全信息游戏（如扑克）给出近似解。CFR的变体成为计算机扑克比赛中使用的“扑克智能程序”的算法。

2015年，鲍林的团队开发出了仙王座（Cepheus），而卡耐基-梅隆大学的图玛·桑德霍尔姆（Tuomas Sandholm）开发出了克劳迪科（Claudico），两者在匹兹堡的一家赌场里进行了一场职业对局，克劳迪科输了。但在2017年，由同一组人创建的冷扑大师（Libratus）赢了。冷扑大师使用了一种叫作CFR+的新算法，由芬兰黑客奥斯卡里·塔美林（Oskari Tammelin）在2014年开发，可以比原先的CFR更快速地学习（引自《使用CFR+解决大型不完全信息游戏》，2014）。不过，这种设置是完全不自然的，尤其是其排除了卡片运气的因素。可以肯定地说，以前没有人类玩家在这样的环境下玩过扑克。但它证明了，当玩家数量减少、比赛时间延长时，机器就开始赢了：在较短的时间内，多数的人类玩家都能够打败克劳迪科，但在相对较长的时间内，少量的玩家会输给冷扑大师。深度强化学习有三个主要问题：它需要大量的数据，这是不自然的（动物可以学到一些东西，即使它们只看到一两次）；在与训练系统稍稍不同的场景下容易彻底失效；内部机制完全不透明，这让人们在关键应用中使用深度强化学习时颇有顾虑。

与DeepMind的A3C不同的是，对这些问题的解决可以追溯到卡洛斯·格斯特林（Carlos Guestrin）提出的“关联型马尔可夫决策过程”（引自《复杂结构环境中的不确定性规划》，2003）；以及迈可尔·利特曼（Micheal Littman）的学生卡洛斯·迪克（Carlos Diuk）在罗格斯大学提出的面向对象的马尔可夫决策过程（引自《有效强化学习的面向对象表示》，2008）。关联型马尔可夫决策过程将概率和关系表示与现实世界中规划行动的明确目标相结合。玛尔塔·加奈尔（Marta Garnelo）在伦敦帝国理工学院（Imperial College London）的“深层符号强化”（《朝向深层符号强化学习》，2016）和迪利普·乔治（Dileep George）的“架构网络”（Schema Networks）在这些思想的基础上，将经验从一种情况转移到了其他类似情况，在根本上融合了初步的逻辑呈现与深度的强化学习。

另一条解决途径来自信任区域政策优化（TRPO）理论，这是皮耶特·阿布比尔（Pieter Abbeel）在加州大学伯克利分校的学生约翰·舒尔曼（John Schulman）在2015年提出的，作为DeepMind策略的梯度方法（至少对于连续控制任务）的替代方案。DeepMind本身为策略的梯度方法提供了另一种选项：南多·得·弗雷塔斯（Nando de Freitas）团队的王子瑜（音译）和其他人开发的ACER（引自《具有经验重放的高效动作–评论样本》，2016），是他们的同事雷米·穆诺斯（Remi Munos）所开发的追溯方法（Retrace）的变体（引自《安全高效的策略外强化》，2016）。约翰·舒尔曼本人用PPO（近端策略优化）改进了TRPO，由OpenAI在2017年发布（引自《近端策略优化算法》，2017）。DQN、A3C、TRPO、ACER和PPO只是冰山一角：这些技术在学习如何进行游戏的领域取得成功后，强化学习优化算法开始成倍增长并迅速发展。

如果2016年是强化学习的元年，那么到2017年，它就沦为了众矢之的。首先，一些研究表明，其他形式的机器学习可以复制DeepMind的壮举：杰夫·克鲁恩（Jeff Clune）在优步公司（Uber）的人工智能实验室的团队（引自《深度神经进化：遗传算法是一种竞争性选择强化学习培训的深层神经网络》，2017），OpenAI的蒂姆·莎莉曼（Tim Salimans）（引自《作为一个可扩展的替代强化学习的进化策略》，2017）以及本·雷希特（Ben Recht）在加州大学伯克利分校的学生霍里亚·马尼亚（Horia Mania）和奥里莉亚·盖伊（Aurelia Guy）（引自《简单随机搜索提供了一个有竞争力的强化学习方法》，2018）都证明，更简单的遗传算法可以适用于绝大多数的任务。其次，沙姆·卡卡德（Sham Kakade）在华盛顿大学的学生阿拉文德（Aravind Rajeswaran）的研究表明，机器人在执行连续控制任务时，多层神经网络是一个无法绕开的复杂难题，如OpenAI在体育场环境下执行任务（引自《在连续控制中走向一般化和简单化》，2017）。尼古拉斯·赫斯（Nicolas Heess）等人在DeepMind中使用深度强化学习来训练机器人做出行走、跑步、跳跃和转弯等动作（引自《复杂环境中的运动行为》，

2017）。训练需要使用 64 颗处理器，连续运行超过 100 小时。整个过程令人印象深刻，但类似的结果早在五年之前就被伊曼纽尔·托多罗夫在华盛顿大学的学生尤瓦尔·塔莎（Yuval Tassa）和汤姆·埃雷兹（Tom Erez）（两人后来都受雇于 DeepMind）在较小规模的硬件平台上取得。他们没有使用强化学习的方法，而是选择了在线轨迹优化，即模型预测控制，在物理层模拟 MuJoCo 语言（引自《通过在线轨迹优化实现复杂行为的合成和稳定性》，2012）。

用异常复杂的算法来开发人工智能的最初原因，并不是不可以使用更为简单的算法来下象棋或围棋，而是这样做太愚蠢了：简单算法需要在昂贵的硬件上进行大量计算，且运行缓慢。在 AlphaGo 时代，人工智能似乎达到了一个临界点，复杂的算法需要大量计算，这样似乎与人工智能的全部意义相悖，没有人能够正式证明简单的算法无法在国际象棋、围棋或任何其他决定输赢的游戏中取得傲人的表现。大量计算资源的可用使得在人工智能中不再对算法设计过于苛求。如果简单的架构可以做同样的工作，那么开发多层网络又有什么意义呢？当初，唯一的原因便是要加快速度，或者在更便宜的硬件上运行，但是目前的情况已经全然不同：DeepMind 和 OpenAI 开始在他们的算法上投入越来越多的计算能力。在最初的热情过后，人工智能科学家们开始重新捡起 20 年前被摒弃的、陈旧的简单算法。他们中的一些人证明了一个道理：人工智能不一定意味着异常复杂的事物，因为我们忘记了羁绊我们的并非理论上的错误，而是缓慢的硬件。

强化学习的最大挑战之一是，它需要一个奖励函数：奖励函数实际上代表了我们希望系统学习的东西。问题是，在现实世界中，设计出正确的奖励函数是极其困难的。如果奖励函数设计不当，强化学习就会产生一系列难以驾驭的连锁反应。

在强化学习中的另一项悬而未决的问题是平衡“探索”与“利用”的关系。这是一个常见的数学优化方面的问题，亦被称为“多臂赌博机问题”

（The Multi-Armed Bandit Problem）。经典的例子是选择如何就餐：你可以到最心仪的餐厅用餐，在那里你应该会吃到一顿好饭，或者尝试一家新餐厅，也许你有机会发现另一个“最爱”。听起来，这似乎并没什么大不了的。但如果把同样的道理应用到医疗领域上，你可能会明白为什么这会是件大事——“利用”可以产生最大化即时回报的最佳决策，“探索”则包括投资于收集更多有关环境的知识，从长远来看，这可能会产生更高的回报。“探索”在强化学习中的代价是昂贵的，因此往往会被忽视。但在某些情况下，必须要为此付出巨大代价。这就是为什么 DQN 可以玩雅达利游戏，但在蒙特祖玛复仇游戏中就举步维艰，后者是一个需要更多“探索”的游戏。

从历史的角度来看，我们已经了解到，经典的人工智能问题可以按照某些因素进行分类，而围棋则属于简单的人工智能问题。当我们能够获取无限的计算能力时，那些确定性的、完全可观察的和已知的、离散的（有限数量的可能状态）以及静态的（规则不会改变）问题实际上是最“容易”解决的。而假如无章可循，那么解决之道会异常困难：最基本的原因便是可能存在的解决方案的数量会是非常庞大的。在过去，硬件速度运行缓慢、硬件价格昂贵，人们会通过模拟人类的直觉，为机器编写出程序来确定解决方案。但在这个硬件异常廉价、计算速度取得突破的时代，我们可以单凭蛮力编程机器，然后简单地去尝试所有可能的组合，直到有一个被证明是正确的解决方案出现。围棋游戏就是这样一种问题：“难度”在于存在许许多多种可能的走法，但对于一台可以尝试经历所有走法的机器来说，这相当“容易”。

紧跟在围棋之后，我们将目光转向 2013 年的多人游戏《Dota 2》，这是一款每天有超过 100 万人在线参与的游戏。2018 年，OpenAI 发布了一款名为“OpenAI 5”的机器人，它和“AlphaZero”一样，在不了解人类如何玩游戏的情况下，自学了围棋。这个问题既不是完全可见的 / 已知的，也并非离散或静态的。OpenAI 5 每天与自己对打 180 年（游戏中的虚拟时间）的游戏，系统运行在 256 颗 GPU 和 128 000 颗处理器内核上，每位游戏中的英雄使用单独的 LSTM。OpenAI 5 采用近端策略优化。在 2018 年，OpenAI 使用同样的算法来指导一只名为“Dactyl”的机械手操作魔方。

2019 年 10 月，OpenAI 展示了一个新的能够解决魔方难题的机器人手臂。之前有其他系统已经学会了如何玩魔方，它们使用的机械手已经有 15 年的历史了，但是 OpenAI 将 OpenAI 5 的强化学习算法与自动领域随机化（ADR）相结合，这是一种不断生成并挑战更困难环境的新方法。在传统上，人们会对现实世界进行建模，并使用该模型对系统进行环境模拟。ADR 是由皮耶特·阿布比尔（Pieter Abbeel）的学生乔什·托宾（Josh Tobin）在加州大学伯克利分校与 OpenAI 合作开发的，它让系统在越来越复杂的模拟环境中进行训练 (《将深度神经网络从模拟环境转移到充满随机化的现实世界》, 2017)。优步人工智能实验室（Uber AI labs）的王瑞（音译）也研究出了一种类似的技术，名为开放式配对（POET,《持续生成越来越复杂和多样化的学习环境及其解决方案》, 2019）。

DeepMind 从另一个方向对 AlphaGo 加以演化，推出了 AlphaStar。2019 年 11 月，DeepMind 的 AlphaStar——主要由大卫·西尔弗（David Silver）和奥利奥尔·温雅尔斯（Orion Vinyals）设计，在电子游戏《星际争霸 2》中击败了 99.8% 的人类对手。AlphaStar 通过人机游戏的视频进行训练，然后通过自己与自己对战持续进行改进。训练 AlphaStar 需要 44 天和 384 个 TPU 的计算量，在这期间，AlphaStar 玩的游戏相当于人类在 200 年中玩的星际争霸游戏的总和。实际上，DeepMind 为《星际争霸》的三个外星种族分别训练了不同的 AlphaStar 版本 (每个种族需要使用不同的策略)。如果对战地图改变了，AlphaStar 也需要从头开始重新进行训练。

俄勒冈州立大学卡根·图默（Kagan Tumer）小组的肖哈达·卡德卡（Shauharda Khadka）将强化学习和遗传算法结合起来，教会人形机器人如何走路（引自《协作进化强化学习》, 2019）。其核心逻辑是通过强化学习训练神经网络的种群，并在其后的每一代中选择性能最好的神经网络来产生下一代。

人们从来不会在历史的教训中学到什么，这是所有历史教训中最重要的。

——奥尔德斯·赫胥黎

机器是如何学习的

机器学习与人类学习

从哲学上来讲，流行的人工智能技术（如强化学习）的进展相当令人震惊：它们实际上是在用相当简单的数字进行表达。你可以用几行代码写出这些公式，在非数学家看来可能有些复杂，但绝对要比牛顿的万有引力方程简单得多。然后，你需要在一个庞大的数据集上将这几行代码运行数百万次（如雅达利游戏）。然后，这些算法开始表现得像游戏的主人。除了这些，算法甚至不知道游戏的规则是什么。雅达利的程序通过观察电脑屏幕上的像素来“学习”玩游戏。这个程序不知道游戏的规则是什么，甚至压根不知道它是一款游戏。它只是一个数学公式，在成千上万的例子中重复了数百万次。你可以合理地质疑这是否可称为“智慧”。在这里，哲学家们可能会分成两派：一派认为，“智能”需要对你正在做的事情有充分的理解；另一派则认为，最终，我们所有的“理解”只是简单的神经算法的大规模迭代。前一组人一直希望有一天能找到一款游戏，该游戏是无法通过简单地重复数百万次算法就能夺得冠军的。到目前为止，我们已经被机器折服：机器正在“学会”玩越来越难的游戏，并且变得比我们更厉害，即使机器并不知道游戏规则（甚至不知道这是在玩游戏）。

不过，千万不要太高估机器：只有当人类正确设计了机器算法后，机器才能学会玩游戏，最终打败人类。机器只是“学习代理”，它将与环境进行交互并相互适应，最终成功地完成任务、解决问题。强化学习的基本步骤是捕捉问题的关键特征，并相应地设计“学习主体”的行为。这是由一位人类专家，使用最流行的“马尔可夫决策过程”来完成的。机器可以成为“学习代理”，但绝对不是学习代理的设计者。

但就“学习主体”而言，其本身也存在着本质上的差异。我们人类学习的本质不仅是“试错”的过程。人类和机器使用两种不同的方法来学习游戏。人类运用了大量的常识和直觉（毕竟，游戏是由人类设计的）。在学习的起步阶段，人类的方法是“有导向的”：有人告诉我们该如何玩，或者我们可以在一段时间内自己猜测游戏是怎样进行的。强化学习不需要知道它在做什么：它只需要知道目标是什么以及可能的行动是什么，而机器的任务是“选择”实现目标的最佳行为。机器的这种方法是“选择性的”。人类选手在开始的几分钟就可以发挥出色；强化学习虽然最终会玩得“炉火纯青”，但其学习的过程可能需要几小时、几天或几个月（这取决于计算机的速度）。你学会骑自行车的方式是这两种方法的混合：父母告诉你（让你知道）自行车是如何操作的，但你自己必须不断尝试，直至找到最佳应对方案，且要不断调整自己的练习状态，以避免失误和改善稳定性（即惩罚和奖励）。

强化学习一直让心理学家着迷，因为只有当学习主体对环境有“整体”的理解时，强化学习才会起作用。雅达利电子游戏或围棋落子构成了一个非常简单的环境。而人类却可以在更复杂的环境中应用强化学习。

强化学习算法还有另一个让人着迷（进而会产生恐慌）的原因。正如爱沙尼亚塔尔图大学的泰比特·马蒂斯（Tambet Matiisen）所写的那样：“看着他们学习一款新游戏，就像在野外观察一只动物。”

神经网络中的隐藏力量

关于多层网络，没有人真正知道它们为什么能工作得如此之好。设计多层网络在很大程度上仍是一个“试错”的过程。

像大多数非线性系统一样，多层神经网络是难以被“理解”的。要弄清楚线性算法的作用相对容易，尽管计算机的运行速度可能比我们人脑快几百万倍，但非线性算法对人类而言，在很大程度上是在一个黑箱中运作的。

我们可以把这视作人类的局限性：神经网络工作得很好，但人们无法理解它是如何工作的。实际上，我们同样难以理解动物在做什么，我们也无法理解大多数其他人类在做什么……除非他们直截了当地告诉我们。所以这也变成了机器的一种限制：一个不能解释其行为的神经网络与人类相比有一个明显的缺陷——人类可以解释他们在做什么，而神经网络不能。套用哲学家丹尼尔·丹尼特（Daniel Dennett）在2017年接受采访时所说的，假如神经网络“不能比我们更好地解释它在做什么，那就不要相信它”。想象一下，一个深度学习系统，被证明比所有人类专家加起来都更胜一筹，它分析了你身体的CT扫描图片，然后告诉你，你只剩下一个月的生命了。人类专家可能不太准确，但可以告诉你他们为什么会这样想。神经网络只是告诉你，你只有一个月的生命期，却不会附带任何解释。这样的感觉如何？你的去世或许只意味着在患者数据库中删除一条记录，解释发生在你身上的事像是在浪费时间，也许更重要的是：你能相信一个没有任何解释的观点吗？你会在不知道为什么这么快离世的前提下，开始为你的葬礼做安排吗？曾有一段时间，一项流行的技术是利用“特征图”（Saliency Map）来分析神经网络的行为，其由柏林技术大学克劳斯-罗伯特·穆勒（Klaus-Robert Muller）的团队（引自《如何解释个人分类决策》，2010）和牛津大学的安德鲁·泽斯曼（Andrew Zisserman）实验室的凯伦·西蒙尼安

（Karen Simonyan）和安德里亚·韦达尔迪（Andrea Vedaldi）率先提出（引自《深入卷积网络》，2014）。

2013 年，罗布·费格斯（Rob Fergus）在纽约大学的学生马修·塞勒（Matthew Zeiler）引入了一种可视化技术，能够对深层卷积网络中间层的功能一窥究竟（引自《走进卷积网络》，2013）。同样是在纽约大学，燕乐存的学生安娜·科勒曼斯卡（Anna Choromanska）使用球形自旋玻璃模型的物理原理解释了为什么随机梯度下降在“深层”神经网络中如此有效（引自“多层网络表面的损失”，2015）。2016 年，德国的沃伊切赫·萨玫克（Wojciech Samek）发明了一种方法，他将其命名为“深度泰勒分解”（深度泰勒分解是英国数学家布鲁克·泰勒在 1715 年发明的一种求近似函数的方法），用来观察深度神经网络的工作原理（引自《神经网络的深度泰勒分解》，2016）。几乎与此同时，华盛顿大学的卡洛斯·格斯特林（Carlos Guestrin）研究小组开发了一种名为“LIME”（局部可理解的与模型无关的解释技术的简称）的算法，可以解释任何分类器的预测（引自《我为什么要相信你》，2016）。在 2017 年，DARPA（美国国防部先进研究项目署）的大卫·冈宁（David Gunning）发起了一个为期 4 年的全美项目（涉及 10 个研究实验室），从事开发神经网络的接口工作，帮助普通用户理解神经网络是如何得出结论的（可解释的人工智能，或称 XAI 计划）。例如，国际社会研究所的穆罕默德·阿默（Mohamed Amer）试图用生成对抗性网络的技术来观察神经网络的内部运作机制。

2015 年，以色列希伯来大学的纳夫塔利·提施黎（Naftali Tishby）基于克劳德·香农的信息理论做出了解释。1999 年，提施黎、费尔南多·佩雷拉（Fernando Pereira，当时在贝尔实验室，后来受雇于谷歌），以及威廉·布雷克（William Bialek，当时在新泽西州的 NEC 研究所工作，后任职于普林斯顿大学）提出了网络优化的“信息瓶颈方法”（引自《信息瓶颈应对方案》，2000）。网络上只会保留必要的东西，因为“学习”的过程就相当于通过瓶颈压缩信息：网络的行为就像一个人被迫只保留真正必要的东西，或者更清楚地说，保留和他有关的东西，并抛弃其余的。如果网络正确地选择了可以丢弃的东西，那么这个流程就会奏效。

提施黎喜欢说："学习中最重要的部分便是遗忘。"他们还计算出了信息瓶颈的理论边界，即在仍然保留相关信息的前提下的最大优化程度。2014年，两位物理学家——西北大学的大卫·施瓦布（David Schwab）和波士顿大学的潘卡·梅塔（Pankaj Mehta）发现，辛顿的深度学习算法与"块旋转重整化"（Block-Spin Renormalization）存在惊人的相似性（引自《一个精确的变分重正化群之间的映射和深度学习》，2014），后者是一种在统计物理学中提取系统的相关特性并确定其中哪些可以忽略的常规的数学方法，由雷奥·卡达诺夫（Leo Kadanoff）于1966年提出，它是由物理学家使用统计的方式来描述一个系统，而不需要知道确切的所有粒子的状态，尤其是在一个物理系统的所谓的"临界点"上（如当水由液态变为蒸汽状态）。

重整化是一种数学方式，用来描述系统在宏观上重要的东西，而无须考虑宏观行为中并不重要的微观细节。2015年，提施黎和他的学生诺佳·扎斯拉夫斯基（Noga Zaslavsky）用信息瓶颈来解释深度学习：深度神经网络的工作机制就如同一个优化算法，只保留了数据分类的相关信息（引自《深度学习和信息瓶颈原理》，2015）。当神经网络通过数据集进行训练时，在某个时候，它会进入"压缩"阶段，开始释放信息，也就是说，它开始"忘记"无关的信息，以保持学习更多相关信息的能力。如果一个神经网络训练了足够多的样本，它将收敛到信息瓶颈的理论边界，即提施黎、佩雷拉、彼亚雷克三人的理论界限。谷歌的艾利克斯·阿勒姆（Alex Alemi）将提施黎的信息瓶颈思维应用于非常深层的神经网络（引自《深层变分信息瓶颈》，2016）。

提施黎的网络学习模式十分有趣，因为它提供了与人类记忆理论的联系。自英国心理学家唐纳德·布罗德本特（Donald Broadbent）在1958年出版《感知与交流》（*Perception and Communication*）一书以来，人们就自然而然地认为，我们一生中看到的物体的数量超过了大脑中储存图像所需的神经元的数量。人类的记忆必须选择要记住什么，而忘记大部分由感官感知的刺激。布罗德本特阐述了大脑“有限容量”的原理（也被称为“过滤理论”），以解释像大脑这样有限容量的系统是如何应对世界上的大量信息的。提施黎的理论甚至可以提供现实与梦境的联系：弗朗西斯·克里克（Francis Crick），这位DNA双螺旋结构的共同发现者，曾经推测梦的功能是“清除大脑回路”（引自《梦与睡眠的功能》，1983）。面对每天巨大的感官刺激，大脑必须明白什么是重要的，什么是不重要的；记住那些仍然重要的，忘记那些永远不会再重要的。

非深度学习（统计学和其他领域的机器学习）

深度学习并不是唯一的游戏方式。事实上，机器学习领域已经引入了许多类型的非线性算法，尤其是在20世纪90年代。

事实上，最成功的方法是一种统计学习方法，即线性分类器“支持向量机”（SVM）。支持向量机算法最初是由苏联数学家弗拉基米尔·万普尼克（Vladimir Vapnik）和阿列克谢·切尔冯尼基斯（Alexey Chervonenkis）在1963年提出的（他们称之为“广义肖像”），并由麻省理工学院的托马索·波吉欧加以改进（1975年，他推出了“多项式内核”），但算法的最终确定直到1991年才由伊莎贝尔·盖恩（Isabelle Guyon）在贝尔实验室完成（万普尼克在1990年加入）。她将SVM应用于模式分类（引自《最优边缘分类器的训练算法》，1992），利用法国物理学家马克·梅扎德（Marc Mezard）和沃纳·克劳斯（Werner Krauth）发明的优化算法“minover”改进了霍普菲尔德式的神经网络（引自《神经网络稳定性最佳的学习算法》，1987）。盖恩把线性算法变成了非线性算法。和万普尼克一样出生在欧洲，供职于贝尔实验室的科琳娜·科尔特斯（Corinna Cortes）进一步改进了 SVM，使其成为一个“软性边缘分类器”（引自《支持向量网络》，1995）。例如，托尔斯滕·约阿希姆（Thorsten Joachims）在文本分类中应用了 SVM 学习（引自《支持向量机的文本分类》，1998）。由斯坦福大学的汤姆·库沃（Thomas Cover）证明的定理（引自《线性不等式的几何和统计特性的系统在模式识别中的应用》，1965）指出，高维度空间相对于低维度空间（如多维度相对于二维空间），一个复杂的模式分类问题（如识别图像）更可能是线性可分离的。其内核是一种将二维数据空间转换为非常高维空间（“特征空间”）的函数。这个函数需要大量的计算，但是数学家们发现了一个使它可行的“技巧”（被称为“核技巧”）。大多数分类问题都是非线性的，这使得它们很难解决。核技巧允许我们将一个非线性问题转换成线性问题，在此之后，我们可以在特征空间中使用许多著名的线性分类器。这个技巧可以追溯到 1909 年由英国数学家詹姆斯·默瑟（James Mercer）证实，并在 1964 年由苏联数学家马克·艾泽曼（Mark Aizerman）改编的定理。这就是盖恩用来使万普尼克最初的概念成为最流行的统计学习方法的技巧。

何廷肯（Tin-kam Ho）在贝尔实验室用随机判别法改进了决策树分析。随机判别法在 1990 年由尤金·克莱因伯格（Eugene Kleinberg，在纽约州立大学担任顾问）推导得出了“随机决定森林”（引自《随机决定森林》，1995），并由加州大学伯克利分校的利奥·布赖曼（Leo Breiman）加以完善。“森林”是指一棵大型的决策树。

分类和回归树（简称 CART）是利奥·布赖曼提出的一个术语，指的是用于分类或回归预测建模问题的决策树算法。

即使在深度学习时代，支持向量机或许也是机器学习中最常用的方法。其原因与计算资源有关：你可以很容易地将 SVM 算法分布在几十台机器上，这样它就可以快速学习，而深度学习算法（理论上更有效）很难分布在几十台机器上。这是因为，SVM是线性模型，而神经网络是非线性的。到2017年，谷歌实际上是唯一能够执行深度学习算法分布式计算的组织。这更多地与大数据基础架构（如谷歌在2005年发布的MapReduce）有关，而与系统的“智能性”无关。如果你不把神经网络分布在多台机器上，训练可能需要花费数周或数月的时间。

在20世纪90年代，我们还见证了贝叶斯推理网络的首次应用：格雷戈里·库珀（Gregory Cooper）的斯坦福团队在1991年提出的快速医学参考决策理论（或称QMR-DT项目），以及马修·巴里（Matthew Barry）和埃里克·霍维茨（Eric Horvitz）领导的美国航空航天局的Vista项目（1992）。

机器学习算法的训练在正负实例数量大致相等时效果最好。但在现实世界并非如此。例如，医学图像的数据集几乎总是不平衡的：健康的人很少接受胸部的放射扫描，因此，大多数胸部CT扫描针对的是已知患有疾病的患者。如果训练数据集包含10 000张心脏病患者和10位健康人的医学图像，那么分类器将倾向于将健康人划分为有心脏病发作风险的人群。反之亦然，如果训练数据集包含10 000张健康人的医学图像和10张心脏病患者的图像，那么分类器就会倾向于把有患心脏病风险的人归为完全健康的人。这个问题在很多领域都很普遍。这是机器学习系统（或简单的分类器）中的一个遗留问题。常见的补救措施是使用“集成方法”，即将多个（弱）学习算法合并为一个（强）学习算法。从20世纪90年代开始，人们就提出了许多种技术（或元算法）。例如，在1994年由加州大学伯克利分校的里奥·布雷曼（Leo Breiman）提出的BAgging（引导聚集）；由南佛罗里达大学的尼泰什·乔拉（Nitesh Chawla）等人于2000年开发的SMOTE（合成少数样本过度抽样技术）等。

“提升”（Boosting）是一种用来改善线性和非线性分类器精度的方法。贝尔实验室的罗伯特·沙佩尔（Robert Schapire）证明了该方法在理论上的可行性（引自《较弱的可学习性中的力量》，1990），他与约阿夫·弗洛伊德（Yoav Freund）在 1995 年合作开发的 AdaBoost（自适应增强），是目前最受欢迎的迭代算法。“提升”并不是一个分类器，它只起到“助推”作用：将一群较弱的学习者的线性组合变成了一个强学习者。最弱的学习者只会随机猜测；下一个最弱的学习者是那些只比随机猜测者稍好一点的学习者；以此类推，而强的学习者是非常准确的学习者。随后，在 2004 年，渥太华大学的郭宏宇（Hongyu Guo）和赫恩·维克托（Herna Viktor）提出了“DataBoost”方法；2007 年，中田纳西州立大学的李岑（Cen Li）提出了“BEV”（集成变体）方法；2008 年，佛罗里达大西洋大学的塔吉·霍夫塔（Taghi Khoshgoftaar）等人提出了“随机抽样提升”（Random Under-Sampling Boost，简称 RUSBoost）方法，等等。

此外，尽管深度学习被大肆宣传，实时计算机视觉算法仍超越了卷积神经网络，成为主流。这其中包括大卫·罗维（David Lowe）的 SIFT、OpenCV（开源计算机视觉）；英特尔公司于 1999 年发布的计算机视觉功能库；2005 年巴黎国家信息学研究和自动化研究所（INRIA）的尼特·达拉尔（Navneet Dalal）和比尔·特里格（Bill Triggs）发布的 HOG（定向梯度直方图）；苏黎世联邦理工学院的吕克·范·古尔团队于 2006 年发表的论文中所提及的 SURF（快速稳健特征点）；硅谷创业公司柳树车库（Willow Garage）的加里·布拉德斯基（Gary Bradski）团队于 2011 年发布的 ORB。与神经网络相比，这些算法有几项优点：它们更容易实现，不需要太多的处理能力，而且可以用更小的集合进行训练。然而，它们与人类大脑的工作方式大相径庭。

2001 年，位于波士顿的三菱研究实验室的保罗·维奥拉（Paul Viola）和迈克尔·琼斯（Michael Jones）开发了一种通过级联分类器实现快速处理的人脸检测器（引自《使用简单特征级联增强的快速目标检测》，2001）。

自然语言处理中的语言解析与机器视觉中的场景分析之间的相似之处

已为人所知。法国施乐研究中心的加布里埃拉·卡瑟卡（Gabriela Csurka）为机器视觉开发出了等同于词袋模型（bag-of-words）的技术——视觉词袋（bag-of-visual words），或称特征袋技术（bag-of-features），该技术改进了彼得罗·佩罗娜（Pietro Perona）在检测目标时所用的“零件星座”法（constellation of parts），这在未来至少十年的时间内仍将会是最流行的图像分类技术（引自《用特征袋技术进行视觉分类》，2004）。

而在目标检测领域，最流行的方法是由芝加哥大学的佩德罗·费尔森斯瓦尔布（Pedro Felzenszwalb）和大卫·麦克莱斯特（David McAllester）开发的“可变形部件模型”（Deformable Part Model，简称 DPM），它在 2007 年的“PASCAL VOC”竞赛中胜出（引自《差异化学习，多尺度、可变形部件模型》，2008）。

深度学习源自哪里

福岛邦彦是日本人，燕乐存、本吉奥、科洛贝尔是法国人，辛顿和泽斯曼是英国人，特伦、施米德胡贝、霍克莱特、斯齐格迪和索奇是德国人，吴正荣、李飞飞、贾扬青、黄亚杰、何开明、董煜是中国人，克里译夫斯基和苏特斯科娃是俄罗斯人，奥尔斯豪森是瑞士人，古德费勒是加拿大人。此外，西格尔曼是以色列人，丹妮拉·罗斯是罗马尼亚人，他勒是越南人，马利克来自印度，西蒙尼安来自亚美尼亚，卡帕斯来自斯洛伐克，阿布比尔来自比利时，温雅尔斯来自西班牙，DeepMind 的创始人来自英国（戴密斯·哈萨比斯的父亲是希腊人，母亲是中国人；穆斯塔法·苏莱曼的父亲是叙利亚人，母亲是英国人）和新西兰（谢恩·莱格是瑞士人施米德胡贝的学生）。

他们有什么共同点吗？他们都不是在美国出生的。当中的许多人现在身居美国或为美国企业服务，但并没有出生在美国，或是在美国接受教育。

有一段时间，美国的大学（尤其是重量级的斯坦福大学、麻省理工学院、耶鲁大学和卡耐基 - 梅隆大学）都避开了神经网络，而在美国出生的学生几乎没有动力去研究这种深奥而“无用”的学科。在那些神经网络研究仍然保持活跃的国家，人工智能和神经网络并没有被混为一谈，事实上，除了美国以外，几乎每个国家都是如此。

一直以来，在日本，软件和神经网络一方面具有吸引力，因为它的编程如此简单；另一方面在硬件上实现起来却非常困难。1982 年，加拿大开办了国家高级研究所（CIFAR），这是一个独立于美国思想学派的中心，其创始人詹姆斯 · 马斯塔德（James Mustard）的研究领域更接近于对大脑的探索，而非软件。欧洲数学家被神经网络的数学元素所吸引。幸运的是，意大利慈善家安吉洛 · 达尔 · 莫尔（Angelo Dalle Molle）于 1988 年在瑞士卢加诺建立了另一个不受学术压力影响的研究中心——达尔 · 莫尔艺术研究所。

1991 年，英国物理学家约翰 · 泰勒（John Taylor）——他曾在 1973 年发表了题为《思维神经网络模型》的演讲，其中涉猎超自然现象——创立了国际人工神经网络大会（International Conference on Artificial Neural Networks，ICANN），第一届会议在芬兰举行。

无论出于什么原因，深度学习是真正分布式的国际合作的结果。

永远不要低估一小群人改变世界的力量。事实上，这是世界发生改变的唯一方式。

——玛格丽特 · 米德

脚注：神经网络是向量空间

当一个神经网络被训练去“学习”某种模式时，它的神经元就会以一种几何的形式组织起来。

神经网络基本构建出了一个高维度的空间，其中两点之间的距离反映了现实世界中两个物体之间的关系程度。例如，两个单词在许多句子中会同时出现，它们会以两个非常接近的点来表示。这些高维空间中的“点”便是“向量”。这是谷歌公司的托马斯·米科洛夫（Tomas Mikolov）团队在2013年发现的，他使用“Skip-Gram”的方法，通过分析大量的文本来构建词汇的向量表示，这个方法现在被称为“word2vec”（引自《词汇和短语的分布式表示及其组合性》，2013）。同样的方法也可以被用来分析图像或语音，即将一个庞大的集合转换成高维向量空间。现在你可以使用一种被称为“向量算术”的传统数学工具对这些向量进行计算。举个例子，米科洛夫证明，可以进行这样的代数运算：“词汇（国王）－词汇（男性）＋词汇（女性）”，得到“词汇（女王）”。不幸的是（或幸运的是），这种方法最终在我们这个世界的文本中出现了令人尴尬的偏差。例如，在2016年，波士顿大学的托尔加·波鲁巴斯（Tolga Bolukbasi）使用神经网络计算了“词汇（父亲）－词汇（医生）＋词汇（母亲）”。你可能会以为答案仍然是“医生”，因为确实有很多女医生，但答案却是“护士”。这个答案很清楚地证实了，男医生与女医生的界线并不是一条直线。正如爱因斯坦所说，向量空间是扭曲的！

Skip-Gram模型的训练就像词袋一样，目标在于最小化“损失函数”。问题是这些语言的概率模型在计算上是无法完成的，因为它们需要对整个词汇表进行数学处理，这些词汇表由数万个单词组成。这其中并行使用两种主要的“捷径”：一种是由约书亚·本吉奥在蒙特利尔大学的学生弗雷德里克·莫林（Frederic Morin）于2005年开发的“分层Softmax”（引自《分层概率神经网络中的语言模型》），另一种是由赫尔辛基大学的迈克尔·古特曼（Michael Gutmann）和阿波·海瓦林恩（Aapo Hyvarinen）开发的“噪声对比估计”（引自《噪声对比估计》，2010）。米科洛夫使用了“负采样”，这是噪声对比估计的一种简化变体。

值得一提的是，向量的概念在19世纪出版的《微积分》（1827）中由奥古斯特·莫比乌斯（August Moebius）首次提出，这位德国数学家还在1858年发现了莫比乌斯环，这一概念间接地通过詹姆斯·麦克斯韦的经典电磁学得到普及，更因为维尔纳·海森堡（Werner Heisenberg）在量子力学（1925）中广泛使用矩阵和向量代数而非微积分而闻名于世——欧文·薛定谔的版本更倾向于微积分。

事实证明，它们似乎不仅是电磁波和量子系统的理想数学工具，而且适用于大脑。

“这项任务不在于发现了别人没有看到过的事物，而在于从每个人都看得到的事物中想到了他人未曾想到的。”欧文·薛定谔曾如是说。

从认识到创造：生成对抗性网络

理查德·费曼在黑板上写下的最后一句话是：“我不能创造的东西，我就不去了解。”

机器在分类对象（即识别对象是什么）方面可能已经变得很好（甚至更好），但它们在绘制类别示例方面仍有许多有待改进之处。辨认狗和画狗是有区别的。如果你理解了狗是什么，你就可以很容易地描绘出狗的样子。

你有一个整体的思维，可以把一个物体归类到它的类别中，进而勾勒出那个类别的一个典型的物体图像，这个物体可能不像你见过的任何一个具体的物体（除非你是意大利著名画家、雕刻家乔托）。为了实现这种“生成”行为，有必要引入一种新的机器学习方法。

辛顿的学生伊莉娅·苏克弗（Ilya Sutskever）用递归网络来生成文字序列（引自《用递归神经网络生成文本》，2011），但是递归神经网络的前瞻能力明显有限。2014 年，辛顿的学生亚历克斯·格雷夫斯（Alex Graves）在多伦多大学使用 LSTM 网络生成了手写字迹，这种网络比普通的周期性网络更能有效地存储和检索信息。该系统将以类似人类的笔迹将字写出来（引自《使用递归神经网络生成序列》，2014），这其实是跨出了相当重要的一步。

“图灵学习”方法是由谢菲尔德大学的罗德瑞克·格罗斯（Roderich Gross）开发的：它让两种算法相互竞争，一种算法试图对另一种算法进行分类，另一种算法则试图愚弄前者（引自《一种通过受控交互来学习动物行为的共同进化方法》，2013）。2014 年，本吉奥在蒙特利尔大学的学生伊恩·古德费勒（Ian Goodfellow）以类似的方式发明了“生成对抗性网络”（GAN），它由两个相互竞争的神经网络组成，一个试图欺骗另一个（引自《对抗性例子与对抗性训练》，2014）。同一实验室的另一名成员迈赫迪·米尔扎（Mehdi Mirza）用“条件对抗网络”（引自《条件生成对抗性网络》，2014）改进了这个算法。2015 年，波士顿的 Indico 数据解决方案公司的亚历克·雷德福（Alec Radford）证明了 GAN 的扩展版本可以生成完全有效的图像，只是它们不是真实的（引自《使用深度卷积生成对抗性网络的无监督表示学习》，2015）。

GAN 包含两个作为对手的独立神经网络：一个（鉴别器）试图正确地分类真实的图像，而另一个（又名生成器）则产生虚假的图像，并试图愚弄前者（鉴别器）；生成器需要提高对假图像的制作能力，鉴别器需要提高对真假图像的鉴别能力。生成器生成的图像只是部分随机的，因为它们必须与真实的图像相似。生成器试图愚弄鉴别器，而鉴别器则对抗生成器的作弄。随着它们各自技能的发展，两者都趋向于无法对赝品和正品进行区分的程度。该方法训练了鉴别器的分类精度。顺便说一句，它还训练了生成器产生高度逼真的想象物体的图片，这或许也代表着一种艺术。

GAN 的奇迹很快吸引了大批研究人员。2016 年，密歇根大学的李红雷（Honglak Lee）和德国马克斯普朗克研究所的伯恩特·席勒（Bernt Schiele）与赤田泽奈普（Zeynep Akata）成立了一个联合团队，使用 GAN 从文本描述中生成图像（引自《生成对抗技术应用于文本到图像的合成》，2016）。安东尼奥·托拉尔巴（Antonio Torralba）在麻省理工学院的学生卡尔·弗索姆克（Carl Vondrick）使用了一个 GAN 来预测一个场景的似是而非的演变，即产生一段视频。这意味着该网络可能能够理解场景中正在发生的事情，并推断接下来会发生什么才是合理的（引自《使用场景动态生成视频》，2016）。阿列克谢·埃弗（Alexei Efros）在加州大学伯克利分校的学生朱俊艳和菲利普·伊索拉（Phillip Isola）创造了一种神经网络，可以利用 GAN 将一张图像上的马变成斑马。然后他们使用“条件对抗性网络”（cGAN）开发出了“Pix2pix 模型”，该模型能够从草图或抽象图中生成图像（引自《使用条件对抗性网络进行图像到图像的转换》，2017）。当发布了相关的“Pix2pix”软件后，他们开始了一系列的实验（其中很多是由专业的艺术家完成的）来创建图像：当你要求绘制你想要的手提包的草图时，系统就会显示出一个真实的手提包，甚至会显示出它应该具备的颜色。

条件对抗性网络（cGAN）学习如何将输入的图像映射到输出的图像上，或者如果你愿意，还可以学习如何重新绘制具有不同属性的图像。2017 年晚些时候，刘明宇（音译）在英伟达公司的团队为他们的图像到图像转换系统单元（或称无监督图像到图像的转换）使用了一种稍有不同的体系架构，即与生成对抗性网络（引自《无监督图像到图像转换网络》，

2017）相结合的变分自编码器。几个月后，芬兰阿尔托大学的雅科·莱提宁（Jaakko Lehtinen）的团队发表了一篇论文，展示了 GAN 是如何制作知名人士的虚假但逼真的照片的。

在几年之内，DCGAN（深度卷积生成的对抗性网络）在纽约大学出现了大量的变种，包括燕乐存的以能源为基础的 GAN，或称 EGBAN（2016）；Facebook 公司的利昂·博图（Leon Bottou）的 Wasserstein GAN 或称 WGAN（2017）；亚伦·库维尔（Aaron Courville）在蒙特利尔学习算法学院（2017）的 WGAN-GP（产生了卧室的逼真图像）；加州大学伯克利分校的特雷弗·达雷尔的双向 GANs 或称 BiGANs（2017）；谷歌公司的卢克·梅茨（Luke Metz）的 BEGAN（Boundary Equilibrium GAN，创作出以假乱真的面容，2017）；上面提到的加州大学伯克利分校的阿列克谢·埃弗提出的循环一致对抗性网络，或称 CycleGANs（2017）；卡耐基 - 梅隆大学的费尔南多·德·拉·托瑞（Fernando De la Torre）的 HDCGAN 创作出的高清画展（2018）；亚伦·考维尔（Aaron Courville）的“反向学习推理模型”（2017）探索出的生成网络和推理网络等。

罗格斯大学的张寒（音译）和蒙特利尔大学的伊恩·古德费勒（Ian Goodfellow）合作，用自我专注机制处理长期依赖关系，从而构建出自我专注的生成对抗性网络（SA-GAN）。这提高了生成的图像质量。不同于原先的生成对抗性网络，它根据图像中所有点的线索生成细节，而不仅是相邻的点（引自《自我专注的生成对抗性网络》，2018）。2018 年，安德鲁·布洛克（Andrew Brock）与 DeepMind 的凯伦·西蒙尼安（Karen Simonyan）合作，展示了 BigGAN，它能够生成更为逼真的图像（在 ImageNet 上进行训练时，inception 的分数为 166.3，Frechet inception distance 的分数为 9.6，优于所有原先的版本）。但是，布洛克不得不使用大量的“蛮力”：每个生成的图像都是在 512 个 GPU 上处理 24~48 小时后得到的结果（引自《大规模生成对抗性网络训练用于高保真自然图像合成》，2018）。

德国图宾根大学的马蒂亚斯·贝斯格（Matthias Bethge）的学生莱昂·盖茨（Leon Gatys）和亚历山大·埃克尔（Alexander Ecker）的研究得出了一个重要的结论：他们意识到，训练用来识别物体的神经网络往往会将内容和风格分开，“风格”这部分也可以应用到其他物体上，从而学会原先学习过的那些物体的风格。他们教会神经网络如何获取艺术家的风格，然后模仿生成这位艺术家风格的作品（引自《艺术风格的神经算法》，2015）。英伟达公司的三位芬兰人，特罗·卡拉斯（Tero Karras）、萨穆利·莱恩（Samuli Laine）、蒂莫·艾尔拉（Timo Aila）开发了一款新的生成对抗性网络，可以生成更逼真的面容（这些面容并不真实存在）（引自《生成对抗性网络的基于风格的生成器架构》，2018）。他们的“基于风格的生成器”受到了盖斯特的风格转移网络的启发，由塞尔日·贝隆吉（Serge Belongie）在康奈尔大学的学生黄勋煌（音译）改进并加以推广（引自《具有自适应实例规范化的实时任意风格转移》，2017）。

GAN 作为人类智慧的模型，可能比它的创造者所预料的更加有趣。竞争是进化的关键因素之一，尤其是大脑的进化。竞争往往以合作告终：当两个对手竞争时，他们会间接地帮助对方提高水平。他们会针对自己的技能形成积极的反馈。竞争的根本原因或许源自两性之间的关系。查尔斯·达尔文在《人类的由来及性选择》（1871）一书中，以及罗纳德·费雪在《自然选择理论》（1930）一书都已经指出，性选择可以大大加速进化：女性选择男性，因此男性产生了被选中的压力，随着男性能力的提升，女性变得日益挑剔，这迫使男性的能力进一步提高，形成了无尽的正反馈循环。杰弗里·米勒（Geoffrey Miller）在《交配的心理》（2000）中超越了孔雀的尾巴和画眉的歌声，他推测，语言，甚至是心理活动都是通过这种反馈循环产生的。米勒认为，从心智层面出发，人类的目的不是解决问题，而是在追求异性的过程中不断“装饰”自己。人类大脑的创造性智力必须有一个目的，而这个目的并不明显：一方面，要在环境中生存，不需要有爱因斯坦的科学、米开朗琪罗的绘画或贝多芬的交响乐那样的天赋。另一方面，这正是人类大脑比其他动物大脑更管用的原因。人类的大脑比实际需要的要强大得多。米勒诠释了艺术、科学和哲学的出现并不是生存利益的需要，而是生殖利益的需要。性选择不仅塑造了动物世界，也造就了我们的思想和文明。

恨铁不成钢的是，GAN 很难加以训练。作为 GAN 的替代品，托马斯·布罗克斯（Thomas Brox）的学生阿列克谢·多索维特斯基（Alexey Dosovitskiy）展示了一个可以训练生成图像的卷积网络（引自《学习生成融合卷积网络的椅子、桌子和汽车》，2016）；斯坦福大学的陈奇峰（Qifeng Chen）也在不使用对抗性训练的前提下，合成了逼真的图像（引自《使用级联细化网络的图像合成》，2017）。

这些技术确实令人印象深刻，因为他们可以生成并不实际存在的物体的真实图像。然而，基于计算机的视觉效果至少从 20 世纪 80 年代开始就出现在娱乐行业，可以使用卢卡斯电影公司的威廉·里夫斯（1983 年的“粒子系统”方法）和加州理工学院的艾伦·巴尔（1984 年的“实体原语”方法）等人发明的方法。1981 年，一家英国公司推出了“Quantel Paintbox”工作站，它迅速改变了电视图像。例如，Quantel Paintbox 被用来为恐怖海峡乐队的《不劳而获》（1985）视频制作视觉效果。当然，在此之前的 1975 年，光影魔幻工业特效（Industrial Light & Magic）工作室便已成立，为诸多知名影片制作影视特效，包括乔治·卢卡斯导演的《星球大战》系列（1976）、史蒂芬·斯皮尔伯格导演的《印第安纳琼斯》系列（1981），罗伯特·泽米基斯导演的《回到未来》系列（1985）和《谁陷害了兔子罗杰》（1988）等。另一家电脑动画的先锋是位于硅谷的太平洋数据图像（Pacific Data Images）公司，它使用由硅图公司的撒迪厄斯·贝尔（Thaddeus Beier）开发的一种新算法与太平洋数据图像公司的肖恩·尼利（Shawn Neely）的生成对抗性网络，为迈克尔·杰克逊的《黑或白》（1991）

视频创造了变形视觉效果。

脚注：简化（人工）大脑

在机器上实现卷积系统绝非什么容易的事情。卷积神经网络需要大量的内存和计算能力。在2012年，在克里泽夫斯基的亚历克斯神经网络中使用了6100万个参数，进行了15亿次的图像分类操作。Deepface是第一款应用于人脸识别的深度学习系统，由Facebook公司的雅尼夫·泰格曼（Yaniv Taigman）和特拉维夫大学的利奥尔·沃尔夫（Lior Wolf）（两人都在2012年Facebook公司收购Face.com之前在后者供职）在2014年完成开发，它使用1.2亿个参数对人脸进行分类，并在国际权威人脸识别数据库Labeled Faces in the Wild（简称LFW）中对被标记人脸的400万张面部图像进行训练。2014年，卡帕西的神经谈话系统使用1.3亿个卷积参数和1亿个循环参数生成图像的字幕。在这些网络之后出现的深层网络要复杂得多，因此要求更高。

为了让这些吞噬系统资源的怪物更容易完成它们的工作，人们想出了一些技巧。例如，斯坦福大学的宋涵（Song Han）开创了一种网络压缩技术，使这些网络能够适用于现有芯片（引自《高效的神经网络学习权重与连接》，2015），但这既不容易，也不便宜。在2016年，宋涵提出了“深度压缩”（deep compression）方法，这是一种将深度网络压缩一个数量级而又不会丢失精度的方法；并设计了一个特定的硬件架构，即高效推理引擎（Efficient Inference Engine，EIE）。宋涵将亚历克斯神经网络和VGG-16的内存需求分别缩减了35倍和49倍，同时保持了同样的精度。2016年，库尔特·库策尔（Kurt Keutzer）在加州大学伯克利分校的团队（其中包括DeepScale.ai公司的创始人福里斯特·伊兰德拉）与宋涵合作发布了“挤压网”（Squeezenet），其精确度达到了亚历克斯神经网络的 50 倍。

另一种方法——“低精度卷积网络”，是由蒙特利尔大学的约书亚·本吉奥的学生马蒂厄·库巴瑞克斯（Matthieu Courbariaux）首创的。他的“BinaryConnect”（2015）是一个“二值化神经网络”：它将权值限制为“+”或“−”值，从而极大地提高了算法的计算效率，减少了所需的内存数量。这个项目被以色列 Technion 公司的艾雅里夫（Ran El-Yaniv）团队（引自《二值化神经网络》，2016）演变成了二值网络（BinaryNet）。

2016 年，华盛顿大学的阿里·法尔哈迪（Ali Farhadi）团队提出了另一种名为“Xnor-net”的二值神经网络，其运算速度是前者的 58 倍，节省了 32 倍的内存。同样是在 2016 年，北京应用数学研究所的李峰傅（音译）和张博（音译）发表了一项包含三个权重网络的研究，即神经网络权重可以有三个值：+1，0 和 1，这一网络在高精度领域仅略低于其他二值网络（引自《三值权重网络》，2016）。而另一项更好的成果由卡耐基 - 梅隆大学的埃里科·努维塔蒂（Eriko Nurvitadhi）与英特尔实验室的黛比·马尔（Debbie Marr）在 2016 年取得（引自《使用低精度和稀疏性加速深度卷积网络》，2016）。

网络时代的社会文化变迁

大脑是神经网络吗？不，当然不是，大脑不仅是一个网络（神经元也不仅是节点）。但是我们生活在网络时代，我们从网络的角度考虑一切——这可能是自由资本主义的结果。当人们生活在国王和教皇的独裁统治下时，金字塔是首选的拓扑模型。一切都应该是根据等级制度而来的。例如，有一个自然的等级制度，动物在底层，人类在他们之上，灵魂在人类之上，最高的上帝在顶层。既然摆脱了等级制度，我们就认为社会、经济和城市应该都是网络。网络隐喻甚至在物理学和语言学中也十分普遍。

千禧一代通常被称为“数字原住民”，但更确切地说，他们是“网络原住民”。无论数据、文本和图像是数字的还是模拟的，他们的生活都不会有太大的不同，他们当中有多少能分辨新数字电视和旧模拟电视的区别？关键在于他们的生活是网络化的。从小就用网络思考，百科全书是一个网络（维基百科），他们的社交生活也是一个网络（如 Facebook），他们的政府结构、医疗服务、公共交通都是一个个网络。

网络是一个现代发明。丝绸之路本质上是一个贸易网络，但没有人称之为“丝绸网络”。由维也纳的奥地利国家图书馆珍藏的《佩尤格地图》（一件复现中世纪罗马的艺术品，可以追溯到奥古斯都时代）是一张羊皮纸，宽 34 厘米，长 675 厘米，描绘了罗马帝国的道路网络，它看起来像一系列的直线聚集到罗马。1820 年，路易斯·贝奎（Louis Becquey）提议在法国修建运河网络时，他长达 75 页的《向国王汇报内部导航情况》（*Report to the King on the Interior Navigation*）的文件从未提及“网络”这个词。现在模块与流程同样也被广泛使用：一台机器的分解图通常会被划分成数个模块，机器的工作方式通常用流程图表示，许多手册也采用代表流程的图表。

20 世纪 80 年代的流行词汇（以及流行的隐喻）仍然是模块化的。法国社会学家埃米尔·迪尔凯姆（Emile Durkheim）的《社会劳动分工》（*The Division of Labor in Society*，1893）曾称赞模块化（而非网络化）在所有人类社会中无处不在。在乔治·西默尔（Georg Simmel）的《大都会与精神生活》（1903）中，城市生活导致了劳动分工，而今天几乎所有的社会学家都认为城市生活是在创造网络。模块化在 20 世纪 20 年代受到勒·柯布西耶（Le Corbusier）、沃尔特·格罗皮乌斯（Walter Gropius）和巴克敏斯特·富勒（Buckminster Fuller）等建筑师的欢迎，进而导致了 20 世纪

60 年代模块化的大规模住宅，如摩西·萨夫迪（Moshe Safdie）在多伦多的“Habitat 67”和黑川纪子（Kisha Kurokawa）在东京的“中银胶囊塔”（1972）。

模块化也因计算机科学而流行。根据约翰·冯·诺依曼（John Von Neumann）的架构，硬件被表示为一组模块，编程语言如尼克劳斯·维尔特（Niklaus Wirth）的 Modula 语言（1976），也鼓励软件的模块化。最后，模块化的隐喻渗透到认知科学中，体现在大卫·马尔的《视觉》（1982）和杰里·福多的《心智的模块化》（1983）当中。

在不经意之间，埃米尔·迪尔凯姆和乔治·西默尔促成了“社会网络分析”方面的研究，人们开始研究社会的互动模式。直到 1954 年，“社交网络”这个术语才由澳大利亚人类学家约翰·巴恩斯在名为《挪威岛教区的阶级与委员会》的论文中提出；而许多人都将《谁能活下来》（1934）——这本由罗马尼亚精神病学家雅各布·莫雷诺撰写的作品——作为社会网络分析的创始文献。

马歇尔·麦克卢汉（Marshall McLuhan）的《理解媒体》（1964）一书普及了流行语“媒介即信息”，开创了今天的“网络”隐喻：这是电子时代的一个主要特征，它建立起了一个全球化的网络，具备了人类中枢神经系统的特点。对城市的强调来自芝加哥大学的爱德华·劳曼（Edward Laumann），他在 1973 年写了《多元主义的纽带——城市社会网络的形式与本质》。

在 20 世纪 90 年代，随着全球网络的兴起，互联互通开始取代模块化成为主导趋势，现在的一切都与连通性有关。网络拓扑所带来的福祉犹如宗教神迹，被广为传颂。市场上出现了各种著作，包括荷兰社会学家简·范·戴克（Jan van Dijk）的《网络社会》（1991），西班牙社会学家曼纽尔·卡斯特（Manuel Castels）的《网络社会的崛起》（1996），比利时社会学家阿尔芒·马特拉特（Armand Mattelart）的《网络世界：1794—2000》

（2001），加州大学伯克利分校经济学家卡尔·夏皮罗（Carl Shapiro）和哈尔·瓦里安（Hal Varian）合著的《信息规则：网络经济的策略指南》，以及达特茅斯学院经济学家杰弗里·帕克（Geoffrey Parker）的《平台革命：网络市场是如何改变经济的》。2003 年，经济合作与发展组织（OECD）发表了一篇名为《创新网络》的报告，报告的开头是："经合组织国家越来越被描述为网络社会。" 2014 年，《牛津创新管理手册》收录了蒂莫西·卡斯泰勒（Timothy Kastelle）和约翰·斯蒂恩（John Steen）所著的《创新网络》的一章。对互连力量将如何击败分裂力量的预言有一种准宗教式的期盼，这种期盼在帕拉格·卡纳（Parag Khanna）的《连接图——描绘全球文明未来》（2016）等书中得到了阐述。

社会网络分析重新审视了图论（Graph Theory）。图论是由瑞士数学家莱昂哈德·欧拉（Leonhard Euler）在 1736 年发明的，用来解决被称为"科尼格斯堡的七桥"的问题。而在 1959 年，匈牙利数学家保罗·埃尔多斯（Paul Erdos）和阿尔弗雷德·伦伊（Alfred Renyi）提出了"随机图"理论。

1998 年，卡耐基 - 梅隆大学的大卫·克拉克哈特（David Krackhardt）和凯瑟琳·卡利（Kathleen Carley）发明了动态网络分析（又名 DNA，但与遗传物质无关）方法，并宣称网络可以发生在多个领域和不同层次（元网络或高维网络）。1999 年，印第安纳州圣母院大学的匈牙利物理学家艾伯特拉斯沃·巴拉巴西（Albert-Laszlo Barabasi）专注于"无界"（Scale-Free）网络，即按幂律分布的网络：在他看来，这些网络在自然、技术和社会系统中无处不在。巴拉巴西在美国东北大学建立了复杂网络研究中心（旨在研究网络是如何产生的，它们是什么样子的，以及它们是如何进化的）和网络科学协会，并撰写了《链接——网络新科学》（2002）一书，提出"网络无处不在"。

根据可考的记录，后来的研究，如科罗拉多大学的亚伦·克劳塞特（Aaron Clauset）和他的学生安娜·布罗伊多（Anna Broido）的研究，似乎证明了相反的情况，即幂律定律在真实世界的网络中是很少见的（引自《无界网络的罕见性》，2018）。但权威性的影响已经深入人心，此前康奈尔大学的物理学家肯尼斯·威尔逊（Kenneth Wilson）揭示出（不管何种材料的）物质会出现各种各样的相变的原因，并将其连接至另一个数学问题，该问题同时被IBM公司的法国数学家贝努瓦·曼德勃罗（Benoit Mandelbrot）出于完全不同的原因加以研究（引自1967年的传奇论文《英国海岸线有多长》），他最终将他的书命名为《分形》（1975）。威尔逊的观点标志着“再标准化群体理论”的诞生，该理论现在被广泛应用于物理学（引自《再标准化群体和临界现象》，1971）。10年后，丹麦物理学家佩尔·巴克（Per Bak）观察了复杂非线性系统中的幂律行为，并开创了另一门全新的学科（该学科的名字取自另一篇具有传奇色彩的论文——发表于1987年的《自组织临界性》）。

“网络效应”是最常被引用的“效应”之一，尽管没有人能说清它真正的含义是什么。第一个谈论“网络效应”的具有影响力的人是美国电话电报公司的总裁西奥多·维尔（Theodore Vail），他在1908年表示：“一个网络的价值与使用它的人数成正比。”同样，从1919年到1971年，美国无线电公司的大亨大卫·萨尔诺夫（David Sarnoff）表示：“广播行业的网络价值与观众数量成正比。”1980年，施乐硅谷研发中心的局域网技术以太网的发明者罗伯特·梅特卡夫（Robert Metcalfe）表示：“网络的价值与设备数量的平方成正比。”在互联网和社交媒体的时代，网络效应成为互联网初创企业寻找风险资本的商业计划中必不可少的一部分，诚实的经济学家也试图以此解释网络即时通信应用WhatsApp等琐碎的创意最终被估价为180亿美元的原因。

难怪在当代，我们应该把大脑看作一个网络。这个想法起源于1911年的神经科学，由爱德华·桑代克（Edward Thorndike）提出。从某种意义上来说，人工智能的另一个分支学派——象征性知识学派，仍然处于独裁与民主之间的过渡时期，在这个时期，法则规范（以数学逻辑为代表）驱动着一切进程。或许这个学派注定会消失——不管它的科学价值如何——仅因为它不适合“网络”范式。

网络已经成为21世纪最受欢迎的拓扑结构，但在这个事实的背后并不意味着一切都只是网络。一个世纪后，我们的后代可能会嘲笑我们对大脑的简单看法，就像今天我们嘲笑勒内·笛卡尔（René Descartes）的关于大脑是一个等级层次的观点一样。

杰拉尔德·埃德尔曼（Gerald Edelman）和朱利奥·托诺尼（Giulio Tononi）在他们的著作《宇宙意识》（2000）中提到，人类大脑中有许多不同类型的神经元，仅眼睛的视网膜上就有超过70种，没有两个神经元是一样的，而且大脑中还有不同的拓扑结构：一些区域是网络结构的（特别是丘脑—皮质系统，虽然这是网络中的网络，即更高维度的网络结构），另一些区域是环结形（尤其是皮质层、小脑和海马体）和扇形的区域（是整个大脑中负责分类和行动项目的核心）。大脑皮层的各个区域被组织成行和列。神经元之间的交流可以通过50多种不同的神经传递素进行。在2017年，巴伊兰大学的物理学家伊多·坎特（Ido Kanter）发表了一项研究，驳斥了我们对神经元交流方式的刻板印象。传统上，我们假设每个神经元将来自其他神经元的所有信号相加，当这个量达到阈值时，神经元会向其他神经元发出自己的信号；但坎特的研究小组发现，一个神经元包含许多独立的易兴奋区域，每个区域都扮演着一个阈值单元的角色，用来汇总所传入的信号。

人工智能的神经网络类似于大脑的神经网络，犹如汽车和马：汽车可以比马跑得快，提供更多的舒适性，但它毕竟不是马。

神经网络需要浏览一个物体的数千张图像后才能识别出那个物体。人类的大脑不需要经历这种训练。人类只要看到一个外国字母的例子，就能学会识别和书写一个外国字母。我不需要看到一千种不同版本的“口”这个中文词，我只要见过一次便可记住，现在无论字体大小、颜色、形状，甚至油漆已经褪色或使用草书，我都可以认出它。

在神经网络“眼中”，图像以像素的模式出现，在看到许多属于同一事物的模式后，神经网络会构建模型，以有助于正确地识别未来分类该模式的实例。我的大脑只记得怎么写这个字：一个底部可能有两个笔画的正方形。有时我只是简单地用一个物体来比喻一个汉字。汉字“入”看起来就像希腊字母“λ”。如果你把顶部拉直，它就变成了“人”字。如果你在两条曲线相交的地方画一条直线，它就变成了“大”字。我的大脑可以使用几种不同形式的联想来记住一个字符，而神经网络只能在看到数千个字符后才能学会这个字符。更重要的是，人类的大脑可以很快学会如何在危险的情况下行动。当然，我们会利用以往每一次的经验更顺当更淡定地躲避危险，这和神经网络一样，但我们通常能在第一次遇到危险时便躲过一劫存活下来，而被训练过马路的神经网络必须经历数千次的“死而复生”，才能学会如何不被汽车撞飞碾压。

德国社会学家尼克拉斯·卢曼（Niklas Luhmann）在其里程碑式的《社会理论》（1997）一书中提出了一个关于21世纪的社会会变得更好的范例。卢曼发现，人类社会、控制论、自我再创（由智利生物学家温贝托·马图拉纳加以推广的概念）与反主流文化最受欢迎的数学著作《形式法则》——英国数学家乔治·斯宾塞·布朗（George Spencer-Brown）所写的一篇带有神秘色彩的论文（1969）——之间存在着某些联系。

人类无法交流，他们的大脑也无法交流，甚至他们的意识也不能交流。有的只是语言上的沟通。

——尼克拉斯·卢曼

Chapter
2

Intelligence is not Artificial (Expanded Edition)
Intelligence is not Artificial (Expanded Edition)
Intelligence is not Artificial (Expanded Edition)
Intelligence is not Artificial (Expanded Edition)

第二章

智能的定义与本质

Intelligence is not Artificial (Expanded Edition)
Intelligence is not Artificial (Expanded Edition)
Intelligence is not Artificial (Expanded Edition)
Intelligence is not Artificial (Expanded Edition)
Intelligence is not Artificial (Expanded Edition)

认知科学的发展史

由于德国的格式塔心理学学派受到奥地利哲学家克里斯蒂安·冯·埃伦费尔斯（Christian von Ehrenfels，引自《论形式的性质》，1890）和奥地利物理学家恩斯特·马赫（Ernst Mach，引自《感觉的分析》，1886）的影响，心理学发生了概念认知层面的革命。在行为主义主导心理学时代的美国，马克斯·沃什米（Max Wertheimer，引自《运动知觉的实验研究》，1912）、库尔特·科夫卡（Kurt Koffka，引自《心智的增长》，1921）、沃尔夫冈·克勒（Wolfgang Koehler，引自《猿类的心理》，1925）以及库尔特·戈尔茨坦（Kurt Goldstein，引自《有机体》，1939）等人倾向于用一种整体的方法来研究大脑。正如那句谚语："整体大于局部之和。"在此期间，德国心理学家奥托·塞尔兹（Otto Selz）提出，解决问题需要通过已知的"图式"来认识情境，并填补图式中的空白（引自《有序思维过程的规律》，1913）。图式结构是过去的信息，用以帮助我们处理新的信息。

认知心理学在计算机科学诞生的同时经历了一次突变。

由于艾伦·图灵等伟人的出现，计算机的历史起始于英国；认知科学同样如此，并与第二次世界大战交织在一起：1944年，《记忆》（1932）和《解释的本质》（1943）这两本在当时的认知科学领域内最具影响力的著作的作者，弗雷德里克·巴特利特（Frederic Bartlett）和肯尼思·克雷克（Kenneth Craik）被邀请在剑桥大学开设应用心理学的课程。

在计算机领域，美国与英国旗鼓相当的地方主要是波士顿。1952年，杰罗姆·布鲁纳（Jerome Bruner）在哈佛大学建立了认知项目，进而发表了《思维研究》（1956）。布鲁纳是"新理念"运动的创始人之一，他的宗旨是认知和感知紧密结合：你会根据脑海中的概念看到你所期望看到的东西，而这些概念反过来又会被你们所看到的东西强化（引自《感性的准备》，1957）。1961年，该运动的另一位领导人利奥·波斯特曼（Leo Postman）在加州大学伯克利分校成立了人类学习研究所（Institute of Human Learning）。

卡耐基-梅隆大学（1967年之前被称为卡耐基理工学院）是人工智能和认知科学这两项学科最初相交的地方：西蒙和纽维尔所著的《逻辑理论家》（1956）开创了这两个学科。波士顿的麻省理工学院出版了诺姆·乔姆斯基的《句法结构》（1957），剑桥大学出版了唐纳德·布罗德本特（Donald Broadbent）的《感知与沟通》（1958），布罗德本特其实已经超越了英国心理学家巴特利特。1960年，乔治·米勒（George Miller），《神奇的数字：7±2，我们信息加工能力的局限》（1956）的作者，以及杰罗姆·布鲁纳（Jerome Bruner）在哈佛建立了认知研究中心，其办公地巧合地处于伟大的心理学家威廉·詹姆斯（William James）的故居，同时也是第一个配置计算机（PDP-4）的心理学实验室；乔治·米勒还与尤金·加兰特（Eugene Galanter）和卡尔·普里布拉姆（Karl Pribram）合著了《计划与行为结构》一书［这三人都是史丹利·史密斯-史蒂文斯（Stanley Smith-Stevens）在哈佛大学心理声学实验室的校友］。

1965年，两家主要的新研究机构成立了：唐纳德·米基（Donald Michie）在爱丁堡建立了实验程序设计中心，出生于奥地利的乔治·曼德勒（George Mandler）在加州大学圣地亚哥分校建立了人类信息处理中心（CHIP）。而哈佛大学毕业生，德国裔的乌尔里克·奈瑟（Ulric Neisser）在宾夕法尼亚大学的时候写了一本书，书名为《认知心理学》（1967），从而开创了一门全新的学科。

1972年，加州大学圣地亚哥分校和卡耐基-梅隆大学出版了颇具影响力的著作，即唐·诺曼（Don Norman）和彼得·林赛（Peter Lindsay）的《人类信息处理》、纽维尔和西蒙的《人类解决问题的能力》以及出生在苏联的安道尔·图威（Endel Tulving）编撰的《记忆的组织》，其中包含了他关于“语义记忆”的文章，并使多伦多大学成为一个主要的研究中心。由LNR研究小组（林赛、诺曼和大卫·鲁梅尔哈特）主导的圣地亚哥学派，受到罗斯·奎廉（Ross Quillian）和查尔斯·菲尔莫尔（Charles Fillmore）的研究的启发，致力于“主动结构网络”的研究。诺曼和鲁梅尔哈特在1973年发表了论文《作为人类记忆模型的主动语义网络》，1975年出版了《认知的探索》。

花絮：唐·诺曼在1993年加入苹果（Apple）后致力于人机界面的设计，成了硅谷的名人。

认知科学项目中一个潜在的严重缺陷在于：它主要研究人类，而忽略了其他动物。

老鼠和人之间的主要区别是，老鼠更多地从经验中学习。

——伯拉斯·斯金纳

逻辑推理的发展史

我们现在认为数理逻辑是一个整体系统，它以公理和定义为基础，通过定理和证明来发展。

大多数哲学家以亚里士多德为逻辑学历史的开端，但在计算机领域，我们或许不应该忘记西班牙的拉曼·鲁尔（Ramon Llull）所开创的一种新的逻辑思维方式。鲁尔发明了复刻轮盘（volvelle），这是一种纸质电脑，可以与手稿结合在一起，这样读者只需转动圆圈和刻度盘就可以进行计算。这好比是一本书，每一章都有一个智能手机，里面装着可以解决这一章所讨论问题的应用程序。鲁尔的逻辑学著作是《最终的综合艺术》(*Ars Generalis Ultima*)与《大艺术》(*Ars Magna*，1305)。

三个世纪以后，一些思想家开始操纵假设中的通用逻辑语言，这种语言能够以一种特定的方式来表现和解决任何问题。这其中有不少著作，包括乔治·达尔加诺(George Dalgarno)的《符号艺术》(1661)和约翰·威尔金斯(John Wilkins)的《走向真实人物和哲学语言的随笔》(1668)等。这其中，最著名的是德国哲学家戈特弗里德·莱布尼茨(Gottfried Leibniz)所写的《组合演算》(1666)，他还在其中首次提出了微积分，该书讨论了基于正式的推理演算和一种通用语言的“思维代数”。

又过了两个世纪以后，英国数学家乔治·布尔(George Boole)启动了一个项目，它将实现莱布尼茨的梦想。数理逻辑诞生于1847年，当时布尔发表了《逻辑的数学分析》。布尔的既定目标是建立一门推理科学，他采取的策略是用符号代数的语言表达逻辑。因此，布尔的方法被称为逻辑代数。布尔发明了二元逻辑，即真命题和假命题的逻辑，这种逻辑可以组合起来得到其他真命题和假命题。他意识到，所有的计算都可以用二元运算来表示，而且他的符号和运算似乎能够解决所有的逻辑问题，于是他把他于1854年出版的书命名为《思想的法则》。命题逻辑由另一位英国数学家奥古斯都·德·摩根(Augustus de Morgan)加以改进，他在《论三段论数IV》和《论关系的逻辑》(1860)中将布尔的系统扩展到关系学。美国哲学家查尔斯·皮尔斯(Charles Peirce)在《同源逻辑符号的描述》(1870)中进一步扩展了这一概念。

1874年，德国数学家乔治·康托尔(Georg Cantor)认识到，数学家使用的大多数对象都是集合，因此他创立了集合理论，该理论适用于并集和交集等运算(引自《关于所有实数代数集合的性质》，1874)。例如，他将数学函数简化为一个由有序对组成的集合。集合论现在是所有数学分支的基础。康托尔是第一位研究无限数的数学家。他的集合论处理的是无限集合（或称“超限”集合），甚至显示出可能有许多不同种类的无限大（这是对科幻小说有深刻心理影响的科学发现）。康托尔意识到，自然数的集合（1，2，3，4，……）是无穷集合中最小的一种，它的元素和它自身的一半一样多（即设 M 为任一无穷集合，则 M/2 亦为无穷集合）。这为他提供了一个无穷大的定义：假如一个集合拥有无穷个成员作为子集，那么它是无穷大的。无理数的集合（非自然数的分数，如圆周率和 2 的平方根）比自然数的集合“更无限”（它具有更高的“基数”）。一般来说，任何无限集的所有子集的总集合大于集合本身。

戈特洛布·弗雷格（Gottlob Frege）在 1879 年出版了《表意文字与概念脚本》，其副标题为“一种以算术为模型，纯粹思想的形式语言”。弗雷格继承了莱布尼茨的雄心，想要设计一种推理演算的通用语言，一种描述数学证明的科学语言。在此之前，这类语言大多基于直觉概念。他使用一种超越命题逻辑的新逻辑语言（如“假如所有希腊人都是人，而所有名叫苏格拉底的人都是希腊人，那么所有的苏格拉底就都是人”的逻辑）作为数学基础。弗雷格提出了函数（他用“谓词”表示）、变量和数量词（“所有”“某些”等）的概念。他的谓词逻辑使用变量（如“x”和“y”）来表示性质（如希腊（x）函数中，x= 苏格拉底时为真，在 x= 皮耶罗时为假）。弗雷格将意义简化为公式：某事物的意义在于逻辑表达式 p（x，y，……）是否正确。例如，首都（法国，巴黎）是真，这意味着巴黎确实是法国的首都。弗雷格引入了通用数量词和数量存在数量词来表示属性是否适用于集合中的所有成员，或是仅适用于其中的某个成员。至此，逻辑学的领导地位转移至德国。

根据记载，皮尔斯在论文《逻辑代数》（1885）中提到了数量限定词（如“所有”和“某些”）。意大利数学家朱塞佩·皮亚诺（Giuseppe Peano）在 1889 年出版的《算术原理》一书中，对弗雷格的通用语言进行了改进，简化了逻辑运算符、关系符号和数量词的表示法。1900 年，英国哲学家伯特兰·罗素采纳并推广了皮亚诺的正式语言。但到了1901年，罗素发现了所谓的罗素悖论（1903年首次发表在他的《数学原理》一书当中）：一位只给不自己刮胡子的人刮胡子的理发师，他能不能给自己刮胡子？罗素向弗雷格表明，他的逻辑体系中存在矛盾（最初罗素将其写在明信片上）。罗素把逻辑分为三部分：命题演算、类演算和关系演算。

与此同时，1900年，德国新星大卫·希尔伯特（David Hilbert）在巴黎举行的国际数学家大会上发表了题为《数学问题》的演讲，他在演讲中强调了公理方法：解决一个数学问题只不过是以一种正式的方式对其重写。在此之前，定理的数学证明一直被认为是直觉问题，几乎是一种神圣的启迪。希尔伯特把它纠正为一个完全不同、更加正式的概念：公理（前提）是一个有限的符号序列，可以通过引用逻辑规则，在有限的步骤内将其转变成其他有限的符号序列，直到找到一个符号序列——可以代表定理被完全证明。希尔伯特把数学证明变成了机械程序，严格地说，这些程序甚至不需要数学上的独创性。没有必要知道你在做什么，你只要应用可接受的规则，并不断产生有效的符号序列即可。如果在某一点上得到了证明，你就成功了……即使你不知道这个定理是关于什么的，也不知道这个证明说明了什么。不需要直觉，也不需要理解。他向全世界的数学家提出的三个问题，定义了20世纪数学的三个主要领域：集合论、数理逻辑和可计算性理论。多亏了希尔伯特，哥廷根大学成为世界上数理逻辑研究方面最好的大学。

但罗素的悖论是进一步讨论逻辑的绊脚石。1908年，人们为悖论提出了两种规避方案（如果不能说是解决之道的话）：罗素发明了“类型理论”（引自《以类型理论为基础的数理逻辑》），厄恩斯特·泽梅洛（Ernst Zermelo）是哥廷根大学的另一位校友，他将“集合理论”（引自《集合理论基础的研究》）公理化。1910年，罗素与艾尔弗雷德·怀特黑德（Alfred Whitehead）合著了《数学原理》，这是弗雷格和皮亚诺所开创的研究方向的顶峰。1917 年，希尔伯特在苏黎世做了一场题为《公理思维》的演讲，他在演讲中敦促将公理方法应用于科学的所有分支。同年冬天，他在哥廷根大学教授一门名为“数学与逻辑原理”的课程，这门课程提炼了他成熟的数学逻辑公理方法。希尔伯特特别指出了他的函数演算的一个子系统，他称之为“限制性函数演算”，今天叫作“一阶谓词演算”。为了在完美的逻辑基础上探索数学，希尔伯特在 1920 年提出了一个研究项目，后来被称为“希尔伯特计划”。

一阶逻辑非常重要，因为它是一种描述现实世界的正式方式，而现实世界是由对象组成的，而对象又与其他对象相关联。一阶逻辑的公式说明了某些对象之间的关系。到目前为止，一阶逻辑一直被视为逻辑的一个子集，但是在 1922 年，挪威数学家索勒夫·斯科勒姆（Thoralf Skolem）重写了基于一阶逻辑的集合理论（引自《关于公理化集合理论的一些评论》），提出一阶逻辑是逻辑的“全部”。1928 年，希尔伯特觉得自己正在接近数学的最终理论，他与威廉·阿克曼（Wilhelm Ackermann）合著了《数理逻辑原理》一书。希尔伯特在另一场国际会议上提出了“恩斯凯顿问题 / 判定问题”（1928）：是否存在一种算法，永远可以根据公理证明逻辑陈述的真伪？

1907 年，荷兰数学家伯特斯·布劳威（Bertus Brouwer）开始了他的“直觉主义”项目，他认为任何数学证明都必须是建设性的。特别是，他有一种强大的直觉（此处为双关语），一个命题不一定是对的或错的——它也可能是不可证明的。

奥地利数学家库尔特·哥德尔（Kurt Goedel）在 1930 年的毕业论文中证明了一阶谓词演算的完整性（大致上可以理解为“任何真的命题都可被证明”），但他的两个不完备性定理（引自《论数学原理及其相关系统的形式化不可判定命题》，1931）证明了希尔伯特公理化系统所要求的完美性（其中至少包含算式）是不可能的。哥德尔证明了存在一个不能被证明为真或假的公式（这个公式便证明了它自己的不可证明性），这足以摧毁罗素和希尔伯特建立起的逻辑系统城堡。总的来说，他的完备性定理证明了任何真理都是可证明的，但他的不完备性定理证明了一些命题无法被证明为真或假。注意，这两个定理并不矛盾（约翰·冯·诺依曼也有同样的发现，但他从未发表过，因为哥德尔的发现比他早了几周，冯·诺依曼在宣传哥德尔定理的重要性方面发挥了积极作用）。哥德尔可以用自然数来编码数学命题和证明，包括自然数本身的证明。自然数可以编码关于它自己的命题，甚至可以编码有关它自身的证明。因此，哥德尔很容易建立自我参照公式。这就是希尔伯特计划的败笔。哥德尔给我们留下了自我参照的公式。

花絮：哥德尔还发现了爱因斯坦广义相对论方程的一个解，可实现时间旅行，这也是科幻小说中最受欢迎的主题之一。

泽梅洛的公理集理论之所以优于罗素的类型理论，是因为泽梅洛的追随者开发了诸如模型理论（阿尔弗雷德·塔斯基）和证明理论（如 1936 年格哈德·根岑的定理）等元逻辑工具。

1933 年，波兰数学家阿尔弗雷德·塔斯基（Alfred Tarski）得出了与哥德尔类似的结论：他证明了"真理"的概念会导致逻辑矛盾。塔尔斯基发表了"正式化语言中的真理概念"，这是一种颇具影响力的真理理论："雪是白色的"这句话在当且仅当雪还是白色的时候是正确的。这听起来意义不大，但却是第一个将语言和元语言分离开来的对真理的正式定义。例如，"我在撒谎"并没有把语言和元语言分开，它似乎是一个矛盾……直到你意识到这个句子有两个层次。真理是相对于解释真理的模型而言的。

希尔伯特的思想不断涌现。1931 年 7 月，法国数学家雅克·赫勃朗（Jacques Herbrand）出版了《论算术的一致性》一书，介绍了（通用）递归函数的概念（他在完成这篇论文后不久就去世了，享年 23 岁）。1934 年，哥德尔的名为《形式数学系统的不可决策命题》的讲座使递归函数闻名于世。1932 年，阿隆佐·邱奇（Alonzo Church）在普林斯顿大学创建了一个用于定义函数的方法，被称为“λ-微积分”（引自《一组假设的基础逻辑》，1932），并且在 1935 年 4 月（比图灵发表类似的论文提前了一年的时间）发表了名为《一个初等数论未曾解决的问题》的演讲，他证明了恩斯凯顿问题/判定问题是不可判定的，同时也证明了他的可定义函数类和哥德尔的递归函数类是相同的。阿隆佐·邱奇的逻辑基础是第一个逻辑编程语言。在斯蒂芬·克林（Stephen Kleene）和巴克利·罗塞尔（Barkley Rosser）证明它会导致悖论之后，这种逻辑被抛弃了，但“λ-微积分”被邱奇的类型理论挽救，这是一种比罗素的理论更简单和更普通的类型理论（引自《简单类型理论的一种表述》，1940）。

最后，在 1936 年，英国数学家艾伦·图灵利用一种类似哥德尔不完备定理的论证，发明了可以通过操纵磁带上的符号进行计算的图灵机（引自《在可计算的数字上，通过程序解决恩斯凯顿问题》，1936），并独立证明了邱奇刚刚证明的内容。图灵还证明了“λ-微积分”和他自己的“机器”系统是等价的。

总之，赫布兰德、哥德尔、邱奇和图灵都发现了同样的事情。在邱奇的学生史蒂芬·克莱恩（Stephen Kleene）出版了《数理逻辑》（1967）一书之后，这篇论文被称为《邱奇-图灵论文》：一个函数是可以计算的，当且仅当它是图灵可计算的，当且仅当它是（通用）递归的。

这段时间涌现出了大量此类思想：雷内·马格利特（Rene Magritte）在 1929 年的画作《图像的背叛》只由一根管子构成，标题却是“这不是管子”；詹姆斯·乔伊斯（James Joyce）在 1939 年的小说《芬尼根的守夜》则是一个无限的循环（结尾和开头是同一个词）；在豪尔赫·路易斯·博尔赫斯的故事《圆形的废墟》（1940）中，每个人在另一个人的脑海中都是一个梦；而在毛里求斯·埃舍尔（Maurits Escher）的画作《画的手》（1948）中，两只手在同一张纸上画出对方；米格尔·乌纳穆诺（Miguel de Unamuno）是他自己小说《雾》（1914）中的一个人物；安德烈·纪德（André Gide）的小说《造假者》（1925）中包含一个小说家爱德华，他的小说名为《造假者》；还有奥尔德斯·赫胥黎（Aldous Huxley）的小说《点对点》（1928）中，有一位小说家菲利普·夸尔（Phillip Quarle），他想写一篇未命名的小说，看起来就像《点对点》本身。

花絮：其他将自己写入小说中的作家还包括加布里埃尔·加西亚·马尔克斯（Gabriel Garcia Marquez）在1967年出版的《百年孤独》，以及科特·冯内古特（Kurt Vonnegut）于1973年出版的《冠军早餐》。读者将会出现在胡里奥·科塔扎尔（Julio Cortazar）于1963年出版的《公园的延续》中，书中的读者是故事中描述的谋杀案的受害者。在约翰·巴特（John Barth）于1968年出版的《框架故事》中，读者被邀请剪掉书中的几页，创造了一个莫比乌斯条带，即一个无限循环的句子——“从前有一个故事开始了”。在伊塔洛·卡尔维诺（Italo Calvino）于1979年出版的小说《如果在冬夜，一个旅行者》中，主人公是正在阅读《如果在冬夜，一个旅行者》的读者。

贝拉·巴托克（Bela Bartok）在他于1936年出版的《弦乐器、打击乐器和塞莱斯特音乐》中使用了回文，特别是在第三乐章和他的第五弦乐四重奏（1934）中，就像奥尔班·伯格（Alban Berg）在歌剧《露露》（1935）中使用回文一样。回文是一个句子，它的倒转也是一个句子。例如，“上海自来水来自海上”和“京北输油管油输北京”，在音乐中，这个短语在向前或向后播放时是相同的。巴斯特·基顿（Buster Keaton）的电影《小夏洛克》（1924）中的主人公是一名放映员，他睡着了，成了他正在放映的电影中的一个角色。奥森·威尔斯（Orson Welles）的电影《公民凯恩》（1941）中的主人公走在一个墙上挂满镜子的大厅里，他的影像不断地重复，观众

后来才意识到，摄像机一直在跟踪其中的一个反射，而不是真实的人。

镜像结构（mise en abime），即一个图像包含一个较小的自身副本，其中又包含一个更小的自身副本等，同样被应用到了流行广告当中。例如，1948 年 4 月的《世界主义者》杂志的封面上，一位女士拿着一份该杂志的特刊。

花絮：摇滚音乐史上最著名的专辑封面之一是平克·弗洛伊德（Pink Floyd）的《乌马古马》（1969）的封面，由斯托姆·索格森（Storm Thorgerson）设计，封面包含了他自己。

---

20 世纪的逻辑学历史或许反映出了人类在思考现实的方式上发生的重大转变。

希尔伯特死于 1943 年，也就是神经网络诞生的那一年（沃伦·麦卡洛克和沃尔特·皮茨提出了二元神经元理论），他没有意识到，两年前，他的同胞康拉德·楚泽（Konrad Zuse）制造了第一台完全的图灵机——Z3 可编程机电计算机。1954 年，图灵去世，比第一次人工智能会议早两年。罗素于 1970 年去世，见证了一款人工智能的程序——“逻辑理论家”，这一程序证明了《数学原理》一书中的第 38 定理。但在生命中的最后几年，罗素更关心人类的愚蠢，而非人工智能（他写下了“人类拥有未来吗”，1961 年，当知晓人类即将拥有毁灭自己的核武器后，罗素彻底绝望）。哥德尔在他生命的最后几年致力于“旋转宇宙”的研究，在这个宇宙中，人们可以穿越到过去，并在本体论上证明上帝的存在（这或许是他一生中唯一的数学错误）。1978 年，就在道格拉斯·霍夫施塔特（Douglas Hofstadter）出版《哥德尔、埃舍尔、巴赫》一书的前一年，哥德尔去世了。在这本书中，道格拉斯设想哥德尔的数学递归和自我参照不仅是理解智能的线索，也是理解意识本身的线索。哥德尔似乎一直对人工智能保持着很大程度上的冷漠，即使在英国哲学家约翰·卢卡斯（John Lucas）出版了《心智、机器与哥德尔》（1959）之后也是如此。这本书的推理依据建立在哥德尔自己提出的观点之上：根据不完备性定理证明人工智能是不可能的。英国物理学家罗杰·彭罗斯（Roger Penrose）在1989年出版的《皇帝新脑》一书中重述了这一观点。

对“智能”的（冗余）定义

人工智能的创始人从未真正赋予它明确的定义。1956年，计算机被认为是“巨型大脑”，因为很明显，它们能够实现人类做不到的事情（如复杂的计算）。但同样明显的是，1956年的计算机并不是为了设计用来做人类天生就会做的事情的。因为与人类相比，它们也并不是那么聪明，要模仿人类说话、听、看、识别物体，以及行走、抓取物体和学习，这些对计算机而言绝非易事。图灵测试的要求很快就超出了图灵最初的设计。为了通过图灵测试，计算机需要能够说话、听、看、识别物体等，这就成了人工智能的间接定义。没有人能对人工智能给出一个恰当的定义，但是大家都明白，所有这些领域对于传统的程序来说都是很困难的，在计算机的设计和编程中都需要融入一些新的元素。

“智能”是什么？问1000个心理学家，你可能会得到1000个定义（别去问哲学家，因为他会让你去上为期10周的课程，学习从“二元论”到“二元一元论”等无数理论）。“人工”的定义是什么？即使是这样的问题，也不那么容易回答：蜘蛛网是人工的还是自然的？如果答案是自然的，那么为什么电脑是人工的呢？人造与天然的本质区别是什么呢？

约翰·麦卡锡曾将人工智能定义为“制造智能机器的科学和工程”。

马文·明斯基（Marvin Minsky）的定义则是“如果由人来做就需要智力的事情”（1968），他的另一个定义为“解决难题的能力”（引自《与外星人的交流》，1985）。

苏格拉底认为，缺乏恰当的定义，谈话就毫无意义。在1982年，格雷格·蔡廷在他的论文《哥德尔定理与信息》中添加了最后一行任务清单，内容是："做出对智力的正式定义。"在21世纪初期，人工智能的定义在业内变得更加清晰。雷·库兹韦尔（Ray Kurzweil）在他的著作《精神机器的时代》（*The Age of Mental Machines*，2000）中写道："智力就是利用有限资源（包括时间）达到目标的能力。"尼尔斯·尼尔森（Nils Nilsson）在他的著作《人工智能的探索》（*Quest for Artificial Intelligence*，2009）中写道："人工智能是一种致力于使机器智能化的活动，而智能则是赋能于一个实体，使其在所处环境中有限且有目的性地工作。"约翰·麦卡锡临终前写的最后一件事是："我们还不能概括地描述我们想称之为智能的计算程序。"（2007）

我们周围有些同胞无法说话，听不见，无法行走……但我们仍然认为他们是人类。哲学家喜欢人工智能，是因为你可以去争论什么是"智能"，什么不是。今天，这个词非常流行，它适用于一切事物，甚至适用于1956年以前就已经存在的项目。我真的不知道计算机科学和人工智能有什么区别：什么时候一个算法变成了人工智能算法？如果人工智能不够流行，那么没有算法会被称为人工智能。如果人工智能很流行（就像今天这样），那么每一种算法都被称为人工智能！例如，十年前，没有人把人工智能称为数千个数据分析程序中使用的统计方法。现在它们被冠以"机器学习"的称谓。

自2010年以来，大卫·查普曼（David Chapman）一直在以超文本形式撰写图书《意义》（*Meaningfulness*），他忧心人工智能学科"注定要重演自己的历史，一遍又一遍地重复着同样的死胡同"。然而，这次的不同之处在于我们正在改变人工智能的定义。如果布谷鸟时钟是今天发明的，它也将被贴上"人工智能"的标签。

但是定义确实很重要，因为没有定义你可能会找错相应的对象。例如，如果你把家里的电线叫作“管道”，那么你或许会叫一个水管工来修理电路故障。如果你的公司只是需要一些统计分析，你以为这归属人工智能，你就可能会聘请一位“深度学习”专家，他完全不能解决你的问题，但却会向你收取很多费用。

另外，我们这些伴随人工智能长大的人可能太“清教徒化”了。“学习”和“存储”的区别是哲学层面的。最终的结果是相同的：一些以前无法获得的信息现在可以在机器内部获取，而且它的形式是用在某些实际应用上。这就是所谓的“学习”。这种态度在新一代人中迅速蔓延：他们错过了人工智能的头 60 年。

我对于这个专题如此感兴趣的起因来自这样一种认识，即计算机在人类最常见的两项活动——推理和识别方面的能力并不强。计算机被告知要做什么（通过“编程”实现），它们非常善于听从指令。但它们并不擅长做上述人类一直在做的两件事。因此，这就成为人工智能研究的两大支柱：如何建造能够“推理”情境（通常是指计划和行动）和“识别”事物（通常是指图像和声音）的计算机。假如不能识别模式，机器就无法说话；如果不能推理，机器就难以严谨地回答一个问题。事实上，人工智能成了自动化推理（如专家系统、自然语言处理和机器人手臂）和识别器（如语音识别和视觉）的科学。我并非意指推理和识别是人类行为的基础，但那确实是通过图灵测试所必要的。

为了加以论证，首先提出我对人工智能的大致定义。事实上，我真的没有“人工智能”的准确定义，那是因为我难以定义什么是“智能”。此外，因为我并不喜欢这个术语本身（“人工智能”给人的感觉就是不那么“智能”；就像“人工假肢”远不及真正的“四肢”，我们只能期望它工作得像手和腿那样），但我会尽我所能，给出定义。人工智能不是自动化，也不是好莱坞科幻片中出现的，而是介于两者之间的。重复的任务不需要人工智能，如果它是重复的，一个简单的算法就可以实现。一个哲学家可以很容易地分析我的陈述，并争辩说，假如仔细观察，每一个人类的行为都是重复的，所以这个概念可以成为一个冗长的辩论题，但我很愿意向哲学家展示两个简单的例子，以便他们可以提出一个更好的概念。

问题：俄罗斯总统是谁？

回答：弗拉基米尔·普京（Vladimir Putin）。

回答这个问题只涉及信息处理：在数据库中包含这项答案。但对“谁将成为下一任俄罗斯总统”这个问题是完全不同的：需要对俄罗斯有深入的了解，需要有推理的能力，而且答案不会100%确定。或者想想“罗马在哪里”和“亚特兰蒂斯在哪里”，一个是在城市数据库中可以找到的信息，另一个则需要考古学和地质学的知识，答案不会100%确定。你不需要成为专家就能知道罗马在意大利，但只有专家才能告诉你为什么塞拉岛（又名圣托里尼岛）可能会是亚特兰蒂斯遗址的所在地。

哲学家们很重视信息和知识之间的区别。让我们从字义上理解这两个词的含义：信息是我可以在百科全书中找到的东西；知识是一种（目前）只有专业人士才会拥有的东西，用计算机的常规语言来表达很困难。人工智能不是处理信息，而是处理知识，这样机器就能回答诸如“谁将成为下一任俄罗斯总统”和“亚特兰蒂斯在哪里”之类的问题。

我们可以通过两种基本方法将信息转化为知识：从通过长年累月的学习积累而成就的人类专家那里获取知识，或者效仿专家创造知识的方式：尝试和犯错。知识驱动的方法会模拟人脑的思维方式，数据驱动的方法则会模拟大脑的结构方式。它们听起来是一样的，但是这两种方法导致了完全不同的技术的开发。一个是处理符号（就像人类的语言是由文字组成的），另一个是处理数字（就像人类的大脑运作是由电化学信号组成的）。

无论是有意识的还是无意识的，人工智能学科包罗了机器通过图灵测试所需的所有技术，而在那个时候，用冯·诺依曼的方法（一条条指令地执行）编程似乎是不可能实现这些技术的，包括语音识别、计算机视觉、自然语言、推理、学习和常识处理。在冯·诺依曼体系结构中，很多应用程序似乎都对此束手无策。原因有许多，包括有些任务尚无算法可以处理，如“专家型”的任务（医疗百科全书不等同于有经验的医生）。在“启发型”盛行的应用领域，即便有算法，亦难有用武之地（你不需要计算高温对你皮肤的影响，就能得出不要接触沸水的结论）。与精确的数量计算无关，无法使用某种明确算法的任务（如“巴西会赢得下一届世界杯吗？”），以及算法过于复杂的任务（如设计一艘游轮）。为了解决这类问题，新的学科必须发明新的技术，用完全不同的方式为计算机编程。我们可以将这些问题分为两种类型：一类可以用逻辑（精确）推理来解决，另一类通常要用概率推理来解决。例如，我们可以从逻辑上计算出象棋的最佳走法，而我们只能合理地（而非绝对地）判定房间里的某样物体是个苹果（假如答案是一个涂了颜色的棒球或是一个巨大的草莓，没有人会感到震惊）。例如，当我们掌握了所有事实的时候，我们可以决定怎样行动才是最佳方案，而当对方有很重的外国口音或者我们无法听清所有词汇时，我们只能揣测他想说的内容。很多时候，我们会遇到后者这种情况：满足于对所发生的事情有一个合理的认识，同时意识到它或许不是我们最初认为的那样。有时我们的思维是精确的（符合逻辑的），但在大多数情况下会是基于概率事件的。语言、视觉和常识都属于后者。从历史经验上来看，精确推理的不足在于，真正存在问题的是人类行为中那些属于不精确推理的方面。我们每天所做的大多数事情都是基于不精确的推理：语言表达不清（否则哲学家和律师就得失业了），眼光的局限性（尤其是在距离较远和能见度较低的情况下），判断几乎总是建立在概率和可能性上，甚至“绝对可靠的专家”也会犯错误。人类世界永远不是一个精确的世界。事实上，这是一个极其不精确的世界，在这个世界里，“似是而非”的推理胜过数学推理。

如今，人工智能（如上所述）包括四大类技术：计算机视觉（目标检测、人脸识别、场景分析）、自然语言处理（语音识别、自动翻译、文章分析、情绪分析）、推理（精确和非精确推理、常识、计划）以及自我学习（范畴从单纯的古典小说到理论形成）。

进步永不止步，我们不要期待奇迹会在一夜之间出现，就像科技领域所有的创新一样：锂电池、洗碗机、自行车轮胎、热水器、指甲刀……

回想起来，关于人工智能还存在一种情况，你很难分清什么是困难，什么是容易。最初，许多人工智能科学家认为“智力”的最终标志是解决数学问题的能力（尤其是因为他们中的大多数都是数学家）。但是，任何可以被自动化的东西都已经自动化了。在20世纪，很多逻辑问题基本上已经实现了自动化。实际上，计算机精于此道，如推导数学定理或玩国际象棋。然而，“推理”一般来说往往被忽视，却仍然是一个悬而未决的问题，因为我们的大部分“推理”根本就不符合逻辑。大部分推理更像是“猜测”。我们在日常生活中并不需要证明数学定理，而是揣测该如何穿着，怎样处理合同，给谁打电话寻求帮助，是否要在这个周末或下个月探望妈妈，今年还是明年买车会更加便宜，等等。在现实世界中，推理涉及许多不可控制和难以预测的因素，这些因素本身就不精确和不确定。我们所做的大多是“似是而非”的推理，而不是数学计算。

令人庆幸的是，从这种混乱而不精确的推理中我们可以不断学习。我们实际上能够完成无限多的任务。蒸汽机不能编程——它只能做一件事；数字电子计算机可以编程，因此它可以做很多事情，但每项任务都需要一个单独的程序。为了与人类的智能相匹配，人工智能还需要构建出能够自己编程的机器。

首先，我们对“智能”没有一个确切的定义。一般意义上的智力的概念是由英国心理学家查尔斯·斯皮尔曼（Charles Spearman）在1927年出版的《人的能力、本性及其度量》（*The Abilities of Man, Their Nature and*

Measurement）一书中正式提出的，但芝加哥大学的路易斯·瑟斯通（Louis Thurstone）在 1938 年出版的《初级智力》（*Primary Mental Abilities*）一书却对一般智力的概念提出了批评。几十年后，波士顿退伍军人管理医院（Boston' s Veterans Administration Hospital）的心理学家霍华德·加德纳（Howard Gardner）在他于 1983 年出版的《思维框架》（*Frames of Mind*）一书中采纳了多元智能理论。

这里提一件轶事，我曾问一位心理学家："这些理论有成功的吗？"他的答复是："你如何定义成功？"

图灵测试对"智能"的定义为"人类所做的事情"，但这很难说是一个定义，因为它取决于你用哪一个人作为智能的标准（以及让哪一个人做出判定）。我们也没有一个适用于所有系统的关乎智能的可行定义：人类、动物、机器（或许还会有其他自然系统）。

不过，缺乏一个明确的定义对这个领域是有利的，因为成功和失败是根据定义和标准来衡量的：定义越不精确，一种理论就越容易宣称获得了成功。我的猜测是，有一天，奇点论者会简单地改变"奇点"的定义，并宣称它已经存在了，甚至提前就存在了（不过，像我这样令人讨厌的怀疑论者会表示，根据可能的重新定义，它本来就是一直存在的）。

人工智能系统能得诺贝尔奖吗

2014 年，全球有超过 2.8 万份行业内期刊。2009 年，渥太华大学的一项统计表明，自 1665 年以来，各类学校一共发表了 5000 万篇论文。2014 年，斯坦福大学的约翰·约安尼迪斯（John Ioannidis）估计，1996—2011 年发表论文的科学家人数约为 1500 万人，其中约 1%（或 150 608 人）每年发表一篇论文。2016 年，仅在生命科学期刊上发表的论文就超过 120 万篇，各类论文总数超过 2500 万篇。另外，田纳西大学的卡罗尔·特诺皮尔和唐纳德·金对科学家进行的一项调查发现，科学家平均每人每年阅读约264篇论文。这意味着一个生物医学科学家，在一个正常的大约50年的职业生涯里，会阅读13 200篇论文，这只占5000万篇论文总数的一小部分。与此同时，每30秒就有一篇新文章发表。针对许多生物医学课题，研究者可以找到成千上万的引自素材。例如，有超过7万篇关于肿瘤抑制因子P53基因的论文发表。现在，我们拥有的工具可以扫描所有的论文，分析数据，进行实验和提出假设（科学家的工作），比以往任何时候都要简捷高效。

2003年，科罗拉多大学的劳伦斯·亨特（Lawrence Hunter）在美国人工智能协会（American Association for Artificial Intelligence）发表演讲时，提出了一项经过修改的图灵测试。将要发表在学术领域科学期刊上的这篇论文，可以作为对近似人类智力水平的一种测试。

2016年10月，索尼系统许多学研究所所长北野　明（他同时也是机器人世界杯竞赛的创始人）发表了题为《人工智能将会赢得并超越诺贝尔奖》的演讲，他为人工智能提出了一个更加宏　　目标：开发一个人工智能系统，　它能够从事生物医学科学领域的科学研究，使它所做的探索发明能够取得诺贝尔奖。他问道："人工智能带来的最重要的价值是什么？"他认为，和过去一样，人类的未来取决于科学发现。因此，这是新技术可以带来最大利益的领域。

人工智能的另一项略小一些　目标是建立一套系统，发现一些虽然达不到诺贝尔奖　水平，但能得到一项专利的技术：编写一款程序，发现或发明一些新技术，专利局会因此接受专利申请。2015年，全球有近300万人申请了发明专利。所以，这样的设想并不是那么遥不可及的。

大自然有一种独特的方式来防备人类的大脑，但人类的大脑仍然会时不时地发现它：人类的大脑会收集关于大自然的行为数据，寻求数据之间的关联，然后推导出一个理论来解释这些数据。科学家的工作着实不简单。正如约翰·班维尔（John Banville）在他关于德国天文学家的小说《开普勒》(*Kepler*)中所描述的那样:“他是一个盲人,用散落的日珥重建起平滑而无限复杂的设计,指尖之下,一切掩饰都露出了本来的面貌。”约翰内斯·开普勒(Johannes Kepler)所做的是放弃了一个存在了数千年的假设:行星以恒定的速度沿圆形轨道移动。尼古拉·哥白尼没能解释行星的运动,伽利略·伽利雷和第谷·布拉赫也没能解释行星的运动。他们都支持行星进行匀速圆周运动的假设。开普勒使用了数据,很多的数据——整合了第谷·布拉赫和自己几十年来的观察和计算,但这些数据并不只是用来识别模式的。开普勒意识到,匀速圆周运动的教条假设是错误的,行星不是在作圆周运动,它们会因为速度的变化而形成椭圆形。牛顿和爱因斯坦做了类似的事情:他们摒弃了几个世纪以来被所有人接受的假设。例如,自然状态下事物是静止的,空间是平的。

硅谷有一个广为流传的笑话:合同上说的和工程师实际做的永远不一样。但事实证明这是件好事。如果人类仅满足了合同的要求,而没有扩展,那么进步就无从谈起。幸运的是,工程师会做一些合同以外的事情,于是产生了微处理器和万维网。印度古典音乐(如拉格音乐流派)并不是写下来的,因为它的核心不是曲谱,而是基于理解、吸收和重新诠释(西方人通常称之为“即兴创作”)。同一拉格的两场表演永远不会相同,即使是由同一位音乐家表演的。技术创新也是一个类似的过程。进化的全部要诀是创造变异,而不是精确地复制。

谜题不是因为曲折复杂而让人难以解答,这不会让我们一直束手无策。但单一而精确的直线却会让我们丧失前行的勇气。

——豪尔赫·路易斯·博尔赫斯

试图创建一款可以变成科学家的程序,具备探索发明的能力,这种设想可以追溯到很早之前的人工智能,即 1962 年,索尔·阿玛瑞尔在新泽西

州的美国广播公司实验室工作的时候，他发表了论文《自动理论形成的途径》。同年，加州大学伯克利分校的一位哲学家托马斯·库恩出版了《科学革命的结构》(1962)。在这本书中，他认为科学是历史的“范式转换”，我们可能会突然意识到传统理论是错误的，需要一种全新的思维方式，以进行概念性层面的思维重组。当人类能够不断实践这些范式转变时，我们的智慧开始统御世界，而其他动物则是周而复始地重复着一成不变的思维方式。激烈的辩论很快就围绕着这个议题展开，奥地利哲学家卡尔·波普尔在他的著作《科学发现的逻辑》(1965)中宣称，并没有所谓的科学发现的逻辑，卡耐基-梅隆大学的赫伯特·西蒙用《发现模型与科学方法中的其他主题》(1977)一文对库恩的观点予以了回应。同年，西蒙的学生帕特·兰利(Pat Langley)发明了Bacon——一种应用于发现科学规律的系统。

西蒙对产生新奇创意的认知过程很感兴趣。这个过程涉及从实验数据中发现自然规律，即解释这些数据的理论的形成，然后设计实验来证实这些理论。他的另一位学生爱德华·费根鲍姆(Edward Feigenbaum)于1965年在斯坦福大学开始研究树突(Dendral，即树突算法)，帮助化学家识别有机分子(与诺贝尔奖得主、斯坦福大学遗传学系创始人约书亚·莱德伯格合作)。这是一个依据人类专家提供的知识进行推理的系统。然后在1970年，费根鲍姆和布鲁斯·布坎南构想出了“Dendral”——一款专家系统。这是第一款基于假设形成的系统。Dendral的机器学习算法被汤姆·米切尔在1978年的论文中推而广之，形成了他的版本。1978年，费根鲍姆和布坎南还推出了Molgen——一款用于分子遗传学实验规划的系统——由他们的学生彼得·弗里德兰和马克·斯蒂菲克开发完成。

在这些领域的尝试并不多，背后的原因或许只是连我们自己都不知道是如何构想出好的创意的。

> 真正的发现之旅不只在于找到新的风景，更在于拥有一双探索的眼睛。
>
> ——马塞尔·普鲁斯特

大脑模拟与智能

神经网络方法的背后其实有一个假设：智力，或许是意识本身，隐藏着无限的复杂性。这个概念至少可以追溯到英国神经生理学家威廉·格雷-沃尔特，他在1949年——数字计算机时代之前——就已经设计出了早期的机器人 Machina Speculatrix，他对这个机器人使用电子电路来模拟大脑活动。而在近期，加州大学圣克鲁兹分校的大卫·迪默（David Deamer）计算了“几种动物的大脑复杂性”（引自《哺乳动物的意识和智力：复杂性的阈值》，2012）。

1990年，加州理工学院的卡福·米德（Carver Mead）描述了一种“神经形态”的处理器，可以模拟人类大脑。

我们所知道的“智能”大脑都是由神经元组成的。既然大脑只是由这些类似乒乓球的东西构成的，人类为什么能如此聪明呢？如果连接一万亿个乒乓球，我们会创造出一个有意识的存在体吗？如果乒乓球是由一种导电的材料制成的呢？如果我把它们完全连接在一起，和大脑里的神经元一模一样：我们是否就可以复制意识了，或者至少创造出一个和我一样“聪明”的存在体？神经网络背后隐藏的假设是：物质无关紧要，它可以不是神经元（肉体），但对智力不会造成任何的影响。因此，一个纯粹的联结主义论者会说，一个由一万亿个乒乓球组成的系统会和我一样聪明，只要它能完全复制我大脑里发生的事情。

无趣的脚注：语义分析

语义分析不同于乔姆斯基首创的生成句法分析。句法分析想要找出哪一个是名词，哪一个是动词，等等，换而言之，旨在建立一个树状结构来表示句子的语法结构。语义解析则想要将句子转换为逻辑表示，如转换为一阶谓词逻辑的公式。这种方法的优点是逻辑表示适合于逻辑推理，即计算机自动处理。1970 年，阿尔弗雷德·塔斯基在加州大学洛杉矶分校的哲学系学生理查德·蒙塔古开发了一种将自然语言映射为一阶谓词逻辑的正式方法。爱丁堡大学的马克·斯蒂德曼（Mark Steedman）介绍了将动词视为函数的“组合分类语法”（引自《组合语法和寄生间隔》，1987）。从技术上来讲，他们都使用了普林斯顿大学的阿隆佐·邱奇（Alonzo Church）于 1936 年发明的“lambda”演算的复合语义。语义分析被德克萨斯大学的约翰·泽莱和雷蒙德·穆尼应用到数据库查询中，他们基于归纳逻辑编程的学习方法（引自《用建设性的归纳逻辑编程学习语义语法》，1993）设计了 CHILL（建设性的启发式语言学习归纳法）系统。2005 年，麻省理工学院的卢克·泽特尔莫开始开发一种斯蒂德曼风格的学习语义解析器（引自《学习将句子映射到逻辑形式》，2005）。这些方法可以将话语直接转化为逻辑表示。

许多人用概率逻辑来代表自然语言的意义。这其中包括丽丝·盖多尔在马里兰大学的学生马提亚·布洛琪尔勒（引自《概率相似性逻辑》，2012），德克萨斯大学的蒙德·穆尼的团队通过佩德罗·多明戈的马尔可夫逻辑网络连接的蒙塔古和马尔可夫（引自《当蒙德遇上马尔可夫》，2013），以及汤姆·米切尔（Tom Mitchell）对会话的解析，即一次解析不止一个句子，而是一整段话语（引自《使用上下文线索解析自然语言会话》，2017）。

> 解析器应该学习如何将自然语言的句子映射为对应意义的逻辑表示。解析器的目标是构建出一个公式，从而有助于生成固定句型的逻辑表达。穆尼的学生们建立了一些系统，如KRISP和WASP（2006）。马克·斯蒂德曼的学生汤姆·科沃考斯基来自爱丁堡大学，他引入了一种中间表示法来学习独立于特定语言以外的语法（引自《从高阶统一的逻辑形式诱导概率CCG语法》，2010）。
>
> 上述这些实验都不是特别成功。要么是因为我们的自然语言根本就不符合逻辑，要么是因为我们还没有弄清楚它的逻辑。

能听到我说话吗

上面简要概述了语音识别领域所面临的大量问题，这些问题的解决仅能让机器理解我们所说的话（更不用说那些话的含义，我们现在只针对这句话本身）。有关奇点，通俗书籍中描绘的，与人工智能实验室的日常研究之间存在巨大的鸿沟。实验室的科学家们从事的是狭窄的专业技术细节。假如你对技术细节感到厌倦，请跳过这一章，但请相信我，技术细节并非无足轻重，这些“细节”会让几代工程师忙上很长一段时间。

语音识别的历史至少可以追溯到1961年，当时IBM的研究人员开发了一种“鞋盒”（Shoebox）设备，这个设备可以识别语音数字（0~9）和少量语音单词。1963年，日本电气公司开发了一种类似的数字识别器。贝尔实验室的汤姆·马丁可能是第一个将神经网络应用于语音识别的人（引自《基于特征抽象技术的语音识别》，1964）。1970年，马丁在新泽西州创立了阈值技术公司（Threshold Technology），开发了第一款商业语音识别产品“VIP-100”。

借助在俄罗斯和日本的理念创新，语音分析成为一项切实可行的应用技术。1966年，位于东京的日本电报电话公司的富田有仓发明了线性预测编码（引自《对语音的最优识别或分类的一种思考》，1966），这项技术在40年后仍被用于GSM协议中的语音压缩。基辅控制论研究所的塔拉斯·文爵克发明了动态时间规整技术（引自《通过动态编程实现语言辨析》，1968），用动态编程（一种数学方法，在1953年由理查德·贝尔曼在兰德公司发明）来识别不同语速的词汇。日本电气公司的中西宏明和西布千叶于1970年改进了动态时间规整。与此同时，在1969年，拉吉·瑞迪（在1966年，他成为斯坦福计算机科学系的第一个博士研究生）在卡耐基-梅隆大学建立了语音识别小组，并监督三个重要的项目：Harpy（由布鲁斯·劳沃在1976年负责），使用有限网络来降低计算复杂度；Hearsay-II，开创了“黑板”技术，即通过并行异步流程获取知识的集成以产生更高水平的假说，这融合了自下而上和自上而下的过程（瑞克·海耶斯·罗斯、李·埃尔曼、维克多·莱塞和理查德·芬内尔在1975年负责这个项目）；Dragon，由吉姆·贝克（Jim Baker）在1975年开发，他于1982年搬到了马萨诸塞州，创办了一家同名的初创企业。Dragon与Hearsay的不同之处在于呈现知识的方式：Hearsay采用了“专家系统”学派的逻辑方法，而Dragon则采用了隐马尔可夫模型。在Hearsay项目期间，瑞迪发明了“波束搜索”算法来检索大量可能的解决方案。

花絮：Dragon的技术先是被Nuance公司收购，之后又被一家名为Siri的公司收购，形成了苹果手机中的一款应用系统。

在IBM工作的弗雷德·贾里尼克也得出了同样的结论（引自《连续语音识别的统计方法》，1976），这些统计方法与基于隐马尔可夫模型的语音处理模型和杰克·弗格森的“蓝皮书”——这是他于1980年在新泽西的国

防分析研究所的研究成果——一同成为主流。

IBM 的贾里尼克团队与贝尔实验室的劳伦斯·拉宾团队代表了两种不同的观点：IBM 努力寻求一种独立的语音识别系统，该系统将被训练识别一种特定的声音；而贝尔实验室想要一套能听懂美国电话电报公司数百万手机用户中任何一个人发音的系统。IBM 研究了语言模型，而贝尔实验室侧重于声学模型的研究。

IBM 的技术（n-gram 模型）试图通过对下一个词进行统计预测来优化识别任务。其灵感来自一款文字游戏，由克劳德·香农在他的《通信的数学理论》（1948）一书中提供。将这种技术编程到电脑中，然后在你的朋友身上测试，你就得到了与香农等值的图灵测试。让电脑和你的朋友猜任意句子中的下一个单词，假如单词生成的范围是“1”或者“2”，那么你的朋友很容易获胜；但如果单词产生的跨度是“3”或更高，电脑就会开始取得先机。

在香农的游戏中，一开始的暗示对理解话语的意义或许是无关紧要的，但每个单词使用的频率和它与其他词的关系是至关重要的。

鲍姆的隐马尔可夫模型也被应用于语音识别中，它既能代表语音的可变性，又能代表语音的结构，因此形成了一种概率测度方法。贝尔实验室的方法最终演变成黄庄（hwang Juang）主导的“混合密度的隐马尔可夫模型”，用于对说话者的独立识别和对大词汇量环境的应用（引自《混合多变量随机观测马尔可夫链的最大似然估计》，1985）。

隐马尔可夫模型成了 20 世纪 80 年代语音识别系统的支柱，其典型应用包括李开复于 1988 年在卡耐基 - 梅隆大学创造的 Sphinx 独立讲话人系统（是卡耐基 - 梅隆大学迄今为止在词汇量和连续说话时间方面最成功的系统）；BBN（1989）的 Byblos 系统；SRI（1989）的破译系统。

有三个项目进一步加速了语音识别技术的发展。在 1989 年，剑桥大学的史蒂夫·扬开发了隐马尔可夫模型工具包，它很快成为最流行的语音识别软件。在20世纪90年代，至少有两个主要的语音识别数据集被编译，它们是“CSR”语料库和“Swtichboard”语料库。

1991年，麻省理工学院的道格拉斯·保罗（Douglas Paul）与Dragon系统合作，推出了持续语音识别（CSR）语料库，这是一个包含数千篇口语文章的数据集，大部分内容源自《华尔街日报》。

最后，在1989年，DARPA赞助了一些项目来开发航空旅行语音识别系统（航空旅行信息服务或ATIS），参与者包括BBN、MIT、CMU、AT&T、SRI等。该项目于1994年结束，当时每年的基准测试显示错误率已经下降到人类水平。这些项目在很大程度上是基于庄炳湟于1985年创建的算法，它留下了另一个巨大的语料库，这正是训练语音识别系统所需要的。在接下来的十年里，我们见证了第一个正式的语音对话系统：在2000年，麻省理工学院的舒维都（Victor Zue）展示了用于查询航班状态的“Pegasus”和预报天气的“Jupiter”；同年，美国电话电报公司的A1 Gorin开发了电话客户服务系统“HMIHY”。更重要的是，SRI ATIS项目的负责人迈克尔·科恩（Michael Cohen）在1994年创立了Nuance公司，并开发了经过Siri授权的系统，该系统在2010年成为苹果iPhone上的一款应用程序（科恩于2004年被谷歌聘用）。在波士顿，丹·罗斯于1995年成立了“语音信号科技”（Voice Signal Technologies），该公司在2002年推出了第一款语音拨号系统（用于三星A500型手机上），之后在2003年又推出了姓名拨号系统（用于A610）。语音识别的另几家新兴企业包括在2005年被Nuance收购的以色列的先进识别科技（Advanced Regcognition Technology）公司。

亚历克斯·韦贝尔（Alex Waibel）的“延时”神经网络（1989）出现之后，HMM和神经网络的结合变得十分普遍，并催生出了多伦多大学的辛顿（引自《用于电话识别的深层信念网络》，2009）、微软的董瑜（音译）（引自《使用上下文依赖深层神经网络的会话语音转录》，2011）各自开发的语音识别系统。在语音识别方面，HMM 仍然优于深度神经网络，尤其是在大型词汇表方面。LSTM 神经网络在经过多伦多大学的亚历克斯·格雷夫斯（Alex Graves）实验后，开始应用于语音识别（引自《深度递归神经网络语音识别》，2013）。随着神经网络的可行性和可承受性的提高，替换隐马尔可夫模型变得越来越有吸引力。HMM 操作起来相当复杂，而“端到端”神经网络体系结构开始变得更为易用。2014 年，亚历克斯·格雷夫斯用其在 2006 年发明的 CTC（Connectionist Temporal Classification，神经网络的时序分类）训练了 LSTM 神经网络，这产生了一款不包含任何 HMM 的语音识别系统，但是它的不足之处是比基于 HMM 模式的系统出错率高，尤其表现在同音异义词和发音相近的单词上（引自《复发性神经网络对端到端语音识别》，2014）。

在这种混合系统的 HMM 和深层神经网络中，时间推理发生在 HMM 而不是神经网络当中。CTC 训练的神经网络会强制网络执行这项工作。在 2014 年年底，斯坦福大学的吴恩达团队明确放弃了语音识别系统中的 HMM 组件。他的系统使用“语言模型”和“前缀波束搜索”来搜索可能的单词序列空间。例如，给定前缀“某人偷了他的”，语言模型可能表明单词“钱包”有 50% 的可能性成为下一个单词，而“手机”有 25% 的可能性，以此类推。这个技巧帮助吴恩达简化了架构，使用常规的递归神经网络而不是 LSTM 神经网络（引自《使用双向循环 DNN 的第一次大词汇量连续语音识别》，2014），从而使错误率大大降低。此体系结构采用吴恩达团队于 2015 年建立的 Deep Speech 2（引自《英语和汉语普通话的端到端语音识别》，2015），由 11 层系统层次构成（卷积三层，复发七层，以及一层经由批量规划训练产生的全输出层）。

语音识别系统正变得无处不在：苹果的 Siri（2011），谷歌的 Now（2012），微软的 Cortana（2013），Wit.ai（由亚历山大·勒布伦于 2013 年在硅谷创立，并于 2015 年被 Facebook 收购），亚马逊的 Alexa（2014），百度的 Deep Speech 2（于 2015 年在硅谷开发），SoundHound 的 Hound（由科伊文·莫哈尔在 2004 年成立的一家硅谷初创企业，在 2016 年发布），等等。

2018 年是全双工聊天机器人的元年，这种聊天机器人可以同时听和说。首先是微软的全双工版本的小冰（由李周的团队在中国开发），紧接着是谷歌的版本（由亚尼夫·利维坦的团队开发）。微软收购了语义机器（Semantic Machines）公司，这是一家于 2014 年在加州伯克利成立的创业公司，由一系列知名人士组成，包括丹·罗斯，苹果 Siri 的首席科学家拉里·吉尔利克，（原先在 Dragon 和语音信号科技公司任职），加州大学伯克利分校的丹·克莱恩，斯坦福大学的梁珀西，以及克莱因的学生大卫·霍尔——他在 2010 年建立了 Overmind 系统，在《星际争霸》之类的电脑游戏中击败了人类大师。

但这些系统有一个相同的软肋，即在设计时便只能用于清晰语音的受控环境之中。当在嘈杂的环境中与机器交谈时，语音识别的局限性就会暴露无遗。不幸的是，嘈杂的环境才是生活中的常态。今天，更多的人拥挤在城市的狭小空间内。因此，大多数语言交互发生在城市的喧嚣当中——各种人声、各种功率的扬声设备、交通噪声、电视中一场足球比赛进入高潮的声音，犬吠、吃喝的喧哗声、机器的报警声、救护车的警笛。如此这般的背景噪音完全难以预测。在如此嘈杂的环境当中，人类仍然能够彼此理解，因为他们能够很自然地分辨出哪些是需要辨识的声音，而哪些不是，并且能够识别出他们朋友的音色（即便他们不是房间里最大的声源）。在这种嘈杂的环境下，如果使用语音命令，可能会适得其反。解决这个问题的难度很大。某些工具可以减少甚至消除噪声、回声和混响，但使用这些功能的结果也削弱了设备试图捕捉的目标声音，使得识别目标音色变得更加困难。在 2017 年年底，一个不知名的实体在 Innocentive 网站上发布了一项“创意挑战”，针对网友提出的解决这个问题的想法，他们提供资金奖励。

结构化环境中的智能行为

当你在一些欠发达国家乘坐公交车时，你不知道它会什么时候进站，车票卖多少钱。事实上，你甚至不知道公交车长什么样（它可能是一辆普通的卡车或面包车），以及在哪里停。上车后，你要告诉司机在哪儿下车，并希望他会记得。如果赶上司机心情好，他甚至可能会绕道把你放在酒店门口。而你在发达国家坐公共汽车则会是截然不同的体验：有正式的公交车站（如果你站在公交车站之外，公交车就不会停），公交车的线路清晰可辨并标有明确的目的地，绝不会随意更改路线绕道行驶，司机不得与乘客聊天（有的公交车驾驶舱是封闭的），必须在自动售票机上买票并找零（有时需要在公交车上的另一台机器上检票）。公交车有专门的下车门，因为LED屏幕上会显示公交站的站名，你会知道从哪儿下车。许多火车和长途公交车需要对号入座（你只能坐票面指定的座位）。

开发一个在发达国家乘坐公交车的机器人绝非难事，而开发一个可以在欠发达国家乘公交车的机器人则难上加难。难易程度的分水岭在于机器人运行的环境：环境的结构化程度越高，机器人越容易适应。在结构化环境中无须过多“思考”，只要遵守规则，你就能达到目标。然而，真正“成就”目标的不完全在于你，而在于你和结构化环境互相作用的结果。这就是关键的差别所在：在杂乱无章、不可预知的环境中运行与在高度结构化的环境中运行完全不是一回事儿。环境的不同会带来巨大的差异。开发一个在高度结构化的环境中运行的机器非常简单，就像子弹头列车以300公里/小时的速度奔驰在铁轨上一样简单。

我们在杂乱无章的大自然中建立秩序规则，因为在这样的环境中人类更容易生存和繁衍不息。人类在结构化生存环境方面，已经取得巨大的成功，建立起了简单的、可预见的规则。这样，我们就不需要“思考”太多：

结构化环境让我们有章可循。我们知道可以在超市找到食物，在火车站搭乘火车。换句话说，环境使我们变笨了一点，但任何人都可以实现原本艰巨、危险的目标，即对人的要求更高。当系统出现故障，我们会紧张不安，因为我们必须开始思考，找到一个解决非结构化问题的方法。

如果你在巴黎旅行，遇到地铁罢工，并且根本打不到出租车，你该怎么做才能按时赴约？信不信由你，大多数巴黎人都有办法，大多数美国游客却办不到。如果没有交通灯，汽车看到行人也不停，交通状况糟糕得一塌糊涂，你怎么过宽敞的马路？信不信由你，某些地方的人的日常生活就是如此。不用说，大多数游客需要用好多天去适应。

世界秩序越是井然，笨人和机器越容易生存壮大。

机器人工业的要求往往与结构化环境有关，而非机器人本身。如果高速公路具备明确的车道标志、清晰的出口标志、有序的交通、详细预报前面的路况的地图等条件，制造一辆在这样的高速公路上行驶的无人驾驶汽车相对容易。相较而言，制造一辆能够穿越欠发达国家城市的无人驾驶汽车的难度就非常大（难度提高几个数量级，这是对当地司机的恭维，而不是侮辱）。有人认为电脑开车与事实并不相符：不是电脑在开车，而是在结构化的环境中，任何经验不足、不太聪明的司机，甚至是一台电脑，都可以开车。现在的电脑还无法在欠发达地区的交通状况下开车。说车载计算机操纵无人驾驶汽车就好比说火车头知道火车行驶的方向：机车只是在铁轨的约束下，带着火车朝正确的方向行驶。

为了让无人驾驶汽车在我们的街道上行驶，我们需要改造街道，安装一些设备来告诉汽车如何在每个点做出相应的动作。这无关智能，而是老式的基础设施，保证非常愚蠢的无人汽车能够安全行驶。换句话说，我们需要类似于导轨和控制器的高度结构化系统，使汽车像火车一样快速、安全、精准地行驶。“无人驾驶”和“自动驾驶”这两个词有时会相互混淆：它们的含义是不同的。无人驾驶汽车不一定是自动驾驶汽车。今天，许多火车、飞机和工厂的机器基本上已经不需要人的干预就能运转：让机器可以安全高效工作的环境已经构架好，排除了所有异常状况，环境设计者确保只有符合流程设计的事项才会发生，并最大限度地加以简化。结构化环境中的无人驾驶车辆，并不是在做人类在非结构化环境中所做的事情：人类必须处理一个混乱的系统，这其中，异常事件层出不穷，每时每刻都需要做出新的决定。相反，“自动驾驶”意味着机器要去做人类能做的事：在特殊的情况下，在任何时间、任何地点做出正确的判断。

最近，当要离开某个发达国家时，我想在它首都的机场兑换 3 美元的当地货币。整个兑换程序简直愚蠢得令人难以置信。我必须出示护照、登机牌、以前货币兑换的收据，才能拿到钱。仅仅换 3 美元，操作过程烦琐不堪。在海地和多米尼加共和国的交界处，情况就截然不同。那里有一片鱼龙混杂的地方，出租车司机、水果摊贩和警察的声音以及叫卖的声音此起彼伏，有一群地下货币兑换商追在游客的身后。我必须判断哪些是本分的货币兑换商而不会骗我的钱，然后在汇率上讨价还价，确保自己换的是真钱，同时要保护我的钱包不被扒手偷走。开发在西方国家的首都机场兑换货币的机器人并不难，而开发一个游走于海地和多米尼加共和国边境的货币兑换机器人的难度陡增（难度会提高几个数量级）。

环境的结构化程度越高，制造在其中运行的机器就越容易。真正“做到的”不是机器——而是结构化的环境。使许多机器的应用得以实现的不是更加先进的 AI 技术，而是结构化程度更高的环境。它的规则和章法使机器可以自由运行其中。

使用自动电话系统时，你无法直接对着电话说你遇到了什么问题。你必须先按“1”选择“英语”，然后依次按“1”选择“客户支持”、按“3”说明你的位置、按“2”说明问题类型，然后按“4”和“7”，等等。只有你在人机互动中褪下人类的特质，表现得像机械世界的机器一样，机器才能取代人类操作员，正常执行任务。而不是机器表现得像人类一样。

无人驾驶汽车必须实现的一个基本功能是在汽油用光之前能停在加油站。无人驾驶汽车能否自动进入加油站，停在加油泵前，刷信用卡，拔出软管，往油箱里加油？当然不能。当务之急是为无人驾驶汽车营造适合的结构化环境（更准确地说是为车上的传感器），因此汽车无须表现得像一个智能生物。无人驾驶汽车的加油站、加油泵以及付款方式与人类司机目前所使用的有天壤之别。

顺便说一下，在建立高度结构化的环境过程中，大多数规则与制度的引进最早是为了降低成本（有利于自动化）。雇用机器是未来降低成本的可行性方案，引进机器是降低成本和提高生产率进程中的重要一步。创造超人类智能并不是目标，提高利润才是目标。

想想你最喜欢的三明治连锁店。你完全知道他们会问你哪些问题。三明治的制作过程结构化程度很高。当机器人变得足够便宜时，它们肯定会取代现在在三明治店打工的年轻人。这不是“智能”（今天的机器人的智能已经绰绰有余）问题，而是成本问题：现在的年轻人比机器人便宜。结构化三明治制作过程的重点是让没有经验的新手（工资低）取代经验丰富的厨师，完成他们的工作。

相反，环境的结构化程度越低，机器取代人的可能性越小。不幸的是，医疗保健领域是非结构化环境的典型代表。医疗记录都以纸件保存，医生的笔迹出了名地难以辨认。机器在这种环境中可施展的本领少之又少。在这种环境中引入“智能”机器，首当其冲地需要结构化所有信息。信息“被数字化”并存储在数据库中，意味着信息的结构化完成。这时，所有人，甚至包括对医疗知识一知半解或毫无头绪的人，都能够在这种环境中进行智能操作，甚至机器也可以。

事实上，我们并不是原封不动地自动化工作。首先，我们把工作非人化，将它变为按部就班的机械步骤。然后我们用机器来自动化剩下的工作内容。例如，我的朋友史蒂夫·考夫曼（Steve Kaufman）当了一辈子儿科医生，越来越感到他的技能不重要：病人就诊时，护士可以填写所有的表格，然后按下必要的电脑按钮。按照要求，医生逐渐转向用电脑写病历，甚至都不能与患者有任何眼神交流。这样带来的好处是减少了一般患者在医院的时间，但它抹杀了“非结构化”世界中医生和病人之间的关系。如果人性的部分在医生的工作中消失殆尽，医生的工作将比较容易被自动化。

但是，史蒂夫并不是这么做的。正如他所说，如果你不与哮喘病人建立关系，你可能永远不会知道他想自杀：虽然你治好了他的哮喘，但他还会自杀，而机器还会将这种病例归档为医治成功。

结构化环境也依赖于森严的规则和制度。我认为最形象的例子莫过于机场的登机流程。从值机柜台到登机口，我们像牲畜一样被对待。我们在机场商店短暂停留，被看作行走的“信用卡”，商店恨不得把我们刷爆。除了刷信用卡的部分，机场被建得像那种官僚作风严重的政府机构。

在不断结构化的社会背后存在一个基本悖论——深刻人性的表现是语言和行为的模糊性（事实上所有的生命形式皆有之）。与现在的机器相比，人类（动物）的优势在于随机应变。不幸的是，语言和行为的模糊不清让我们的生活充斥着错误信息和混乱，从而生活被更加复杂化。规则制度之所以有用，在于它们消除了社会的模糊不清，因而简化了我们的生活。不过，规章制度也有副作用，通过消除歧义，人类行为的结构化程度越高，人类行为就越容易被复制。由此人类变成了机器——要求高薪和各种权利的“机器”。任何企业都会用不要求任何福利待遇而且价格低廉的机器来取代这种昂贵的“机器”。

在越来越结构化的环境中，惯例和实践最终也将成就“认知”能力的自动化。此时我在一边写书，一边观看美国总统选举活动。政治辩论正变得越来越结构化，提前拟好流程、主持人照本宣科、严格规定只许问哪类问题，候选人死记硬背竞选团队为他草拟的新闻稿。由此不难想象，迟早有人会开发出一种软件，完全替代政治家进行政治辩论，但这种软件之所以能够成为现实，主要是因为政治辩论缺乏真正的辩论，而非机器拥有雄辩的演讲技巧。此外，该软件并不能和一帮闹哄哄、醉醺醺的球迷热烈地讨论世界杯比赛。

结构化程度越来越高的环境正在并将要引发机器人和自动化服务的井喷式爆发。市面上大部分机器人和基于手机的服务现在采用的是较陈旧的技术。它们得以实现的必要条件是在高度结构化的环境中运行。

想想你自己。在不同的语境中，你的身份由各种数字来证明：护照号码、社保号码、街道地址、电话号码、保单号码、银行账户、信用卡账户、驾照号码、车牌号码……而我们越来越依靠密码来访问我们自己的信息。我们越削减数字文件的个人特征，越容易创建文件的“智能助手”——对不起，我的意思是“某个人”的助手。

从某种意义上来说，人类正努力开发像人类一样思考的机器，而人类已经被机器同化得像机器一样思考。

插曲：智能机将回归杂乱无章的环境吗

环境结构化确实包含两个平行的过程。一方面，它意味着去除天然环境的杂乱无章、不可预知的（通常难以应对的）行为。另一方面，它还意味着去除人类混乱和不可预知的（通常难以应对的）行为。结构化环境与随之而来的各种规则制度的目的是用一个与你（难以捉摸的人类智能）相似的化身（其实它与你共用身体和大脑）代替你，但前者没有人类智能那样稀奇古怪。人类的化身生活在与（完全非结构化的）自然世界相似但不像它那样花样百出的、高度结构化的虚拟世界中。

我的观点是，机器没有变得特别聪明，反倒是人类，通过结构化环境与规范化行为，变得越来越像机器，因此机器才能取代人类。

但是，如果机器变得真正“智能”，会发生什么呢？如果“智能”

是指机器将变成人类被社会改造为服从规则的机器以前的样子，那么具有讽刺意味的是，机器可能获得所有的智能生命所背负的“包袱”，即所有生命体表现出来的无法预测的、杂乱无章的、无政府主义的行为，也就是说恰恰是结构化环境和规则制度旨在压制的行为。

同样具有讽刺意味的是，如果创建智能机器会把机器变为（难以捉摸的）人类，与此同时，我们也在把人类变为（一板一眼的）机器。

另一个插曲：无序代表进步，秩序代表停滞

平衡并不是宇宙的常态。宇宙集合了数不胜数的“开放”系统，它们彼此之间交换能量、物质和信息。许多生机勃勃的系统远未达到平衡状态，而是处于所谓的“混沌边缘”。生物就是其中的一个例子：生物与所处的生态系统交换能量、物质与信息。人类一直都生活在“混沌边缘”。生命终止的时候，人才会达到平衡状态。我们可以把智能系统看作特别复杂的系统。伊利亚·普里高津（Ilya Prigogine）、斯图尔特·考夫曼（Stuart Kauffman）以及其他许多人已经发现了这些系统的一个有趣属性。复杂的系统（从技术上来讲是“非线性”系统）在扰动的作用下会远离平衡点而达到一个新的临界点，在这个临界点上，系统可能会完全崩溃，陷入混乱，也可能会自发地重整为一个更高级的复杂系统。结果既不可预测，也不可逆。在僵化的社会中，规章制度允许一些行为，并禁止其他一些行为，几乎不留下想象空间。这并非复杂的系统。如果你违反了这些规则，你的结果是可预见的：坐牢，或者被开除。“噪声”（扰动）对人类社会这样的自组织系统而言非常重要，因为它允许这样的系统发展。在合适的条件下，有噪声干扰的自组织系统将在更高层次——在一些情况下，与原有水平截然不同——上进行自我

组织。我们越减少人类社会的“噪声”和不可预测性，人类社会就越不可能发展，更谈不上向更高的组织形式发展。在人类淡忘非平衡热力学后，智能机器可能会重新发现这一规律。

Chapter 3

Intelligence is
not Artificial
(Expanded Edition)

Intelligence is
not Artificial
(Expanded Edition)

Intelligence is
not Artificial
(Expanded Edition)

Intelligence is
not Artificial
(Expanded Edition)

第三章

人工智能的应用实验

Intelligence is
not Artificial
(Expanded Edition)

Intelligence is
not Artificial
(Expanded Edition)

Intelligence is
not Artificial
(Expanded Edition)

Intelligence is
not Artificial
(Expanded Edition)

Intelligence is
not Artificial
(Expanded Edition)

仿生人类、半机械人和神经工程

有关机器人的科幻小说和电影似乎比现实中人们所说的关于机器人和人工智能的技术更加真实可信。

1957 年，法国外科医生安德烈·德约诺（Andre Djourno）和查尔斯·埃里斯（Charles Eyries）进行了第一次电子耳朵植入手术。

在他们手术成功的基础上，1961 年，威廉·豪斯（William House）发明了“人工耳蜗”，这是一种电子植入物，能将耳朵的信号直接发送到听觉神经（而非简单地放大传进耳朵里的声音的助听器）。

出生于西班牙的神经科学家何塞·德尔加多（Jose Delgado）发表了第一篇关于将电极植入人脑的论文《在大脑中永久植入多导联电极》（1952）。1965 年，他成功地通过遥控装置控制了一头公牛，将恐惧随意地注入了公牛的大脑中。随后，他在于 1969 年出版的《心灵的物理控制——迈向心理文明社会》一书中发表了他的反乌托邦观点。1969 年，他发明了第一种双向大脑—机器—大脑接口，他将设备植入猴子的大脑，然后对其大脑的活动发出信号。

曾有一段时间，对脑机接口领域的探索处于停滞状态，机器无法胜任这项任务。尽管如此，加州大学洛杉矶分校的雅克·维达尔（Jacques Vidal）还是将简单的传感器植入了老鼠、猴子甚至人类的大脑中。他发表了第一篇关于脑机接口的学术论文（引自《朝向直接脑机通信》，1973）。十年后，伊利诺伊大学的伊曼纽尔·唐钦（Emanuel Donchin）和拉里·法韦尔（Larry Farwell）引入了《大脑指纹》的概念（引自《胡言乱语：利用与事件相关的脑电位进行精神修复》，1988）。

2000 年，葡萄牙的威廉·多贝尔（William Dobelle）发明了一种植入视觉系统，让盲人可以看到场景的轮廓。随着多贝尔持续完善他的人工视觉系统，他的病人延斯·瑙曼（Jens Naumann）和谢利·罗伯逊（Cheri Robertson）成为“仿生学”领域的名人。

半导体和神经元之间的电子接口并不简单，因为神经元使用离子进行通信，而半导体使用电子。1991 年，德国慕尼黑的马克斯·普朗克研究所的彼得·弗洛斯（Peter Fromherz）解决了在电子芯片上感知神经元电场的问题；1995 年，他解决了用电子芯片刺激神经元的问题（尝试了水蛭的神经元）；在此基础之上，在 2001 年，他得以构建出一个由电子元件和神经元（蜗牛的神经元）组成的混合电路。

2002 年，纽约州立大学的约翰·查宾（John Chapin）和桑吉夫·塔瓦尔（Sanjiv Talwar）首次推出了他们的“机器人”——通过远程电脑发射电信号来控制老鼠的大脑，指导它们的运动。

1998 年，来自爱尔兰的乔治亚理工大学的科学家菲利普·肯尼迪（Philip Kennedy）发明了一种大脑植入物，可以捕捉到瘫痪病人（约翰尼·雷）移动手臂的“意志”。1987 年，肯尼迪创建了 Neural Signals 来开发脑机接口，这是第一家仿生技术领域的创业公司。（雷于 2002 年去世；肯尼迪本人也于 2014 年去世，当时他勇敢地选择将电极植入了自己的大脑。）

1998 年，英国雷丁大学的凯文·沃里克（Kevin Warwick）将一个发射器植入自己的手臂，从而激活了计算机控制设备，这是“物联网”仿生技术的前身。（同年，沃里克还创造了一个人工智能来创作流行歌曲。）2002 年，沃里克使用大脑网关（BrainGate）装置将他的神经系统连接到了互联网上。

2002 年，布朗大学剥离出 Cyberkinetics 公司——这是一家负责开发大脑网关技术的初创企业。2005 年，约翰·多诺霍（John Donoghue）的团队在瘫痪的凯西·哈钦森（Cathy Hutchinson）的大脑中植入了一个大脑网关装置，使她能够操作机械手臂。

2002 年，出生于巴西的美国杜克大学的科学家米格尔·尼科莱利斯（Miguel Nicolelis）在猴子的大脑中植入了一块微芯片，让猴子可以控制机械手臂。

2004 年，洛杉矶南加州大学的希欧多尔·伯杰（Theodore Berger）展示了一种海马假体，这种假体的设计是为了取代大脑因海马受损而丧失的长期记忆功能。他的实验室将成为仿生研究的另一个主要中心。2011 年，伯杰研发出了“记忆芯片”，可以在老鼠的大脑中开启和关闭记忆。

2004 年，色盲艺术家尼尔·哈比森（Neil Harbisson，生于英国，在西班牙长大，后来又搬到了纽约）成为世界上第一个在头骨里植入天线的人。2010 年，哈比森创立了“半机器人基金会”（Cyborg Foundation），以捍卫“半机器人的权利”，即像他这样的半机器人的“人权”。

2004 年，佛罗里达州的 PositiveID 公司开始销售芯片 VeriChip——这是一种针对人类而开发的植入式 RFID 芯片。该芯片由 Destron Fearing 公司开发，这家公司同时还生产用于动物识别的 RFID 标签。

2003 年，心理学家马塞尔·贾斯特（Marcel Just）和卡耐基 - 梅隆大学的机器学习大师汤姆·米切尔（Tom Mitchell）开始合作开发一款系统用以解读大脑，在合磁共振成像中，识别大脑针对不同对象的活动模式（引自《预测与名词意义相关的人类大脑活动》，2008）。

然后到了政府介入的时候。2006 年，DARPA 要求科学家们提交《开发制造昆虫机器人技术的创新提案》。

这同时也是超人类主义运动开始采用仿生学的时刻。2006 年，西雅图的超人类学家阿迈勒·格拉夫斯特拉（Amal Graafstra）吹嘘说，他的每只手内都嵌有一个微芯片，一个用于存储数据（可以从智能手机上上传和下载），另一个用于解锁家门以及登录电脑。2012 年，格拉夫斯特拉在 Toorcamp 计划的参与者身上植入了芯片，每张售价 50 美元。2013 年，他创办了一个出售家庭植入物的网站。

2010 年，澳大利亚的 Epoc 公司发布了一款电子游戏专用的神经耳机 Emotiv，使用者可以通过脑电波玩电子游戏。

出生于芬兰的工程师阿托·努尔米科（Arto Nurmikko）在布朗大学的实验室内，从 Cyberkinetics 公司继承了大脑网关项目。到 2008 年，这种神经植入物已经绕过人类的脊髓，成为瘫痪病人的无线信号传输器。2011 年，该团队的利·霍克伯格（Leigh Hochberg）用大脑网关教瘫痪的妇女用意念来操作机械手臂。

科学家们对于大脑的实验越来越有野心。2011 年，以色列的马蒂·明茨（Matti Mintz）用电脑控制的小脑取代了老鼠的小脑。2012 年，由维克森林大学的山姆·德威勒（Sam Deadwyler）设计的大脑植入物成功地改善了猴子的长期记忆。

与此同时，一些离经叛道者开始将植入物视为 21 世纪的文身。2013 年，犹他州的生物黑客里奇·李（Rich Lee）聘请亚利桑那州的史蒂夫·霍沃斯（Steve Haworth）为他的耳朵植入耳机。霍沃斯开创了“身体改造”的先河，这是“身体穿刺”的一种高科技演变，可以在皮肤下植入设备（通常是磁铁材料）。

双向传输只是现有技术的一种融合应用。2013 年，尼古莱利斯通过捕捉一只老鼠大脑的“想法”，并通过互联网和电极将它们发送到另一只老鼠的大脑，让两只老鼠进行交流（它们分别位于两个不同的国家）。2015 年，尼古莱利斯将猴子们的大脑连接起来，让它们得以合作完成一项任务。

2013 年，印度裔计算机科学家拉杰什·拉奥（Rajesh Rao）与意大利裔心理学家安德里亚·斯托科（Andrea Stocco）在华盛顿大学有了一个奇妙的设想：让拉奥头脑中的想法经由互联网来控制斯托科的手，如抬起手来，这或许是人类首次可以控制他人身体的某个部位。同年，拉奥（他同时也是古印度河文字和印度古典绘画的专家）出版了《脑机接口》（2013）。

不久之后，就有人想到要将这些半机械人技术扩展到视觉、听觉和运动之外。2014 年，由意大利裔电气工程师西尔维斯·米拉（Silvestro Micera）领导的团队在瑞士联邦理工学院（EPFL）为截肢者丹尼斯·阿波·索伦森设计了一只假手。这只手可以向神经系统发出电信号，从而产生触觉。

2014 年，斯坦福大学（Stanford）的华裔无线科学家潘达（Ada Poon）发明了一种安全的方法，可以将能量转移到植入于体内的芯片上（植入“电化学设备”）。

2015 年，加州大学欧文分校（University of California at Irvine）的佐兰·纳迪兹（Zoran Nenadic）和安多（An Do）在一位截瘫患者的头上安装了一台脑电图仪，并让他迈出了几步。

2015 年，瑞士洛桑联邦理工学院（EPFL）为瘫痪的人制造了一个机器人轮椅。这把椅子结合了大脑控制和人工智能。2016 年，EPFL 的格雷瓜尔·考蒂娜（Gregoire Courtine）使用大脑网关恢复了猴子瘫痪了的大腿的活动。

2016 年，荷兰乌得勒支大学医学中心的尼克·拉姆齐（Nick Ramsey）团队将无线电极插入了不能说话和动弹的瘫痪病人的颅骨，让他们可以通过移动手指来控制电脑鼠标。同年，图宾根大学（University of Tuebingen）的尼尔斯·伯尔鲍默（Niels Birbaumer）也在研究患有完全运动麻痹的患者——但在精神层面，他们处于完全清醒的状态（这种状态被称为“完全闭锁”）。通过使用功能性近红外光谱（fNIRS），他们能够表达出“是”与“否”的想法。

在没有大脑植入的情况下，同样的事情或许很快也会发生。2016 年，明尼苏达大学的何斌（音译）展示了一种装有 64 个电极的脑电图（EEG）帽，它可以将一个人的“想法”转换成一个机械手臂的运动，并在房间里抓取物体。

在 2017 年，完全瘫痪的比尔·科切瓦尔（Bill Kochevar）依靠俄亥俄州凯斯西储大学的波鲁·阿吉博伊（Bolu Ajiboye）设计的由大脑控制的手臂能够自行进食。开发增强人脑功能的神经假肢，这种创意在富有的企业家中变得十分流行，他们实际上开创了在我们这个时代最受追捧的两项仿生事业：2016年，埃隆·马斯克（Elon Musk）在旧金山创办了Neuralink公司；布莱恩·约翰逊（Bryan Johnson）在洛杉矶创办了Kernel公司（约翰逊曾在2007年创建了在线和移动支付平台Braintree，该公司在2013年被PayPal收购）。2017年，Facebook宣布了一个由马克·切维尔莱特（Mark Chevillet）领导的项目，该研究旨在直接从大脑中解码语音。华盛顿大学的埃伯哈德·费茨（Eberhard Fetz）开始通过ARM为大脑设计芯片。

然而，大多数人并不想在大脑中植入电极。加州大学伯克利分校的何塞·卡梅纳（Jose Carmena）正在研究一种纳米设备，这种设备可以在大脑内部移动，可以用超声波激活，他称之为“超声波神经尘埃”。

我们正在接近“心灵感应”的技术，“人机界面”在未来可能会用意念来呈现。在这种情况下，思想也将成为人与人之间交流的自然形式。心灵感应将成为现实。

实现人工智能的第一步

人工智能技术在许多方面出现的最新进展并没有像之前的专家系统和神经网络那么流行。

在1956年那次著名的人工智能会议上，有过一个关于人工智能研究的提议。波士顿数学家雷·索洛莫诺夫（Ray Solomonoff）提出了一种用于机器学习的“归纳推理机”，它描绘了一种放之四海而皆准的通用学习机器。归纳法是一种学习方法，它允许我们将在某个案例中所学到的知识应用到其他案例中。它的方法采用贝叶斯推理，即在机器学习中引入概率。

归纳法在于发现已成事实的理论（或者说是原因）。如果一些人生病了并且表现出了同样的症状，那么我们可以用归纳法找出这是什么病。我们要找到这世界上发生的事情的缘由。换句话说，归纳法回答了最原始的问题："为什么？"如果我们找到了原因，我们就能预测未来。

通常会有很多可能的原因，每一个都可以用来解释事实——但这些都是假设。甚至在概率上，各种假设都可能存在，尽管有些是极其荒诞不经的（例如，我之所以写这句话可能是因为有一股邪恶的力量劫持了我的大脑，正在向我口述该写的文字）。

"伊壁鸠鲁原理"考虑了可以解释事实的所有假设。从数学上来讲，事实就是数据，每个假设都是一个使用和产生数据的算法：如果它产生了我们观察到的数据，那么这个算法就代表了一个有效的假设，换句话说，它可能就是我们寻找的解释。

算法可以用图灵机来表示。因此，归纳法的问题在于找到最适合数据的图灵机。如果有很多，我们需要确定一个方法来做出选择。索洛莫诺夫选择了"奥卡姆剃刀定律"，这是一条起源于中世纪的定律，这一定律要求选择最简单的解释，即最简单的算法、最简单的图灵机、最不复杂的机器。

这需要定义出由 0 和 1 序列组成的图灵机中的"复杂性"。索洛莫诺夫在于 1964 年发表的《归纳推理的正式理论》和俄罗斯数学家安德烈·柯尔莫戈洛夫（Andrei Kolmogorov）于 1965 年发表的《信息定量定义的三种方法》中，提出了一种对算法复杂度的度量：对它的最短可能进行描述；或者等价地说，写出图灵机所需的最小位元数。用今天的术语来说就是：计算它的最短程序。举例来说，圆周率的最短计算程序是圆的周长与其直径之比。奥卡姆剃刀定律现在可以用数学公式来表达，例如，简洁的假设比复杂的真理更真实。

这就是索洛莫诺夫对假设的排序方式，用图灵机来表示假设，并通过"算法信息理论"来对其复杂性加以量化。每个假设 / 算法 / 程序都可以根据其简单程度对其分配一个"先验概率"。更简单的假设 / 程序被赋予更大的先验概率。

然后用贝叶斯定理来提取那些输出与事实/数据相匹配的程序。通过这种方式，系统将学会使用最少的数据来正确地预测任何事情。

索洛莫诺夫的归纳推理程序是一种通用性的预测程序，所有可能的解决方案都包含在索洛莫诺夫大型的程序当中，包括你能想到的任何答案。

不幸的是，索洛莫诺夫归纳出的数据无法被计算，因为它需要无限的计算量。然后，问题就变成了为索洛莫诺夫的完美算法寻找近似方案。首先是乌克兰数学家列昂尼德·莱文（Leonid Levin），他在师从柯尔莫戈洛夫的研究过程中，采用了一种易于处理但仍然不切实际的近似方法（引自《有限对象的复杂性以及算法理论、信息和随机概念的发展》，1970）。顺便提一下，莱文后来证明了“NPC”问题的存在，这是20世纪数学的一个重要定理（引自《通用顺序搜索问题》，1972）。索洛莫诺夫本人曾致力于开发“科学家助手”，用来解决两类通用性问题（引自《算法概率在人工智能问题上的应用》，1986）。

第一项失败

机器翻译这一学科实际上早于人工智能的出现。沃伦·韦弗（Warren Weaver）曾在第二次世界大战期间担任美国科学研究与发展办公室应用数学小组的主席，后任洛克菲勒基金会自然科学部主任，对政府机构具有一定的影响力。他用机器分析字母模式的频率，成功破译了敌方密码，这使他的威望大振。1946年，他与英国计算机先驱安德鲁·布斯（Andrew Booth）讨论了用同样的技术来翻译语言的可能性。1947年3月，他在给诺伯特·维纳的信中提到了这个想法。最后，1949年7月，韦弗向大约30位重要的朋友发送了一份备忘录，内容是关于使用电子计算机（刚发明出来的）对语言进行翻译的。正如他在这份备忘录中写的：“换言之，用中文写的书就是用英文写的、用中文编码的书。”这开启了趋向密码学的机器翻译研究的方向。

与此同时，加州大学洛杉矶分校的哈里·胡斯基（Harry Huskey）刚刚制造出了最早的计算机之一——SWAC，并决定将其用于机器翻译。1949年5月，《纽约时报》发表了关于这门新学科的第一篇文章，其中是这样描述SWAC的演示效果的：“这是一种新型的电子大脑计算机器，不仅能计算复杂的数学问题，还能翻译外语。”

韦弗的备忘录动员了几家实验室采取行动。例如，兰德公司的亚伯拉罕·卡普兰（Abraham Kaplan）发表了有关解决歧义的第一篇论文（引自《歧义与语境的实验研究》，1950）。更重要的是，麻省理工学院任命以色列哲学家约书亚·巴尔-希勒尔（Yehoshua Bar-Hillel）领导机器翻译研究。1951年，希勒尔参观了所有的实验室，并于1952年在麻省理工学院组织了第一次关于机器翻译的国际会议。

1954年，莱昂·多斯特（Leon Dostert）在乔治敦大学的团队与卡斯伯特·赫德（Cuthbert Hurd）为IBM的团队演示了一种机器翻译系统，该系统在701型计算机上运行，使用250个词汇和6条语法规则。这是最早将数字计算机用于数值计算以外的应用场景之一。IBM 701型计算机将“Myezhdunarodnoye ponyimanyiye yavlyetsya vazhnim faktorom v ryeshyenyiyi polyityichyeskix voprosov”翻译为“国际理解构成了决定政治问题的一项重要因素”。在2016年，谷歌将其翻译为“国际理解是决定政治问题的一项重要因素”。

威廉·洛克（William Locke）和唐纳德·布斯（Donald Booth）收集了于1955年出版的《机器翻译的语言》（*Machine Translation of Languages*）中的所有历史论文，这比第一届人工智能会议早了一年。

诺姆·乔姆斯基的“句法结构”（syntacticstructures，1957）理论激发了人们对这个领域的研究，句法结构展示了一种将语言形式成功地转化为

“代码”的方式。

乔姆斯基的老师——宾夕法尼亚大学的语言学家泽利格·哈里斯（Zellig Harris）强调了一个原先不受重视的重要事实：出现在相似语境中的词往往具有相似的含义。他的文章《分布结构》（1954）基于结构语言学家爱德华·萨皮尔（Edward Sapir）和芝加哥大学的伦纳德·布卢姆菲尔德（Leonard Bloomfield）已经发表的观点，预测了深度学习和支持向量机的概念。英国语言学家约翰-鲁珀特·费斯（John-Rupert Firth）曾打趣说：“你可以通过前后语境猜测到每个单词。”这就是“向量语义学”的发展史——一个词的意义是由它周围的词的分布决定的。

花絮：哈里斯的妻子是普林斯顿大学的物理学家布鲁里亚·考夫曼，她是爱因斯坦的得力助手。

不幸的是，在 1958 年，巴尔·希勒尔发表了一篇“证明”：让缺乏常识的机器来完成翻译工作是不可能的。

尽管如此，在 1959 年，哲学家西尔维奥·切卡托（Silvio Ceccato）在意大利启动了一个由美国军方资助的项目，并于 1961 年在《机械翻译的语言分析与编程》（*Language Analysis and Programming for Mechanical Translation*）一书中发表了他的理论。

彼得·托玛从 1956 年开始在加州理工学院从事机器翻译工作，并于 1958 年搬迁到乔治敦大学。1964 年，他对外展示了自己的从俄语到英语的机器翻译软件 SYSTRAN。

大卫·海斯（David Hays）从 1955 年开始在兰德公司进行机器翻译的研究。他推广了法国语言学家卢西安·特斯尼尔（Lucien Tesniere）在 20 世纪 30 年代发明的“依赖语法”，并在 1967 年出版了第一本计算语言学教科书《计算语言学概论》。

哈佛大学的菲利普·斯通（Philip Stone）开发了GI（General Inquirer），并使之于1961年在IBM 7090上运行，这是理解文档资料中所谓“情绪分析”的原型。但在万维网上的用户生成海量内容之前，观点武断、情绪激昂的文字内容并不多，因此直到21世纪初，情绪分析才获得长足发展。情感分析是由小说家库尔特·冯内古特（Kurt Vonnegut）首创的：他在其于1946年的人类学硕士论文中提到了“故事的情感弧线”，遗憾的是，这篇论文遭到了芝加哥大学的拒绝。

1961年，在兰德公司工作的哲学家梅尔文·马龙（Melvin Maron）提出了一种统计方法来分析语言（从技术上来讲，这是一种“朴素贝叶斯分类器”），这是一种最初被语言学界忽视的方法。

1962年，IBM在西雅图世界博览会上展示了第一款语音识别设备——鞋盒（Shoebox），该设备由IBM圣何塞实验室的威廉·德施（William Dersch）研发。

莫蒂默·陶本（Mortimer Taube）是最流行的图书馆索引和检索方法的发明者，他在其著作《计算机与常识》（1961）中写道：只有在形成一定的格式之后，自动化才有可能实现。首先，你得把一项流程转化成数学，然后用机器来执行这项流程。但是他认为，将人类语言形式化没有什么意义，因为形式化的语言只是一种代码。

自然语言处理的第一个实际应用是会话机器（Conversational Agent），如丹尼尔·博布罗的Student（1964）、乔·维岑鲍姆的Eliza（1966）和特里·维诺格拉德的SHRDLU（1972），这些都来自麻省理工学院。此外，在BBN（Bolt Beranek & Newman）任职的威廉·伍兹所制作的LUNAR（1973），可以用来回答关于月球岩石的问题。

斯坦福大学的精神病学家肯尼思·科尔比（Kenneth Colby）开发了聊天机器人Parry；并且和温特·瑟夫（Vint Cerf，他在两年后发布了TCP协议）于1972年10月在华盛顿举办的国际计算机通信专业会上，实现了首次聊天机器人与聊天机器人之间的对话：在斯坦福大学和麻省理工学院，Parry 和 Eliza 在阿帕网（之后更名为互联网）上进行了交流。

可惜的是，在 1966 年，一个顾问委员会——自动语言处理咨询委员会（ALPAC），包括来自哈佛大学、康奈尔大学、芝加哥大学、卡耐基理工学院的语言学家，以及兰德公司的大卫·海斯，由贝尔实验室的约翰·皮尔斯领导，发表了一份题为《计算机翻译和语言学》（*ALPAC*）的报告，这直接导致了对机器翻译项目资助的大幅削减。[1]

每一次的科学进步都是一次葬礼。

——马克斯·普朗克

另一次失败：机器学习

机器学习在 20 世纪 70 年代之前一直处于休眠状态。厄尔·亨特（Earl Hunt）是当时加州大学洛杉矶分校的一位心理学家。他开发了一套概念学习系统，这套系统最初在他的书《概念学习》（1962）中有过阐述，用于归纳学习，也就是学习概念。1975 年，罗斯·昆兰（Ross Quinlan）将其扩展为澳大利亚悉尼大学的《迭代二分法 3》（简称 ID3）。同时，帕特里克·温斯顿（Patrick Winston）和马文·明斯基在他们于麻省理工学院所作的论文《从例子中学习结构描述》（1970）中介绍了“差异网络”。

伊利诺伊大学波兰裔的雷扎德·米切斯基（Ryszard Michalski）建立了

---

[1] 皮尔斯是一位工程师，他在 1946 年曾与克劳德·香农和伯纳德·奥利弗发明了脉冲幅度编码调制技术（PCM），如果没有这种技术，我们的计算机就不会有数字音频；他们还在 1947 年发明了晶体管，事实上，皮尔斯是项目负责人，是他为晶体管起了这个名字。

第一个从例子中学习的实用系统——AQ11（1978）。

与此同时，卡耐基 - 梅隆大学的约翰·安德森（John Anderson）自1973 年以来一直在开发自己的认知系统，名为 ACT*。

斯坦福大学分校的创办人布鲁斯·布坎南（Bruce Buchanan）曾在 Dendral 专家系统的项目组工作，他于 1978 年发表了论文《生产规则的模型导向学习》（*Model-Direct Learning of Production Rules*）。他的学生汤姆·米切尔（Tom Mitchell）毕业时的论文题目是《版本空间》（*Version Spaces*，1978），这是一种基于模型的概念学习方法（与米切斯基的基于数据的方法不同）。

在继卡耐基理工学院（后更名为卡耐基 - 梅隆大学）的赫伯特·西蒙和沃尔特·雷特曼完成开创性的工作之后，帕特里克·温斯顿在麻省理工学院研究了类比推理（引自《类比学习和推理》，1980）；卡耐基 - 梅隆大学的詹姆·卡本内尔（Jaime Carbonell）学习了罗杰·斯克的案例推理系统（引自《类比学习和解决问题》，1980），他于 1981 年在卡耐基 - 梅隆大学组织举办了第一次有关机器学习的会议；而西北大学的肯·福布斯（Ken Forbus）则基于心理学家黛迪莉·根特纳（Dedre Gentner）的理论开发出了结构映射引擎（SME）（引自《结构映射》，1983）。

1981 年，卡耐基 - 梅隆大学的艾伦·纽维尔（Allen Newell）和保罗·罗森布鲁姆（Paul Rosenbloom）提出了“学习的组块理论”来模拟所谓的“实践的幂律”。1983 年，约翰·莱尔德（John Laird）和保罗·罗森布鲁姆开始构建一个名为 Soar 的系统，以实现组块。

接着出现了“基于解释的学习系统”，如卡耐基 - 梅隆大学的汤姆·米切尔开发的 Lex2（1986）和伊利诺伊大学的杰拉尔德·德容（Gerald DeJong）开发的 Kidnap（1986），后者在耶鲁大学的论文是一套名为 Frump 的自然语言处理系统，是基于罗杰·沙克（Roger Schank）的脚本；另外还有学徒系统（Learning Apprentice Systems），如汤姆·米切尔在卡耐

基 - 梅隆大学开发的 Leap（1985）以及法国的伊夫·科德拉托夫（Yves Kodratoff）开发的 Disciple（1986）。一项颇具影响力的学习理论是在 1984 年引入的“可能近似正确”（PAC）学习模型。哈佛大学的莱斯利·瓦兰特（Leslie Valiant）认为，归纳学习是为完成某项任务而推导出的各项步骤的过程（引自《有学习能力的理论》，1984）：学习者必须从一组可能的函数（“假设空间”）中为手头的数据选择最佳的泛化函数（“假设”），这是一项传统上由手工完成的任务，但在这里通过使用计算复杂性理论实现了自动化。部分 PAC 的想法，俄罗斯的弗拉基米尔·瓦普尼克（Vladimir Vapnik）早在 1979 年就提出过（引自《基于经验数据的依赖性估计》，于 1979 年首次在俄罗斯出版）。

上述这些尝试，没有一个在构建学习程序方面被证明是成功的。计算机科学家和认知心理学家对于学习这件事似乎仍感困惑。

罗伯托·卡拉索认为，教育是矛盾的，因为它在很大程度上是由一些无法习得的东西组成的；或者你也许愿意接受这样的观点——正如伯拉斯·斯金纳所认为的那样——教育只是学过的内容在经历遗忘后幸存下来的部分。

又一次失败：常识

常识是另一项缺失的因素。人类的天性倾向于采用非演绎推理的形式，因此也就不可能精确。一般来说，我们专门研究“似是而非的推理”，而不是数学家的“精确推理”。为问题找到精确的解决方案通常是毫无意义的——这需要太长时间。如果老虎攻击你，你不会去计算最有效的躲避轨迹，因为在完成计算时，你就已经死了。匹兹堡大学的哲学家尼古拉斯·雷舍尔（Nicholas Rescher）在 1976 年出版了《似是而非的推理》（*Reasonable Reasoning*），出生于英国的哲学家保罗·格赖斯（Paul Grice）

在加州大学伯克利分校出版了《逻辑与对话》（*Logic and Conversation*，1975），在此之后，这成了一个流行的研究课题。

人们大多数的陈述实际上并不是明确无误的。“天空是蓝色的”显然只是一个近似值，“血是红色的”也是。我的身高其实不是171cm，而是171.46234782673…cm。因此，出生于阿塞拜疆的数学家洛塔菲·扎德（Lofti Zadeh）于1965年在加州大学伯克利分校发明了“模糊逻辑”。在经典逻辑中，实体要么属于某个集合，要么不属于某个集合。而在模糊逻辑中，实体在某个集合中具有一定的隶属度。在扎德的经典论文《概述一种分析复杂系统和决策过程的新方法》（1973）发表之后，数学家们发明了一系列“模糊推理系统”：1975年，伦敦大学的易卜拉欣·亚伯·马丹尼；1979年，东京理工学院的塚本山城；1985年，东京理工学院的菅野道夫。

我们所说的一切几乎都具有不确定性且只是近似的表达而已。即使我们不知道贝叶斯定理，我们也总是在使用概率（在大多数情况下，这不是数学家所使用的“概率”）。我不自觉地站在了法国物理学家皮埃尔·杜汉姆（Pierre Duhem）一边：一个命题真实与否的确定性会随着其精确度的提高而降低。我的身高肯定是171cm，除非你让我说得更精确些——那么我就不那么确定我的身高到底是171.1cm还是171.2cm还是171.3cm还是……

我们经常会改变之前得出的结论：假如你计划去餐厅吃饭，结果发现餐厅已经停业了，那么你会毫不犹豫地改变你的计划。因此，在1979年，耶鲁大学的德鲁·麦克德莫特（Drew McDermott）提出了“非单调逻辑”，斯坦福大学的约翰·麦卡锡（John McCarthy）出版了《限制理论》。

我们通常面对的是实实在在的物体，而不是基本粒子或波。我们在日常生活中面对的世界是一个由物体组成的世界，我们凭直觉就知道如何使用它们。例如，水当然可以有各种温度，但重要的是在一定温度下它会结冰，在一定温度下它会沸腾。我们更多时候是在定性（如“热”和“冷”），而非定量（如32.6摄氏度和–4摄氏度）。这些定性是模糊的：我的身高既矮又高，因为这取决于我周围的人，因此，在某种程度上我是矮的，在某种程度上我又是高的。还有一些简单的因果定律将我们的行为和目的联系起来，不需要任何理论物理知识。因此，帕特·海斯在英国出版了《天真的物理宣言》(1978)，另外两篇“定性推理”的论文发表在麻省理工学院，分别是约翰·迪克（Johan DeKleer）的《电路识别中的因果和目的论推理》(1979)，他曾与布朗和伯顿在 BBN 一同负责索菲亚项目；以及肯尼斯·福布斯的《关于物理过程的定性推理》(1981)。1984 年，道格·莱纳特（Doug Lenat）启动了 Cyc 项目，对常识性知识进行分类。(我在另一本书《*Thinking about Thought*》中对这些常识性理论进行了大篇幅的探讨。)

我有一种感觉，缺乏常识的“智能”谈不上是智力，或者更糟的是，它可能会是危险的。我想补充一点，那就是常识的标志是幽默感——机器不会笑。

一只黑猫穿过你前行的道路（意味着不吉利的兆头），这表示它想要去某个地方。

——格劳乔·马克斯

预告：学习聊天

斯坦福大学研究生院院长丹尼尔·施瓦茨（Daniel Schwartz）于 2018 年 1 月做了一场演讲，内容是关于学生在培训他们的教学代理机器人时如何使用推理。教学代理机器人是一个人工智能系统，旨在教授某个特定的科目。事实证明，对学生来说最有价值的学习在于学会如何推理，而这发生在他们训练教学代理机器人时，而非使用它的时候。

我认为这是普遍的事实。设计和训练神经网络的人在训练系统的同时，自己也在学习。一方面，建立人工智能系统是一种非常有创造性的体验。另一方面，假如你只是单纯地使用人工智能代理，你能学到的东西就不多了，相反你可能会变得愚笨（因为你把“聪明”的部分都委托给人工智能代理去做了）。

聊天机器人程序的编写者或许比聊天机器人的用户更了解所交流的主题。

插曲：最初的应用程序

与此同时，机器真正的成就却被忽视了。我对计算机会不会下国际象棋并不怎么感兴趣，但对计算机能预报天气的印象却深刻得多，因为大气是一个远比国际象棋复杂得多的系统。国际象棋的规则很容易向公众解释，而引导气流和湍流的规则却非常特殊。然而，天气预报还只算是初级的应用程序。

预报天气是早期计算机所面临的“棘手任务”。第一次使用计算机模拟的天气预报可以追溯到1950年3月，即电子计算机的诞生早期。这台计算机是ENIAC，它只需要24小时就能计算出接下来24小时的天气变化情况。对冯·诺依曼来说，天气预报是电子计算的一个特别有挑战性的应用。实际上，这就是冯·诺依曼最初设想的应用程序，他在普林斯顿高等研究院（IAS）完成了设计，采用了ENIAC的发明者约翰·莫奇利（John Mauchly）和普雷斯伯·埃克特（Presper Eckert）的创意。这台计算机引入了“冯·诺依曼体系结构”，至今仍在使用。在很长一段时间内，数学家们已经知道要解决这一问题，如气流的建模需要求解一个非线性偏微分方程组——刘易斯·理查森的这一里程碑式的研究发表于1922年（引自《天气预报的数字化过程》）。这就是为什么数学家们认为这是一个标新立异的计算机应用，这也是为什么冯·诺依曼认为用电脑解决这项问题不仅可以帮助气象学家，还可以证明电子计算机不是玩具。然而，ENIAC 项目使用了由朱利·恰尼（Jule Charney）在 1948 年设计的一个近似法（引自《大气运动的度量》）。大气环流的计算机模型一直到 1955 年才出现，当时普林斯顿大学的诺曼·菲利普斯（Norman Phillips）在皇家气象学会上提出了他的方程，并将其输入了航空科学学院的计算机 Maniaci 中（引自《大气环流》，1955）。与此同时，伴随着 1957 年第一颗卫星的发射，人类预测天气的能力大大提高。到了 1963 年，加州大学洛杉矶分校的日本科学家荒川昭夫（Akio Arakawa）在位于圣何塞的 IBM 大型科学计算部门的帮助下，修改了菲利普斯方程，并在 IBM 709 计算机上编写了一个 Fortran 程序。IBM 为此欣喜若狂，因为他们的计算机可以解决诸如天气预报这样的战略性难题了。这是对 Fortran 编程语言的一次洗礼，因为 709 型计算机是第一款配备 Fortran 编译器的商用计算机。遗憾的是，在荒川发布第一款天气预报系统的同一年，爱德华·洛伦茨（Edward Lorenz）证明了大气属于今天所谓的“混沌”系统（引自《确定性的非周期流程》，1963），证实个人对天气预测的准确性是有限的。事实上，随着摩尔定律的应验，计算机性能以指数级的速度增长，而天气预报模型的精确性并没有实现指数级的提升。罗宾·斯图尔特（Robin Stewart）曾表示：“尽管计算能力呈指数级增长，但预测的准确性增长只是线性的。”（引自《用计算机进行天气预报》，2003）。即使在今天，气象学家也只能为我们提供一周以内的有效预报。

值得注意的是，这个问题与国际象棋和机器翻译不同，目前还无法通过统计分析来加以解决。它是通过观察当前的条件和应用物理定律（由那些先驱科学家推导出来的）来计算的。统计分析只需要足够的数据样本和相对线性的行为；而天气的状况却与之截然不同，大气属于混沌系统，具有非线性特性，这会不可避免地使人们做出错误的预测。但这并不意味着用统计分析来预测天气是不可能的，作为诸多方法之一，统计分析的背后需要有非常强大的计算资源的支持。统计分析的成功没有什么特别之道，就像我们成功预测天气没有什么神奇之处一样，两者都基于老式的数学计算技术。

变脸

人们篡改真相的最典型的做法是利用深度学习创造出假视频和假音频。埃尔兰根大学的马蒂亚斯·尼斯纳（Matthias Niessner）在2016年开发了Face 2 Face系统，该系统可以获取一个人的面部表情，并映射到另一个人的脸上。例如，你可以将一个视频中你喜欢的政治人物搞怪的标签弄到你自己的脸上。Face 2 Face采用的技术可以追溯到20世纪90年代（即“多线性的主体分析”的一种变体）。视频重写是最早的面部重现程序之一，于1997年由Interval Research公司的马尔科姆·斯兰尼（Malcolm Slaney）开发，这是一家位于帕洛阿图的实验室，在1992年由微软联合创始人保罗·艾伦（Paul Allen）和大卫·利德尔（David Liddle）创立。视频重写可以篡改一个人说话的视频，使他看起来像是在说别的内容（引自《用声音驱动视觉语言》，1997）。1999年，德国马克斯普朗克研究所的沃克·布兰兹（Volker Blanz）和托马斯·费特尔（Thomas Vetter）发表了一种从一张照片中构建三维人脸的方法（引自《三维人脸合成的三维形变模型》，1999）。

2009年，南加州大学的保罗·德贝维奇（Paul Debevec）的团队在SIGGRAPH大会上展示了用于制作面部动画的“数字艾米丽”（Digital

Emily）项目，该项目最初的目的是创造一个逼真的数码演员。

2010年，史蒂夫·塞茨在华盛顿大学的学生伊拉·柯梅尔曼切尔-施里泽曼（Ira Kemelmacher-Shlizerman）演示了一个名为“约翰·马尔科维奇”的项目，该项目将女演员卡梅隆·迪亚兹的面部表情映射到男演员约翰·马尔科维奇的面部表情中。这采用了完全不同的方法：寻找目标（马尔科维奇）的图像非常类似于源（迪亚兹）的图像。

大卫·芬奇（David Fincher）在2008年执导的电影《返老还童》是第一部以电脑合成的逼真人物为主角的好莱坞电影。保罗·德贝维奇帮助好莱坞制片公司完成了电影《速度与激情7》(2015)；之后，他又通过电脑技术帮助去世20年的演员彼得·库欣（Peter Cushing）在《星球大战》(*Star Wars*）传奇系列电影的新一集《侠盗一号》(*Rogue One*，2016）中重新饰演大摩夫·塔金（Grand Moff Tarkin）一角。在马克斯普朗克研究所，克里斯蒂安·西奥博特（Christian Theobalt）的团队将这一技术扩展到了面部表情之外，他们运用生成的神经网络制作了头部位置、头部旋转、面部表情、眼睛注视和眨眼的动画（引自《深度的视频肖像》，2018）。

2015年，阿拉巴马大学的尼特什·萨克斯纳（Nitesh Saxena）所在的小组展示了一种能在听了某人几分钟的演讲后，快速学会模仿其声音的系统。例如，你可以用我的一次公开演讲的录音来模仿我的声音，逼真到足以骗过我智能手机里的生物认证系统（引自《窃取声音来欺骗人类和机器》，2015）。这个系统使用了Festvox语音转换器，它是在爱丁堡大学的艾伦·布莱克（Alan Black）开发的“节日语音合成系统”的基础上构建的，并于1997年首次发布（后来由卡耐基-梅隆大学的布莱克加以维护）。

类似地，DeepMind公司的深层神经网络WaveNet和Adobe公司的Voco都在2016年展示了如何让人们在视频中说出一些实际上他们从未说过的话。2017年，约书亚·本吉奥（Yoshua Bengio）在蒙特利尔算法学院（Montreal Institute for Learning Algorithm，MILA）的学生们创建了初创公司 Lyrebird。该公司改进了语音模拟功能，使该系统可以仅用对象一分钟的声音进行训练。这些系统可以伪造你的声音，制作出听起来像是你朗诵的有声读物。2017 年，史蒂夫 · 塞茨团队的苏帕瑟 · 苏瓦加纳科（Supasorn Suwajanakorn）演示了合成美国时任总统奥巴马声音的系统，该系统能以准确的唇音匹配制作出奥巴马讲话的视频——系统会选择奥巴马的图像来匹配音频。这样的系统将能够根据一个人的音频和图像数据集生成他说话的视频。例如，可以制作一个压根不存在的爱因斯坦演讲的视频。当然，一个口技专家也能制作出一段令人信服的视频，让奥巴马说出一些他实际上从未讲过的话。

语音变形技术和面部变形技术的逐渐结合，使得我们已经能创造出完全虚假的演讲。

2017 年 11 月，一名在红迪网站（Reddit）上昵称为 Deepfakes 的用户创建了一个 Reddit 社区，他用另一个用户名 Deepfakeapp 开发出了一款名为 FakeApp 的人脸交换程序，首次大规模展示出人工智能平台开发实用应用的能力。这引发了“深度假视频”的现象：不雅视频中的演员的脸被名人的脸所代替（你确实需要很多对象的照片来训练算法，于是，受害者通常会是名人）。几个月后，红迪网不得不出面阻止明星换脸的热潮。

人类以错误的理由获得了所有的技术。

——巴克敏斯特 · 富勒

插曲：死者的复活

我们所创造的技术让死者能够对生者说话。我们对智能机器的着迷或许会让我们最终拥有创造生命的能力。随着越来越多的技术侵入我们的私人生活和公共生活之中，与死者交谈之类的事已经变得有些令人不安。

数字生活的起源

1936年，艾伦·图灵展示了如何建造计算机的理念。而冯·诺依曼则着手想要建立一台能够自我复制的机器。

1944年，量子力学的创始人之一欧文·薛定谔（Erwin Schroedinger）出版了一本名为《生命是什么》的书，在书中，他执迷于染色体必须包含执行任务的细胞和构造身体组织的指令。冯·诺依曼与薛定谔的不同之处在于，前者将指令和机器（细胞）分离了开来。在和洛斯阿拉莫斯国家实验室的斯塔尼斯拉夫·乌拉姆（Stanislaw Ulam）讨论之后，冯·诺依曼提出了被称为“细胞自动机”的设计，并在1948年帕萨迪纳的研讨会上发表了题为《自动机的一般逻辑理论》的演讲（同名书于1951年出版）。

冯·诺依曼的“通用构造函数”由三部分组成：对自身的描述性文件、基于描述性文件构造出的机器的解码器、在新机器中插入描述性文件副本的复印系统。他借鉴了库尔特·哥德尔（Kurt Goedel）在1931年提出的不完备性定理，将对系统的描述储存在了系统内。冯·诺依曼证明了细胞自动机可以实现图灵机的功能。值得注意的是，冯·诺依曼在詹姆斯·沃森（James Watson）和弗朗西斯·克里克（Francis Crick）发现DNA的自我复制过程的前几年就提出了这种自我复制机器的设想（1953）。

冯·诺依曼的细胞自动机在他有生之年未被制造出来。1994年，意大利帕多瓦大学的雷纳托·诺比利（Renato Nobili）和普林斯顿大学的翁贝托·佩萨文托（Umberto Pesavento）制造出了第一个自我复制的细胞自动机。

德国工程师英戈·瑞肯伯格（Ingo Rechenberg）在柏林技术大学的论文《进化策略》（1971）中提出了一项提升改进的想法，密歇根大学的约翰·霍兰（John Holland）引入了一个不同的方式，通过使用“遗传算法”来构造程序（1975）。软件采取生物进化的规则：与其通过编写程序来解决问题，不如让一群程序（根据算法）通过不断进化，变得越来越“适合”（越来越善于找到解决问题的方法）。1976 年，同一所大学的理查德·莱恩（Richard Laing）提出了通过自我检查进行自我复制的范例（引自《通过自我检查进行复制的自动机模型》）。27 年后，约翰霍普金斯大学的杰克丽特·苏塔克（Jackrit Suthakorn）和格里高利·齐里克吉安（Gregory Chirikjian）利用这一范例建立了一款能够进行自我复制的机器人（引自《一个自动自我复制机器人系统》，2003）。

每一位作家都在记录他自己的经历。

——豪尔赫-路易斯·博尔赫斯

难题：智慧并不意味着精确

众所周知，机器现在能比人类更准确地识别图像——机器不会犯人类易犯的主观错误。但有一点经常被忽视：当对某个形象产生误判时，我们所犯的错误是很严重的。当我们在森林里徒步旅行时，我们有时会把树误认为熊。这可能是一个机器不会犯的错误：训练它识别树木，它会精确地识别出树是树，而不是熊。有时我们甚至会把一棵树误认为是一个人，或者是另一个徒步旅行者，把树后面的一块大石头当成一个帐篷。这些都绝不是机器会犯的错误。

但是，这些错误很重要。“可能”有一只熊在森林里，“可能”有一个同伴在徒步旅行。这些不是不重要的细枝末节，而是重要的事实推断。甚至它们都不能算是错误：它们让大脑在“预测”，如果前面可能有一只熊的话，我们该怎样采取行动。

人们对于“错误”的构成有一个很大的误解：机器不会预想到森林里是有熊存在的，而提到森林，我们的大脑却会想到熊。一个不会预感到熊的机器显然不容易犯错，但这只是一个对环境一无所知的机器。如果将他作为野外徒步旅行者的工具，那么这只会是一个危险的工具。只有当机器把树误当成熊的那一天，我才会信任它。然后我才会有信心——机器已经准备好和我一起在荒野中徒步旅行了。

脚注：法蒂玛和 AlphaGo

保罗·努涅斯（Paul Nunez）在《大脑、思维和现实结构》（*Brain, Mind, and the Structure of Reality*，2010）中区分了第一类科学实验和第二类实验的差异。第一类科学实验在不同的地点由不同的团队重复进行，并且仍然有效。第二类实验在不同的实验室中产生了相互矛盾的结果。目击不明飞行物、悬空漂浮和驱魔并不是科学，但许多人相信这些现象的存在，因此我把它们称为第二类实验——其他科学家无法重复的实验。人工智能过多占据了第一类和第二类实验之间的范畴。

有关机器取得各种成就的新闻在世界范围内迅速传播，这要归功于热情的博客博主和 Twitter 用户，就像心灵感应和悬空漂浮的新闻在没有任何证据的情况下通过口口相传迅速传播到世界各地一样。（至今还有数以百万计的人相信悬浮的案例已经被记录在案，尽管没有任何录像和目击者。）

人们对奇迹的信仰也是如此：人们相信一个圣人创造了奇迹，他们把这个消息以一种狂热的状态传递给他们所有的熟人，而不去核实事实，更不会提供任何方法去核实事实（地址？日期？谁在那里？究竟发生了什么？）。互联网是一个比传统的“口碑”系统强大得多的工具。事实上，我认为，关于机器智能部分的讨论不仅是关于技术的，而更是证明了网络已成为世界上最强大的神话传播工具。这部分的讨论反映出这样一个事实：21 世纪的人类希望超级智能机器能够到来，就像之前几个世纪的人们相信魔法师的存在一样。在参观了卢尔德圣地之后，可以发现病弱的人被治愈的人数非常少（在所有情况下，人们都能找到一个简单的医学解释），但仍有成千上万受过高等教育的人在生病、贫穷或抑郁时去那里。1917 年 10 月 13 日，成千上万的人聚集在葡萄牙的法蒂玛，因为据说圣母玛利亚（耶稣的母亲）告诉三个牧羊人的孩子，她将于正午在那里出现。没有人看到什么特别的（除了阵雨之后太阳出来），但是法蒂玛将发生奇迹的消息传遍了全世界。信不信由你，2013 年，一位狂热的博客作者报道了人工智能软件或机器人的一项壮举，称这是迈向奇点的新一步。像我这样对这条新闻持怀疑态度的人，会像在法蒂玛之后的怀疑论者那样遭受鄙视：“什么？你还不相信圣母玛利亚出现在孩子们面前？你到底是怎么啦？”当然，怀疑论者还会被要求解释为什么会不相信奇迹（不好意思，我的意思是“机器的智能”），而不是按发明家 / 科学家 / 实验室那样通过重复再现来加以论证，事实似乎就真的是博主所说的那样。

“每当一门新科学取得重大成就时，充满热情的从业者就幻想今天所有的问题都将迎刃而解”（引自吉尔伯特 · 赖尔在 1949 年所著的《思维的概念》，那是在人工智能诞生前 7 年）。

聊天机器人的发展历程

人工智能领域中最受瞩目的产品或许应该算聊天机器人，这是一种能够进行人机对话的计算机程序，由约瑟夫·维岑鲍姆首创。

1990 年，美国人工智能领域的慈善家休·罗布纳（Hugh Loebner）联合波士顿剑桥大学行为研究中心发起了一项年度奖项，为那些通过测试的聊天机器人颁奖。竞争者包括：约瑟夫·温特劳布（Joseph Weintraub）的个人电脑治疗师（最初创建于 1986 年），它是 Eliza 的一个变体；米琼·麦尔丁（Michail Mauldin）的 Julia（1994），麦尔丁同时也是 Lycos 公司的创始人；理查德·华莱士（Richard Wallace）的 Alice（人工语言互联网计算机实体），它在 1995 年完成开发；罗洛·卡彭特（Rollo Carpenter）的 Jabberwacky（1997）；罗比·加纳（Robby Garner）的 Albert One（1998 年的冠军）；布鲁斯·威尔科克斯（Bruce Wilcox）的 Suzette（2009），它是第一代聊天机器人的冠军；史蒂夫·沃斯维克（Steve Worswick）的 Mitsuku（于 2013 年发布）。SmarterChild 是第一款商业聊天机器人，由纽约的 ActiveBuddy 公司于 2000 年推出，曾为数百万人服务过。上述这些聊天机器人发挥了不太重要的作用，它们没有聪明到可以进行真正的对话，只是用来娱乐大众而已。

随后出现了苹果 Siri（2011）、谷歌 Now（2012）、微软小冰（2014）以及亚马逊 Alexa（2014），它们都试图发挥出更重要的作用，但由于主要依赖语音识别技术的进步，这些技术同样并不是特别聪明；2014 年，新西兰初创公司 Soul Machines［原好莱坞动画工程师马克·萨加（Mark Sagar）的创意］从 Baby X 开始，制造出了超逼真的“人类”聊天机器人；2016 年，尤金妮亚·库伊达（Eugenia Kuyda）和菲利普·达奇克（Philip Dudchuk）发布了“缅怀聊天机器人”Replika，它可以学习一个人的聊天方式，甚至在人死后仍可以加以复制；2017年，斯坦福大学心理学家艾莉森·达西（Alison Darcy）推出了Woebot，这是一款治疗抑郁和焦虑的聊天机器人。

创建聊天机器人现在变得更加容易了。但我宁愿将其称为“对话式的用户界面”，在这种类型的交互中，充其量是用一些非常有限的语言技能取代传统的菜单或触摸屏。当你想在播放列表中跳过一首歌的时候，你可以直接向Alexa喊“切”。1955年，Zenith公司推出了第一台电视遥控器Flashmatic，由尤金·波莉（Eugene Polley）发明。这也是一项非常方便的发明，但没有人称之为“智能”。

现在有一些脚本语言，如理查德·华莱士（Richard Wallace）在1995年推出的人工智能标记语言AIML和布鲁斯·威尔科克斯（Bruce Wilcox）在2011年推出的ChatScript；企业级（也包括开源的）自然语言处理（NLP）工具包括Speaktoit——后来更名为API.ai（伊利亚·格尔芬比恩在2014年发明，后于2016年被谷歌收购），Wit.ai（由亚历山大·勒布伦发明，于2015年被Facebook收购），微软的语言理解智能服务LUIS（2015），以及亚马逊的Lex（2017）——这是亚马逊虚拟助手Alexa的核心技术；免费平台有Pandorabots（由凯文·富士和理查德·华莱士提供，是2008年最大的聊天机器人应用中心），Rebot.me（由菲德·莫弗苏莫夫和萨利赫·佩荷利文在2014年完成），以及Imperson（迪士尼加速器，2015）。用户会话界面的出现是对传统的人机交互方法的改进，也可能不是。我个人认为Unix和DOS以前的命令行方式并非缺乏友善的界面，而是为了更快速、高效地完成任务。

Chapter
4

Intelligence is
not Artificial
(Expanded Edition)

Intelligence is
not Artificial
(Expanded Edition)

Intelligence is
not Artificial
(Expanded Edition)

Intelligence is
not Artificial
(Expanded Edition)

第四章

人工智能的算法进化

Intelligence is
not Artificial
(Expanded Edition)

Intelligence is
not Artificial
(Expanded Edition)

Intelligence is
not Artificial
(Expanded Edition)

Intelligence is
not Artificial
(Expanded Edition)

Intelligence is
not Artificial
(Expanded Edition)

计算机的发展历程

计算机诞生于第二次世界大战的中期。

1941 年年底，德国土木工程师康拉德·楚泽（Konrad Zuse）制造了第一台可编程计算机“Z3”，这是第一台真实的图灵机。这台数字化设备虽然可编程，但仍然使用电子机械继电器。1943 年年底，Colossus 首次亮相，这是由电话工程师汤米·弗劳尔斯（Tommy Flowers）在伦敦设计的机器。这台数字电子计算机帮助英军破译了德国人的密码。

IBM 和哈佛大学的一个联合项目产生了被 IBM 称为 ASCC、被哈佛称为 Harvard Mark I 的计算机，由哈佛大学的霍华德·艾肯（Howard Aiken）设计，并由 IBM 的克莱尔·莱克（Claire Lake）在 1944 年 2 月建造出来。这是第一台用穿孔纸带编程的电脑，但它仍然使用机电继电器，就像楚泽的 Z3。1946 年，由宾夕法尼亚大学的莫克里（John Mauchly）和普雷斯伯·埃克特（Presper Eckert）建造的 ENIAC（电子数字积分计算机）亮相。它没有存储的程序，所以必须为每个任务作重新配置，但它配置有内存。

存储程序（使计算机成为通用设备）的概念是由约翰·冯·诺依曼提出的。他在 1945 年 6 月与 ENIAC 团队进行讨论后，完成了一篇题为《电子数据计算机（EDVAC）报告初稿》的长达 101 页的文章，这使存储程序的概念被推广开来。冯·诺依曼因在 1932 年为量子力学提供数学基础而在欧洲成名；1943 年，他加入了新墨西哥州洛斯阿拉莫斯实验室中研究原子弹的团队。

第一台有存储程序的电脑是 Manchester Baby，其正式名称为“曼彻斯特小规模实验机器”（SSEM），它在 1948 年 6 月在曼彻斯特大学运行了第一款程序；紧随其后的是于 1949 年 4 月发布的 Manchester Mark Ⅰ。1951 年 2 月，英国国防承包商费兰蒂（Ferranti）公司推出了商用版的 Ferranti

Mark Ⅰ。

第二台存储程序电子计算机是电子延迟存储自动计算器（EDSAC），它在1949年5月首次亮相，由剑桥大学的莫里斯·威尔克斯（Maurice Wilkes）制造。那时艾伦·图灵（Alan Turing）的自动计算引擎（ACE）尚未成型，只发布了一个不完整的原型。

第三台存储程序电子计算机是标准电子自动计算机（SEAC），它是电子数据计算机的缩小版，也是第一台使用半导体而非真空管的计算机（1950年5月）。

美国的第一批商用计算机是由电子数字积分计算机团队建造的Univac（1951）和IBM的701（1952）。

冯·诺依曼亲自参与了高级研究所（IAS）的计算机设计，该研究所由朱利安·毕格罗（Julian Bigelow）建立，她在1943年与诺伯特·维纳共同发表了具有历史意义的论文《行为、目的和目的论》（*Behavior*，*Purpose and Teleology*），直接催生了控制论。这台于1951年投入使用的IAS计算机，在马绍尔群岛的一个环礁上进行试验之前，曾在洛斯阿拉莫斯实验室模拟氢弹。出于研究目的，一些IAS机器的“克隆体”在美国各地建造出来：包括伊利诺伊大学的Illiac（1952），洛斯阿拉莫斯的Maniac（1952），洛杉矶兰德公司的Johnniac（1953）。

晶体管发明于1947年，在此之前，电子计算机大多使用笨重而又不稳定的真空管。首批全晶体管计算机包括贝尔实验室的Tradic（1954）以及麻省理工学院的TX-0（1955），它们都是在第一届人工智能会议召开的前夕推出的。

总结一下，计算机的发展历程如下。

Zuse 3（1941）：完整的图灵机，机电一体化，没有存储程序，没有内存。

Colossus（1943）：不完整的图灵机，没有存储程序，没有内存。

Harvard Mark Ⅰ和 IBM ASCC（1944）：不完整的图灵机，机电一体化，没有存储程序，十进制，没有内存。

ENIAC（1946）：完整的图灵机，电子化，无存储程序，十进制（内存采用延迟线）。

Manchester Baby（1948）：完整的图灵机，电子化，存储程序（内存采用静电存储管）。

Manchester Mark Ⅰ（1949）：完整的图灵机，电子化，存储程序（内存采用静电存储管和磁鼓记忆）。

Cambridge EDSAC（1949）：同上（内存采用延迟线）。

Pilot ACE（1950）：同上（内存采用延迟线）。

SEAC（1950）：同上（内存采用延迟线），使用半导体。

Ferranti（1951）：第一台商用的完整的图灵机，电子化存储程序的计算机（内存采用静电存储管和磁鼓记忆）。

IAS（1951）：同上，但非商用机（内存采用静电存储管）。

IBM 701（1952）：同上，商用机（内存采用静电存储管）。

贝尔实验室的 Tradic（1954）：全晶体管化。

麻省理工学院的 TX-0（1955）：全晶体管化。

第一款人工智能程序是基于纽维尔和西蒙的逻辑理论，由兰德公司的克里夫·肖（Cliff Shaw）编写的，并于 1956 年 8 月运行在了一台 Johnniac 计算机上。

最美丽的和最奇异的类型竟是从如此简单的原型中进化而来的，这一过程过去曾经存在而且现今还在继续着。

——查尔斯·达尔文，《物种起源》

将计算作为推论

将计算转化为推论（成为一种定理证明形式）的想法可以追溯到奥地利库尔特·哥德尔（Kurt Goedel）的"完整性定理"（引自他的博士论文《关于逻辑微积分的完整性》，1929），以及法国的雅克·海尔勃朗（Jacques Herbrand）的研究（引自他的博士论文《示范论研究》，1929）。

1957年，在加州大学伯克利分校供职的阿尔弗雷德·塔斯基（Alfred Tarski）在康奈尔大学组织了为期5周的静修会，汇集了85名逻辑数学家和计算机科学家，这是首次有大量计算机科学家和逻辑数学家共同参加的聚会。虽然逻辑数学家当时并不清楚，IBM 704计算机和科学编程语言FORTRAN正在改变世界，但那次会议为自动化推理奠定了基础。例如，IBM的暑期实习生——年轻的理查德·弗里德伯格（Richard Friedberg）解释了如何设计学习机器，这是遗传算法的先驱。

自动推理（即自动证明一阶谓词逻辑定理）的基本算法是"解析原理"，这是艾伦·罗宾逊（Alan Robinson）于1964年在阿贡国家实验室时开发的统一证明程序（引自《基于解析原理的面向机器的逻辑》，1965）。10年后，爱丁堡大学的罗伯特·科瓦尔斯基（Robert Kowalski）展示了如何使用这种算法来执行计算（引自《谓词逻辑作为编程语言》，1974）。科瓦尔斯基还帮助法国阿兰·科尔默劳尔（Alain Colmerauer）的团队开发了编程语言ProLog（1972）。与此同时，有两种逻辑编程学派正在发展，分别以西海岸斯坦福大学的科德尔·格林（Cordell Green）（引自《定理证明在问题解决方面的应用》，1969），东海岸麻省理工学院的卡尔·休伊特（Carl Hewitt）和他的Planner系统（1969）为代表。后来，特里·维诺格拉德（Terry Winograd）利用Planner的一个子系统实施了他的SHRDLU项目。1973年，休伊特发明了用于计算机网络设计的Actor模型（引自《面向人工智能的 Actor 标准模型》，1973）。

卡耐基 - 梅隆大学的理查德·瓦尔丁格（Richard Waldinger）开发了 PROW（可编程写作），这是一种能够从输入输出对中生成 LISP 程序的定理证明工具，是罗宾逊分解法的首批应用之一（引自《迈向自动程序编写的一步》，1969）。

归纳逻辑编程是由爱丁堡大学的戈登·普罗金（Gordon Plotkin）在兰德公司的马克·戈尔德（Mark Gold）的研究成果（引自《限制环境中的语言识别》，1967，这是一篇关于语言学的著名论文）的基础上开创的（引自戈登的博士论文《归纳推理的自动方法》，1972）。归纳逻辑程序设计试图从正反实例中推断出逻辑程序。“归纳逻辑编程”这个名字是由唐纳德·米基（Donald Michie）的学生斯蒂芬·马格尔顿（Stephen Muggleton）于 1991 年在格拉斯哥的图灵学院（Turing Institute）正式命名的。

科德尔·格林正在试验自动编程，这是一款可以像软件工程师那样编写软件的软件，名为 QA3 系统，它可以编写简单的程序。这是一项非常实际的应用。随着计算机的程序越来越复杂，它们也越来越不可靠，在质量保证方面的测试越来越重要。其中有一种测试方法是生成数千款测试程序，以模拟预期的结果，然后将模拟与实际性能进行比较。组合测试来源于统计学，古老的教科书包括罗纳德·费雪（Ronald Fisher）的《设计实验》（1935）以及威廉·科克伦（William Cochran）和格特鲁德·考克斯（Gertrude Cox）的《实验设计》（1957），这种为质量保证流程而自动生成的组合测试程序是尝试着让计算机为其他计算机编写程序的一个开始。

值得一提的是，神经网络实质上是一种程序合成的形式：能够根据某些数据对自身算法做出调整改变；是一种自动编程的计算机。通常，程序合成的标准定义是：产生程序，完成对特定数据集的输入输出操作。这正是神经网络对自身所做的事情。

“从最初的地方开始吧，一直到末尾，然后停止。”国王郑重地说。

——摘自刘易斯·卡罗尔（Lewis Carroll）的《爱丽丝漫游仙境》

概率论、马尔可夫链与蒙特卡罗方法

概率论

1494年，一位意大利修士卢卡·帕乔利（Luca Pacioli）出版了第一本提及“点数分配问题”的书，即《算术、几何、比及比例概要》（*Summa de metica, geometry a, Proportioni et proportion-alita*），这本书被许多后人视为数学概率论的开山鼻祖。这位帕乔利后来在米兰成为莱昂纳多·达·芬奇（Leonardo da Vinci）的朋友兼室友，他还出版了第一本关于休闲数学（包括变戏法）的书《*De Viribus Quantitatis*》。

1564年，意大利数学家、发明家、医生杰罗尼莫·卡达诺（Geronimo Cardano）——达·芬奇在米兰的另一个朋友的儿子，撰写了《论赌博》（*Liber de Ludo Aleae*），这基本上是一本赌博手册，一个世纪后才出版。卡达诺一生出版了200多本书，创造出了几十种机械装置，还发明了颇受欢迎的涂色魔术书，但具有讽刺意味的是，他的儿子成了一个沉迷于赌博的人。

荷兰天文学家克里斯蒂安·惠更斯（Christian Huygens）是第一个对概率进行深入研究的人，他于1657年发表了《论赌博中的机会》一书。惠更斯还发现了土星环，发明了钟摆，并为宫廷建造了无数机械化的自动机。

1689年，瑞士数学家雅各布·伯努利（Jacob Bernoulli）完成了他的专著《猜想》（*Ars Conjectandi*），这本书在他死后才出版，这是关于概率问题的第一本教科书[1]。流亡英国的法国数学家亚伯拉罕·德·莫弗（Abraham de Moivre）写了一本更受欢迎的教科书《机会主义》（*The Doctrine of Opportunities*，1718），这是第一本不是用拉丁文写成的教科书。

英国牧师、神学家和业余数学家托马斯·贝叶斯（Thomas Bayes）于1761年去世，当时他还没有公布他的主要成就，这是一个关于如何计算事件发生概率的公式，今天我们称之为贝叶斯定理。1763年，他的《关于解决机会主义问题的论文》被英国皇家学会（Royal Society）所接受。

法国数学家皮埃尔·拉普拉斯（Pierre Laplace）已经成为在太阳系当中运用牛顿万有引力的传奇人物。艾萨克·牛顿本人由于无法用数学证明太阳、行星和卫星中的许多运动细节，承认需要上帝的定期干预，以防止行星相撞。1796年，拉普拉斯甚至发现了“黑洞”（比爱因斯坦相对论早了一百多年）。1812年，拉普拉斯出版了他的教科书《概率分析理论》，引用了我们今天所谓的贝叶斯定理，同时引入了“概率”这个词。两年后，在他的《哲学论概率》中，拉普拉斯提出了因果决定论的原则：假如一个人在某一时刻知晓了构成自然的所有力量和要素，那么他便能够预测未来，不再需要概率。

马尔可夫链

马尔可夫链将概率论扩展到了一个新的方向，即关联事件序列。马尔可夫链最早由俄国数学家安德烈·马尔可夫（Andrey Markov）于1906年提出。统计分类器和神经网络的目标是识别（分类）对象，而马尔可夫链的目标则不同：它用概率论猜测序列中的下一个元素可能是什么。马尔可夫用这种方法分析了亚历山大·普希金（Alexander Pushkin）的长诗《叶甫

[1] 请勿将这位伯努利与微积分中的约翰·伯努利混淆，约翰创立了变分微积分；同样不要和流体力学中的伯努利原理的丹尼尔·伯努利混淆，丹尼尔生活在一个传奇的数学家家族中。

盖尼·奥涅金》，试图从前一个字母中猜出下一个字母是什么。马尔可夫或许不会想到，他的这种方法会成为21世纪最流行的“猜测”方法之一，从物理学到经济学，从遗传学到社会学，甚至用在投机博彩当中（人们可以把马尔可夫链解释为赌徒的财富）。马尔可夫链只能作用在马尔可夫过程中，即系统的当前状态总是仅依赖于前一状态。1936年，安德烈·科尔莫戈洛夫（Andrey Kolmogorov）对此加以扩展，使马尔可夫链可以用于任何连续过程，而不仅是离散事件序列。1948年，信息论之父克劳德·香农利用马尔可夫链，简单地根据英文单词中字母的分布来制造出一个句子：“no ist lat whey cratict foure birs grocid”。这句话与英语的相似性使他相信通信系统可以是一个马尔可夫过程。1953年，香农还制造了一种基于马尔可夫链的机器，它可以和人类玩一种游戏——“读心术”。

马尔可夫链迅速流行起来。1956年8月，伊利诺伊大学的伊利亚克（Illiac）计算机上首次出现了“伊利亚克组曲”（由软件产生的音乐），它由勒杰伦·希勒（Lejaren Hiller）和伦纳德·艾萨克森（Leonard Isaacson）编写的马尔可夫链生成。希腊作曲家伊阿尼斯·塞纳基斯（Iannis Xenakis）当时仍是巴黎建筑师勒·柯布西耶（Le Corbusier）工作室的工程师，他用马尔可夫链创作了电声作品 *Analogique A-B*（1958—1959）。1964年，日本计算机艺术先驱川野浩（Hiroshi Kawano）开始在画作中应用马尔可夫链。

马尔可夫链最有影响力的应用或许是谷歌搜索引擎（1998）。

马尔可夫链对每种状态只限定了一种动作，而这种动作的结果是没有回报的。当马尔可夫链具有多种动作和奖励时，就被称为“马尔可夫决策过程”。为马尔可夫决策过程找到解决方案并不容易。1957年，兰德公司的理查德·贝尔曼（Richard Bellman）在他的著作《动态规划》（*Dynamic Programming*）中介绍了“价值迭代”方法；1960年，麻省理工学院的罗纳德·霍华德（Ronald Howard）在他的著作《动态规划和马尔可夫过程》（*Dynamic Programming and Markov Processes*）中发表了“政策迭代”方法。

马尔可夫链在理想环境中是有效的，在这样的理想世界中，你可以知道系统的状态。马尔可夫链是一种“可以触及的马尔可夫模型”。在现实世界中，很难知道特定环境系统的状态。我们得到的往往只是间接信息。例如，同一个单词可以由不同的人以不同的方式发音。在这种情况下，状态中有一个完整的声音分布对应。在“队”和“对”这两个同音异义词的情况下，同一个音对应两种不同状态。这样我们会有一个不可见（或称“隐藏”）状态的马尔可夫过程，这些状态只能被间接观察到。我们需要使用“隐马尔可夫模型”，而不是普通的马尔可夫链。我们可以直接计算马尔可夫链中下一个状态的概率，因为可以观察到当前状态，但是，在“隐藏”状态的情况下，过程更加复杂，并且还会为了获得越来越好的估算而包含重复的步骤。一个特定的隐马尔可夫模型被定义为“转移概率”和“发射概率”。该模型产生了两个序列：一个是由转移概率决定的状态路径，另一个是由路径中每个状态的发射概率决定的观察序列。状态路径是隐马尔可夫链。一个被观察到的序列（如一组语音）可能是由许多不同的状态路径（如许多不同的单词）造成的。推理的过程主要是确定（“解码”）观察序列的根本原因，即解释这些观察的最可能的隐藏状态序列。解码通常使用安德鲁·维特比（Andrew Viterbi）在1967年提出的算法，如用维特比算法找到生成观察序列的最可能路径。隐马尔可夫模型的另一个可能用途是预测序列中的下一次观测。

隐马尔可夫模型是一个贝叶斯网络，具有时间感，可以模拟一系列事件。它是由伦纳德·鲍姆（Leonard Baum）于1966年发明的。伦纳德·鲍姆是普林斯顿国防分析研究所的密码学家。

蒙特卡罗方法

被称为马尔可夫链蒙特卡罗方法（MCMC）的模糊算法是20世纪最重要的数学发现之一，因为它们有数以千计的实际应用，尤其是在物理领域，解决了那些在合理时间内无法解决的问题。事实上，由弗朗西斯·沙利文（Francis Sullivan）编辑的《科学与工程计算》特刊（2000 年 1 月）收录了其中的一种算法——“都市算法”，这是 20 世纪最重要的十种算法之一。沙利文在特刊的前言中写道：“伟大的算法是计算之诗歌。”

从 1934 年开始，意大利核物理学家恩里科·费米（Enrico Fermi）开发了“统计抽样”技术来模拟中子的运动。1942 年，费米迁居美国后，建造了世界上第一个核反应堆。考虑到实际不可能计算出每一个中子发生了什么，费米找到了一种方法，可以将从样本中得到的结果推广到全体对象。费米没有给他所使用的技术命名。1946 年，波兰裔的数学家斯塔尼斯拉夫·乌拉姆提出了一种方法来模拟和估计（而不是精确地计算）核爆炸，他将这种方法称为“蒙特卡罗”方法，因为它涉及一种（数学）赌博形式。这是一个解决棘手的数学问题的例子，“棘手”是因为找到精确解所需的时间呈指数级增长。在这种情况下，有近似解总比没有解好。冯·诺依曼参与了 ENIAC 计算机的设计，他知道这种方法非常适合电子计算机。1948 年，他的妻子克拉拉·冯·诺依曼（Klara Von Neumann）和洛斯阿拉莫斯国家实验室的尼古拉斯·梅特罗波利斯（Nicholas Metropolis）为 ENIAC 设计程序，他们使用蒙特卡罗方法，将之用于核聚变和裂变问题。乌兰姆和梅特罗波利斯在 1949 年发表了第一篇关于蒙特卡罗方法的论文（标题为《蒙特卡罗方法》）。多年来，不同类型的蒙特卡罗算法都得到了发展。

当时，洛斯阿拉莫斯国家实验室正在研究原子弹。众多物理学家，包括冯·诺依曼和梅特罗波利斯，都在开发处理核试验的数学方法，并使用第一台电子计算机进行计算。梅特罗波利斯试图计算原子集合在一定温度下的平衡状态，这个问题需要计算非常复杂的积分。即便使用蒙特卡罗方法也难以取得近似值。梅特罗波利斯领导了一款新计算机的开发工作，代号 MANIAC（即数学分析仪、数字积分器和计算机），他的团队成员马歇尔·罗森布鲁斯（Marshall Rosenbluth）发明了一种新算法，他的另一个团队成员阿里安娜·罗森布鲁斯（Arianna Rosenbluth）在MANIAC上完成了部署（引自《快速计算机器的状态计算方程》，1953）。该算法现在被错误地称为“梅特罗波利斯算法”，这是第一个马尔可夫链蒙特卡罗方法（MCMC），该方法将蒙特卡罗方法和马尔可夫链结合了起来：MCMC算法构建了一个收敛的马尔可夫链，其极限是期望的概率分布。这里需要指出的是，爱德华·特勒（Edward Teller）提出了数学问题，马歇尔·罗森布鲁斯解决了这个问题，阿里安娜·罗森布鲁斯部署实现了这个问题的解决方案，梅特罗波利斯是他们的老板，而第五个合著者其实什么也没做。

与此同时，数学家和哲学家们一直在争论概率的意义。你可以把概率看成一个客观数字（如抛硬币时得到正面和反面的次数）或一个主观数字（如我相信巴西会赢得下一届世界杯）。英国经济学家约翰·梅纳德·凯恩斯（John Maynard Keynes）于1926年在剑桥大学发表了《概率论》（*A dissertation on Probability*）一书，在书中，他反对主观主义方法。此后，有两位学者提出了相反的观点。弗兰克·拉姆齐是剑桥大学的数学天才，他在于1926年发表的论文《真理与概率》（1926）中为主观概率进行了辩护，遗憾的是没过多久他便离世，年仅26岁。意大利统计学家布鲁诺·迪耶蒂（Bruno DeFinetti）的研究旨在利用主观概率进行预测推理，并于1928年在博洛尼亚国际数学大会上的一次演讲中阐述了自己的方法。他的著名格言是：“概率不存在。”他的意思是没有客观的概率，只有主观的。冯·诺依曼和奥斯卡·莫根施特恩（Oskar Morgenstern）在他们的著作《博弈论与经济行为》（1944）中提到了主观概率理论的意义。英国数学家吉米·萨维奇（原名伦纳德·萨维奇）在第二次世界大战期间曾在普林斯顿高等研究所与冯·诺依曼合作，在芝加哥大学出版了具有开创性的著作《统计学基础》（1954）。

其他人则在研究概率的数学和哲学基础。安德烈·科尔莫戈洛夫（Andrey Kolmogorov）在他的《概率论基础》（*Foundation of Probability*

Theory，1933）一书中，在算术逻辑方面与弗雷格和皮亚诺一样都提到了：基于三条简单的公理，为概率论提供逻辑基础。鲁道夫·卡尔纳普（Rudolf Carnap）是戈特洛布·弗雷格（Gottlob Frege）的学生，他在德国与芝加哥大学教授沃尔特·皮茨研究了概率的哲学基础，并出版了《概率逻辑基础》（1950），这或许是第一本探索概率和一阶谓词逻辑之间关系的著作。

贝叶斯模型

贝叶斯定理（实际上是1812年提出的皮埃尔-西蒙·拉普拉斯定理，但其是基于1761年的托马斯·贝叶斯方程提出的）基本计算出了在给定一些事实的情况下的某种类型的概率。例如，如果你住在美国，你成为律师的概率是多少？再来看另一个问题，如果你在一种疾病的检测中呈阳性，你患这种疾病的概率是多少？贝叶斯定理指出，在已知A发生后，B的条件概率等于已知B发生后A的条件概率（一个简单的统计事实）乘以A的概率再除以B的概率（同样是简单的统计事实）。这个定理被用来从"先验"概率推导"后验"概率：在B发生的情况下，事件A发生的条件概率。

贝叶斯模型可以通过将一系列定理组合在一起来表示复杂的问题。贝叶斯模型有"隐藏"变量或"随机"变量之分。隐藏变量是指无法观察到的变量，如一列空数据。隐藏变量的层级构成了概念的层次结构。

在贝叶斯定理不太受欢迎的时候，这种分层贝叶斯推理得到了拥护。1952年，英国数学家杰克·古德（曾用名为约翰·欧文·古德）在一篇题为《理性决策》的论文中，提出了这种观点。他于第二次世界大战期间曾在设于布莱切利公园（Bletchley Park）里的英国密码局与艾伦·图灵共事，并在论文《关于第一台超火车的推测》（1964）中提出了对于奇点的思考。

1976年，英国统计学家乔治·鲍克斯（George Box）曾说过一句名言："所有的模型都是错的"，但一些"精心挑选的简约模型往往能提供非常有用的近似值"。

数学上的难题：假如你不得不经历一次智力层面的相变

指数级的增长（特别是如果仅限于计算速度）不足以证明将会产生质的变化。假如你指数级地提升汽车的速度，最终得到的只是一辆接近光速的汽车，但它仍然是一辆汽车，而不会是一头大象。

要想让机器的智力达到超人的水平，人们可能会认为这需要一系列的相变。例如，从单纯的算术计算到模式识别，再到越来越高级的智力形式。

汉斯·莫拉维克（Hans Moravec）发表了《智力后裔：机器人和人类智能的未来》，研究相变如何使得计算机系统变得更加庞大、更为复杂（引自《人工智能系统中的相变》，1987）。在此后的一年，施乐硅谷研发中心的贝尔纳多·休伯曼（Bernardo Huberman）和泰德·何克（Tad Hogg）开发了一个更好的模式来分析大规模计算的行为。

该模式与研究人类心灵的学者所提出的观点不谋而合。例如，加拿大神经心理学家梅林·唐纳德（Merlin Donald）在他的著作《现代思维的起源》（*Origin of the Modern Mind*，1991）一书中指出，现代的符号思维是通过对表征系统的逐渐吸收而形成的一种非符号形式的智慧。唐纳德的四个相变假说符合儿童认知发展的阶段，这在瑞士心理学家让·皮亚杰的经典著作《孩子的语言和思想》（1923）和俄罗斯心理学家利维·维果茨基在1934年发表的经典作品《思想和语言》中都有论述——孩子们遵循着从非符号到成熟的符号思维的“相变”路径。

认知能力绝非与生俱来，而是在个体的成长过程中通过逐步进化演变而形成的。同时，进化过程不会是平稳的，而是呈阶段式跳跃的。准确地说，儿童智力的发展，即从简单的思维发展到复杂的思维，不是逐渐进化的过程，而是通过某些突发的思维活动实现的，这些活动产生了定性的新的思维形式。首先，一个孩子感受周遭的活动，随后开始接触事物内在的真谛，进而对真实对象的真谛产生关联，最终，孩子的精神生活会延伸到抽象的对象上。皮亚杰的四个过渡阶段理论起始于认知这个主导因素，而且这是一个不可逆转的过程，结束于另一个主导因素——思考，而这个过程是可逆的。

哈佛大学的杰罗姆·布鲁纳（Jerome Bruner）得出了类似的结论：智力发展分三个阶段（引自《认知成长的研究》，1966）。也许我们应该研究一个计算系统的相变，建立一个等同于皮亚杰和维果茨基的认识论理论的体系，从物理学、心理学和计算数学的融合中，我们可以了解到一些超出我们能力范围的“智能”。

关于人类认知发展的“阶段”，有着大量的文献，这些文献有时与皮亚杰的表述不同。最近一次令人震惊的发现是心理学家、萨尔茨堡大学的海因茨·温默（Heinz Wimmer）和苏塞克斯大学的约瑟夫·佩尔奈（Josef Perner）在1983年的研究——“有关信念的信念”。三岁的孩子往往会遭遇“错误信念”的问题，而同样的问题在一年后就很容易得到解决：这是人类认知方面令人印象深刻的“阶段性转变”。一个人将某件东西放在一个地方，然后走出房间。另一个人走进去，把物体移到另一个地方。孩子们被要求对以下问题进行预测：当第一个人回到房间时，他会在哪里寻找这件物品。三岁大的孩子往往会认为这个人会在第二个人放置物体的地方寻找。而四岁的孩子则会正确回答：这个人会在他留下东西的位置寻找。我们尚不清楚孩子的大脑在三岁到四岁之间发生了什么，但很明显，大脑经历了一次“阶段转换”，现在我们可以正确地评估错误信念的问题了。加州大学伯克利分校的艾利森·高普尼克（Alison Gopnik）是儿童科学理论的先驱，他认为2~4岁孩子的学习可以效仿贝叶斯推理网络（引自《儿童的因果学习理论》，2014），这就是深度学习使用的推理方法。

哲学家休伯特·德雷福斯（Hubert Dreyfus）在于1979年出版的《计算机不能做什么》（*What Computers can't Do*）一书中对专家系统提出了质

疑，但间接地为人类智能的相变提供了另一种视角。他把人类对表演的习得分为五个阶段。首先，我们天生就是新手：我们只会遵循规则（如教练的指导和手册）。新手的动作既不准确也不流畅，尽管他在技术上可能是正确的。有时应用规则会显得很蠢笨，但新手还是会照做不误，因为他不知道有更好的方式。经过一段时间的练习，我们终于获得了进阶。这时，我们能够根据情况修改规则。我们的行为仍然是由规则驱动的，但看起来不那么生硬、机械了。有能力的人会进入下一阶段——遵循规则，但是以非常灵活变通的方式。他们的规则也具有了弹性：能人知道他可以驾驭规则。事实上，如果出了差错，即使遵守了相应的规则，他也会愧疚。精通表演的人甚至不再遵守规则：他们的行为是通过条件反射形成的。之前已经遇到过许多次类似的情况，这一事实比最初的规则来得更重要。专家大师在最后阶段甚至不再记得规则的存在。有时候，如果硬要讲出来，他们甚至会觉得无法理解。他们只是根据自己的专业知识和直觉行事。甚至常常不知道自己在做什么。一个专业的司机可能完全没有意识到他正在换挡，他只是在适当的时候下意识地做出了动作。一个专家已经在一个无意识的行为中综合了经验，这个行为会对一个复杂的情况做出即时的反应。专家所知道的不能用规则来分解。挫折会导致倒退：驾驶技术高超的司机甚至不记得启动车辆的准确步骤，但当发现车辆无法启动、经验不起作用时，他甚至会像新手那样拿起手册，弄清楚为什么车辆发动不起来了。

神经网络是一类以非线性动态为特征的复杂系统。爱丁堡大学的伊丽莎白·加德纳（Elizabeth Gardner）将统计力学应用于神经网络，这并非巧合，她是自旋玻璃理论的专家，遗憾的是，在两篇论文发表后的数周，她便死于癌症（她著名的论文有《神经网络模型的交互作用的相位空间》，1988）。德国维尔茨堡理论物理研究所的迈克尔·贝赫尔（Michael Biehl）研究了网络的相变，包括全球网络、生态网络、社会网络、细胞网络、语言网络还有神经网络（引自《无监督结构识别的统计力学》，1994）。

物理学和神经网络学都研究高自由度的系统，物理学研究物体的相互作用，神经网络学则在多维空间中处理数据。物理学使用一种被称为“重整化”的技巧来处理具有多个自由度的复杂系统；神经网络则利用了近似于深度学习的技巧。波士顿大学的帕卡伊·梅塔（Pankaj Mehta）和美国西北大学的大卫·施瓦布（David Schwab）探索了两个领域间的联系（引自《变分重整化组与深度学习的精确映射》，2014）。

设计机器与设计人类

唐·诺曼（Don Norman）在《技术迫使我们做我们不擅长的事情》（*Technology Force to Do Something We's Bad at*）一书中，从设计的角度探讨了一种现象——90% 的车祸都归咎于人为失误，但将这一事实解释为“人为原因”是不公平的。唐·诺曼认为，车祸是由设计汽车的设计师造成的，他们设计的汽车会让人们犯错误。原文是这样的：这种设计“迫使人们按照机器的需要和机器的使用须知行事”。因为人们不擅长像机器那样行动，所以人们会做得不够好，这导致了车祸。甚至司机的“分心”也可以说是一个设计问题：如果驾驶太自动化，司机就没有必要保持专注和敏捷，驾驶员就因此失去了手工操作的体验和经验。假如你不认为会出现突发事件，你就不会准备好来应对它。于是突发事件便很容易导致事故的发生。

科技本应提高人类的能力，但越来越多的人被要求以一种提高机器性能的方式行事。正如唐·诺曼（Don Norman）所写的：“我们正在发明新的人类，以提高机器的使用寿命。”

有一天，我和一位曾从事自动驾驶汽车项目的朋友发生了争执。最终我赢了，他承认自动驾驶汽车并不是好的创意，而是一个会让我们的生活遭受威胁的危险物体。我在这里并不想重复这个论点以得到大家的支持。重要的是，我朋友得出的结论是：问题并不是出在自动驾驶汽车本身，而是出在那些生活在这个地球上的、让自动驾驶汽车编程变得困难无比的人类身上，因为他们的行踪难以预测。如果我们禁止人类走上街道，令他们只能坐自动驾驶汽车出行，迫使他们接受汽车的自动驾驶，不仅无人驾驶汽车将变得极其重要，还将创造出一个田园般的世界：汽车可以安全行驶，没有行人鲁莽地穿过街道，没有孩子在街上踢足球，没有司机在单行道上飙车，也没有司机在街道中间非法停车。这正应了硅谷那句古老的格言："如果我们的系统中不考虑人们的使用环境，它一定会工作得很好。"

遗憾的是，我对我朋友所预见的未来深感忧虑：社会一致同意对人们实施规则和条例管制，以便让生活中的这项或那项功能更容易自动化，无论是客户服务、水电费支付还是在邮局排队。我预测，城市将"一刀切"地禁止行人进入街道——即使你只是要穿过街道也不行，因为城市强制使用自动驾驶汽车。问题解决了：如果街上没有行人，自动驾驶汽车和行人之间就不会发生事故。

对我们中的一些人来说，这或将是一个可怕的未来。每当新技术在我们的社会中引入新的规章制度（如"西班牙语请按 1、英语请按 2"或者输入一段数字让系统识别你是司机、普通公民还是银行客户等），就会有人指出使用这些技术的优势所在——新技术似乎为我们的生活带来了便捷，尤其是在那些我们并不熟练的项目上。很显然，假如你不知道如何换挡，自动变速箱汽车比手动变速箱汽车更方便、更容易控制，如果你从未学过驾驶，或者你是个新手，自动驾驶汽车比普通汽车更安全、更让人放心。在柏油路上只使用自动驾驶汽车会让你的出行更方便舒适吗？这完全取决于你变得多么愚蠢和无能。在我看来，这个问题最终的方向似乎与技术专家们所讨论的不同：技术并不是要制造更多的智能汽车，而是要让人类变得更"弱智"。不聪明的人期望通过技术来弥补他们的愚笨。如果你要降低用户的智商，你可以让他们使用最先进的技术，技术会帮助他们完成自己难以胜任的事情。

插曲：注意力范围

这个话题更多地与人类的现实生活而非机器有关，但它涉及当前“智能加速内爆”的概念。

我担心，在当前这个时代，时间不够用，使得太多的管理层在只了解了某些肤浅的论点后便草率地做出决策。“电梯游说”的流行甚至进入了学术界。一次超过30分钟的会议是极为罕见的（事实上，从权力顶端的高管的角度来看，这都是一种奢侈）。但另一方面，你很难在20分钟内引起被关注的效应，因为有些问题在20分钟内是无法被完全理解的。一些伟大的科学家的演讲技巧远逊于他们在专业领域中的造诣，这意味着他们可能会在20分钟的辩论中败北，即使他们是百分之百正确的。太多的讨论被降级了，因为它们都是通过智能手机的短信来完成的，而智能手机的小键盘难以传递详细的信息。这和新闻机构内采访记者越来越少的原因是雷同的，即读者和观众的关注时间越来越短，导致新闻媒体报道的真实性不断下降。Twitter 140个字符的发帖限定便是时间缩短的反映。

花絮：在2006年，Twitter引入了140个字符的发帖限制；同年，深度学习提高了机器的智能。

相比担心人类会失去对机器的控制，我更担心人类会因为“电梯游说”和Twitter的这种限制而逐渐衰败——决策者和公众长期以来都无法以同样的深度理解问题。

由于使用Twitter和短信的群体习惯于只阅读“长篇大论”的电子邮件的前几行，因此要充分地组织活动已经变得很困难。将这个概念无限放大，你便会明白为什么我不关心机器是否会变得太聪明，而更多地担心人类的互动会变得过于艰难了。埃隆·马斯克在2014年10月于麻省理工学院举办的“AeroAstro 100”会议上对其他一些人表示出了对于机器会变得过于聪明，直至机器本身会开始制造更智能的机器的担忧；相反，我更担心的是人们的注意力所能持续的时间将越来越短，以至于很快就无法认识到它的后果。我没有看到机器智能的加速，但我确实看到了人类注意力的递减——假如不是说人类智力的整体下降。

总而言之，有三种方式可以制造出“傻瓜”。这三者都与技术相关，但方式相反。

首先，显而易见的事实是，新技术的出现使一些传统技能变得无足轻重，这些技能可能会在这一代人的时间里消失。悲观主义者认为，我们正在渐渐地远离我们的祖辈们。乐观主义者则声称，同样的技术可以通过新的技能得到发展。我自己认为两者都没有错：电脑和电子邮件已经把我塑造成一个能干的涉足多领域的半机械人，但同时大大削弱了我向亲朋好友写信问候的技能（唉，这进而影响到了我的诗歌写作水平）。悲观主义者认为，收益并不能抵消亏损（“哑巴化”），尤其是当涉及丧失某些基本的生存技能时。

其次，社会为了让我们更安全、更有效率而引入的规则和条例，最终会禁锢我们的思维，也就是说，让我们的行为越来越像（非智能的）机器。

最后，现代人满负荷的生活极大地缩短了他们专注的时间，从长期角度来看，这可能导致他们难以进行严肃的思考，而处于肤浅的“智力”层次，即生活在较低形式的有限认知的体验之中。

关于认知：人类智能（或机器智能）的起源

罗切斯特大学的史蒂文·皮安多西（Steven Piantadosi）和塞莱斯特·基德（Celeste Kidd）在2016年《美国国家科学院院刊》上发表的文章

表明，灵长类动物的智力水平与其后代的“愚蠢”程度之间存在关联。人类的大脑如此复杂，是因为人类的父母需要照顾动物界最无能的婴儿。孩子越笨，父母必须要越聪明，才能让他们的孩子活下去。很多动物出生不久就会行走和吃食物，而人类婴儿需要被精心喂养，还要花一年的时间学习走路。他们的理论是：孩子越笨，父母就越聪明。你如何培养出非常聪明的父母？方法是让他们照看、保护、教育非常愚蠢的孩子。反之，要培养出聪明的成年人，孩子就必须非常愚蠢——这构成了一个循环。我很怀疑在机器的智能上是否会有类似的强化循环在起作用：技术使人变笨是为了让人类能发明出更智能的技术来照顾笨人，而这种技术反过来又会使人变得更笨。

人类学视角：你实在微不足道

手机、电脑与网络的结合使得每个人都能比以往接触到更多的人：与他人的链接就在弹指一挥间。对于那些希望通过广告接触尽可能多的消费者的企业来说，这无疑是有利可图的。但是，普通人真的能从与大规模人群的联系中获益吗？当我们不断地与各种各样的人交流时（其实只有部分人想要这样），孤独、冥想、思索（无论是对科学问题的思考，还是个人回忆）该从何谈起？

你正在变成那些你所交往的人，因为他们会影响你成为什么样的人。在过去，这些人是朋友、亲戚、邻居和同事。但现在，他们是世界各地的陌生人（在遥远的地方和你分享他们的经历）。你真的想成为“他们”，而不是做你自己吗？

你周围并不是真实的人——而是像智能手机和笔记本电脑中虚构的影子。

假如你身边都是哲学家，你很可能也会成为一位哲学家，即使只是一位业余的哲学家。

假如你周围都是读书的人，你可能也会去读很多的书。如果你身边有不少物理学家，你可能会去了解相对论和量子力学，等等。那么，如果你让自己置身于虚无缥缈的影子之间，它们会如何影响你与他人甚至整个世界的互动呢？

产生、积累信息比让别人理解你容易得多。

商业视角：你只是一则广告

广告、海报和展示牌在我们四周随处可见，甚至在互联网上的网页也依赖于一种排名算法，而这种算法可以被专业人士操纵，让你只访问他们想让你访问的网站，而不是放任你去浏览那些你期待或随机遇到的网站。假如在常用的搜索引擎中搜索“Piero”，你更有可能找到的是某个位于洛杉矶的公寓，或是拉斯维加斯的一家餐馆，而不是我的网站——一个已经存在了20年的网站，其中包含10 000页的文本，由一位名为Piero的作家负责编辑。

在20世纪90年代，我的网站在各家的搜索引擎上都会排在“Piero”这一关键字的前三位。你可以自行判断今天得到的搜索结果是否比20年前“更好”。当然，这一切都“归功于”人工智能的进步。

人工智能使广告更强大，更有针对性，更有说服力，更无处不在。

我们的生活越来越广泛地被包围在有针对性的广告当中。

如果没有了广告，我们是否会无所适从？

我们还能好好地生活下去吗？

这些问题让我想起艾略特那句名言：“音乐永存时，你就是音乐的一部分。”（艾略特，1941，《干燥的塞尔维吉斯》）用在此处，或许会令人体会到不同的含义。

遗传算法的复兴

线性规划（Linear programming，简称 LP）的发明促使数学优化领域开始了认真的研究。主要的贡献者包括来自俄罗斯的经济学家莱昂尼德·坎托罗维奇（Leonid Kantorovich）于 1939 年、麻省理工学院的弗兰克·希区柯克（Frank Hitchcock）于 1941 年以及荷兰经济学家特亚林·科普曼斯（Tjalling Koopmans）于 1942 年在芝加哥大学的研究，但其中最关键的是当时还是加州大学伯克利分校学生的乔治·丹齐格（George Dantzig）于 1946 年发明的"simplex"方法，这在当时是电子计算机最新、最理想的应用。

优化问题是指在给定的约束条件下，从多维空间中寻找目标函数的最小或最大值，这是规划中的一个典型问题。假如目标函数和约束条件是线性的，那么可以用诸如 simplex 等线性规划方法进行优化。而当目标函数或约束条件（或两者都是）呈非线性时，则不能使用线性规划方法。例如，梯度下降法是一种非线性优化方法。

遗传算法（或称为进化算法）是受达尔文进化论影响所产生的非线性优化方法：从所有可能得到解决方案的所有算法群入手（宽松的"搜索空间"），为一个给定的问题找出最佳解决方案。例如，自主"学习"在连续几代算法中，通过达尔文理论中的突变、交叉、选择等方式得以进化，从而最终能够解决某项问题（类似于"适者生存"的过程）。

而关于"黑盒子"函数优化，则有一个很长的故事，它起始于 1953 年由洛斯阿拉莫斯实验室的马歇尔·罗森布鲁斯（Marshall Rosenbluth）设计的梅特罗波利斯算法，以及在 1965 年由英国统计学家约翰·内尔德（John Nelder）和罗杰·米德（Roger Mead）设计的下降单纯形法（downhill simplex method）（引自《函数最小化的单纯形法》，1965）。

柏林工业大学的汉斯 - 保罗·施韦费尔（Hans-Paul Schwefel）和英

戈·瑞肯伯格（Ingo Rechenberg，引自他的博士论文《进化策略》，1971）引入了优化非线性函数的进化策略（ES）。

在约翰·霍普菲尔德发现神经网络和热力学之间的相似性的同时，数学家们发现了热力学与函数优化之间的联系（当函数是非线性的时候）。位于纽约 IBM 实验室的斯科特·柯克帕特里克（Scott Kirkpatrick）、丹·格莱特（Dan Gelatt）和马里奥·维奇（Mario Vecchi）当时正在寻找一种方法来优化电子芯片设计的过程，他们重新想到了罗森布鲁特，提出了模拟退火（引自《模拟退火的优化》，1983）。

尤尔根·施米德胡贝于 1987 年在慕尼黑工业大学的毕业论文《自我参照学习中的进化原理》中使用了遗传算法进行元学习（meta-learning），或称学会学习。他的论文还开创了“元学习”的概念，即如何训练元学习者，使其自我优化学习过程中的超参数，即决定学习者学习方式的参数。通常来讲，神经网络或进化系统的超参数是由工程师根据经验和直觉来决定的。

遗传算法的其他重大创新包括在 1988 年由达雷尔·惠特利（Darrell Whitley）在科罗拉多斯塔夫大学提出的 Genitor 算法，即后代在取代其前代的过程中能够确保不是最不适合的一员；比利时维里耶大学伯纳德·曼德里克（Bernard Manderick）和皮特·施皮森斯（Piet Spiessens）提出的细胞遗传算法（引自《细粒度并行遗传算法》，1989）；大卫·戈德堡（David Goldberg）在阿拉巴马大学提出的“锦标赛选择法”（引自《关于玻尔兹曼锦标赛选择的注释》，1990）；拉里·埃斯赫尔曼（Larry Eshelman）在纽约的飞利浦实验室发明的 CHC，即 ES 的变体（1991）；英国苏塞克斯大学的英曼·哈维（Inman Harvey）发明的 SAGA 算法（“物种适应遗传算法”，1992）。

在 20 世纪 90 年代，新的基于进化的优化方法诞生了，如加州大学伯克利分校的肯·普莱斯（Ken Price）在 1996 年发明的“微分进化”（引自《微分进化》，1996），目的是解决雷纳·斯托伦（Rainer Storn）所提出的一个被称为“切比雪夫多项式拟合问题”的奇异问题；德国的海因茨·穆恩拜恩（Heinz Muehlenbein）和格哈德·帕斯（Gerhard Paass）发明的“基因库重组”算法（引自《基因算法中的基因库重组》，1996）。值得一提的是，柏林技术大学的安德烈亚斯·奥斯特梅尔（Andreas Ostermeier）和尼古拉斯·汉森（Nikolaus Hansen）持续完善了瑞肯伯格和施韦费尔的进化策略，最终实现了目前主导黑箱优化算法的“协方差矩阵适应进化策略”，或称CMA-ES（引自《进化策略自适应的一种脱模方法》，1994）。

瑞士人工智能研究所（IDSIA）的达恩·威斯特拉（Daan Wierstra）和尤尔根·施米德胡贝团队的汤姆·斯保罗（Tom Schaul）开发了黑盒优化的框架。这类似于10年前海因茨·穆恩拜恩和格哈德·帕斯开发的“分布算法估计”（引自《从基因重组到分布估计》，1996）。

脚注：神经进化算法

到2017年，深度学习和强化学习成为人工智能领域最受欢迎的技术，但并非每个人都承认其是最佳技术。事实上，它们的局限性导致了进化算法的复兴，尤其是在发展权重和神经网络的拓扑结构领域。

第一个将遗传算法应用于神经网络的是航空航天工程师劳伦斯·佛格尔（Lawrence Fogel），他同时在加州大学洛杉矶分校和康维尔大学担任研究员的工作，发表了《自治自动机》（1962）和《归纳推理的自动机》（1962）等论文，并出版了《人工智能模拟进化》（1966）一书。用遗传算法训练神经网络的概念，同时可以在约翰·霍兰（John Holland）的重要著作《适应自然和人工系统》（1975）中找到。首批的尝试者包括科罗拉多州立大学的达雷尔·惠特利（Darrell Whitley，引自《将遗传算法应用于神经网络学习》，1988）；波士顿BBN的劳伦斯·戴维斯（Lawrence Davis，引自《映射神经网络的分类器系统》，1988）；罗德尼·布鲁克斯（Rodney Brooks）在麻省理工学院单独完成的六条腿机器人编程（引自《行走的机器人》，1989）；斯坦福大学的学生杰弗里·米勒（Geoffrey Miller）——一位进化心理学的未来之星；彼得·托德（Peter Todd）将遗传算法应用于作曲（引自《设计使用遗传算法神经网络》，1989）；乔治梅森大学的雨果·德·加里斯（Hugo de Garis，引自《遗传规划》，1990）；加州大学圣地亚哥分校的理查德·贝勒斯（Richard Belew）、约翰·麦金纳尼（John McInerney）和尼克尔·斯劳多夫（Nicol Schraudolph）（引自《进化网络》，1990）；以及位于纽约州飞利浦实验室的大卫·谢弗（David Schaffer）、里奇·卡鲁阿纳（Rich Caruana）和拉里·埃斯赫尔曼（Larry Eshelman）。

这是一个新学科的开始——“神经进化”。起初，这项研究仅限于设置网络的权重，如固定拓扑（Fixed-topology）的神经进化可以生成一个数量随机的神经网络权重设置，从中衡量哪一些最适合完成某项任务，或者通过变异和交叉生成下一代神经网络等。固定拓扑算法是由德克萨斯大学的里斯托·米库莱宁（Risto Miikkulainen）团队（引自《利用基于标记的神经网络遗传编码进化有限状态行为》，1992）、凯斯西储大学的兰德尔·贝尔（Randall Beer）和约翰·加拉格尔（John Gallagher）（引自《进化动力学神经网络的自适应行为》，1992）开发的。

之后，神经进化开始将其算法用于编程，同样用于生成网络的拓扑结构（即神经形成），这其中包括洛斯阿拉莫斯国家实验室的埃里克·莫尔斯尼斯（Eric Mjolsness）利用模拟退火算法（而非遗传算法）来生成网络结构（引自《扩展机器学习和遗传神经网络》，1989）；明尼苏达州霍尼韦尔实验室的史蒂文·哈普（Steven Harp）、塔里克·马德（Tariq Samad）和奥科·古哈（Aloke Guha）开发的NeuroGenesys（引自《针对神经网络的基因合成》，1989）；俄亥俄州立大学的乔丹·波拉克（Josh Bongard）开发的“广义的复发性链接”（简称 GNARL，引自《递归神经网络结构的进化算法》，1994）；宾夕法尼亚州立大学的辛姚（音译）的 EPnet（引自《一个新的进化人工神经网络进化系统》，1997）；苏黎世大学的乔希·邦加德（Josh Bongard）的人工个体发生学（引自《使用人工个体发生学进化完善代理》，2001）等。

2002 年，里斯托·米库莱宁的学生肯·斯坦利（Ken Stanley）在德克萨斯大学开发了 NEAT 算法（扩充拓扑的神经进化的简称），其在之后十年的时间里成为最受欢迎并被广泛使用的神经进化算法（引自《通过增强拓扑进化神经网络拓扑》，2002）。

这些算法都是“直接编码”的方式：直接编码的网络配置。然后出现的是“间接编码”的一代，对生成网络编码产生一组规则，这种方式由卡耐基 - 梅隆大学的北野宏明开创（引自《设计神经网络所使用的遗传算法与图像生成系统》，1990），其灵感来自匈牙利的生物学家阿里斯蒂德·林登迈耶（Aristid Lindenmayer）——他在纽约城市大学时提出了一个生成图表的 L-System（引自《细胞相互作用下的数学模型发展》，1968）。一个题为“虚拟生物计划”（1994）的动画将间接编码推而广之，这个有关虚拟生物的动画是由数字媒体艺术家卡尔·西姆斯（Karl Sims）在波士顿思考机器公司工作时制作的间接编码的一种变体——“细胞编码”，是由法国的弗雷德里克·格鲁奥（Frederic Gruau）发明的（引自《神经网络综合使用细胞编码和遗传算法》，1994）。

从 2010 年起，基于进化理论的机器学习的复苏是围绕谷歌公司的各个实验室展开的：黎国（音译）研究小组发布了 HyperNetworks（2016），即超网络，这是斯坦利的 HyperNEAT 的一种变体（引自《基于超立方编码发展大规模神经网络》，2009）；而达恩·威斯特拉（Daan Wierstra，引自《进化卷积》，2016）和阿历克斯·库拉金（Alex

Kurakin）的团队则为不同的深度学习提供了与之相适应的进化方法（引自《进化卷积》，2016；《大规模进化的图像分类器》，2017）。

2017年，伊莉娅·苏克弗（Ilya Sutskever）的团队OpenAI发布了一项新算法，该算法优于反向传播，但本质上只是20世纪70年代遗传算法的一个演进版本（引自《进化策略作为灵活的强化学习的替代方案》）。

新出现的这个由神经进化论者组成的群体抓住了时代契机，仅在2017年，就有了DeepNEAT——由里斯托·米库莱宁（Risto Miikkulainen）针对深度网络设计的NEAT版本、NMODE——由德国马克斯·普朗克研究所的凯恩·加齐-扎赫蒂（Keyan Ghazi-Zahedi）设计（NMODE是“神经模块进化”的缩写），以及由约翰·霍普金斯大学的谢玲熙（音译）和艾伦·尤利（Alan Yuille）设计的“遗传CNN”。

大数据集的诅咒

相对于人类智力水平而言，人工智能在基本概念方面的进展甚少，最直接的证据来自一份对深度学习的研究成果的分析：近年来对深度学习的最重要的贡献来自算法还是训练数据库？算法旨在学习某项智能任务，但必须通过该智能任务的人为示例进行训练。

在20世纪90年代后期，神经网络已经形成了一种常态化的模式：用一种过去的技术，通过大量的训练数据集，以及更强大的处理器，使之产生惊人的结果。

1997年，IBM的“深蓝”采用了雷菲尔德于1983年提出的“剪枝算法”（NegaScout algorithm）。除了大规模并行运算的30颗高性能处理器外，深蓝成功的关键在于其所掌握的70万盘国际象棋游戏棋谱的数据集，这个数据集是IBM在1991年为徐凤雄的第二套国际象棋程序“Deep thought 2”创建的。

2011年，IBM的Watson系统使用了“90台集群式IBM Power 750服务器，32颗Power7主频为3.55 GHz的处理内核，且每颗核心运行4条线程”，还有2010年从网络上收集的860万份文档数据集，不仅如此，它“智能”的构成还包括罗伯特·雅各布斯（Robert Jacobs）于20年前提出的“混合专家”技术。

2012年后，卷积神经网络的所有成功都是基于福岛邦彦30年前的技巧，但这些都是在李飞飞于2009年创建的100万张ImageNet标记图像的数据集上进行训练的。

DeepMind在2013年12月那场著名的视频游戏中使用了克里斯多夫·沃特金斯的Q-Learning算法，不过是在阿尔伯塔大学的迈克尔·鲍林（Michael Bowling）团队于2013年开发的Atari游戏的Arcade学习环境数据集上加以训练而成的。2015年，谷歌的FaceNet所使用的野生动物面部的数据集，来自一组自2007年以来由麻省理工学院的埃里克·利尔德-米勒（Erik Learned-Miller）实验室标记的名人数码照片。2016年，AlphaGo使用了存储在KGS围棋服务器（Kiseido go Server）上的数百万个围棋棋谱的数据集进行训练。

我们可以很容易地预测到，深度学习的下一项突破，并不会来自一个全新的概念发现，而应来自某个专业领域的一个新的大型数据集。深度学习的进展在很大程度上取决于许多人（通常是博士生），他们手工积累了大量的事实数据。由什么样的神经网络来使用这些数据并不重要，只要有大量的数据就行了。其模式是这样的：首先，数据集在人工智能黑客中非常流行；其次，其中一些黑客利用一种老式的人工智能技术来训练神经网络，直到它在该领域展现出高超的技能。

多年来，各家机构开发出了不少手工标记图像的流行数据集，这包括：由马里兰州陆军研究实验室的乔纳森·菲利普斯（Jonathon Phillips）开发的 FERET（1993），美国国家标准与技术研究所的 NIST 手写数字数据集（1993），费迪南多·萨马利亚（Ferdinando Samaria）在奥利维蒂英国实验室创建的面向 ORL 的数据集（1994），纽约大学燕乐存的 MNIST（NIST 的一个变体）手写数字数据集（1999），纽约大学燕乐存团队的 NORB（2004），等等。

2007 年，麻省理工学院的安东尼·托拉尔巴（Antonio Torralba）完成了“小图像数据库”（Tiny Images Dataset），该数据库不断扩展，最终包含了 8000 万张小图像，囊括了辛顿的学生所提取的 CIFAR–10 和 CIFAR–100。

2006 年，牛津大学的安德鲁·泽斯曼（Andrew Zisserman）建立了带注释的视觉对象数据集“PASCAL VOC”（“模式分析、统计建模和计算学习可视化对象类”的缩写）。

2009 年，当时在普林斯顿大学的李飞飞（后来去了斯坦福大学）出版了她最著名的《ImageNet》，其中提出的各项难题与深度学习领域的大咖密切相关。2012 年，卡尔斯鲁厄理工学院的安德烈亚斯·盖格（Andreas Geiger）与芝加哥丰田技术研究中心的拉奎尔·乌尔塔松（Raquel Urtasun）合作发布了 Kitti，它可模拟 6 小时的交通场景。2014 年，微软的拉里·茨尼克（Larry Zitnick）团队发布了名为“COCO”的图像字幕数据集（“上下文环境中的共同对象”的缩写）。茨尼克与他团队中的罗斯·格什克（Ross Girshick）和彼得亚雷·多拉尔（Piotr Dollar）后来受雇于 Facebook 公司。2014 年，罗马尼亚科学院数学研究所的卡特琳·伊奥尼斯库（Catalin Ionescu）发表了《360 万个人类》，这是一个关于人类运动的视频数据集，对训练机器人很有用。2017 年，牛津大学的安德鲁·泽斯曼的研究小组发布了包含 50 万个视频片段的“Kinetics-600”数据集，涵盖了 600 个人类的动作类别，每个动作类别至少有 600 个视频片段。

带注释的语音有着相似的大数据集。例如，“Switchboard-1”电话语音语料库是从 1990 年开始由德州仪器公司基于大约 2400 个电话交谈数据构建的一个项目；连续语音识别（CSR）语料库则是一个包含成千上万篇文章的数据集，其中的大多数来自《华尔街日报》，它在 1991 年由麻省理工学院的道格拉斯·保罗（Douglas Paul）与 Dragon 系统公司合作编纂而成。1993 年，语言数据财团（LDC）开始打造 TIMIT Acoustic-Phonetic 连续语音语料库，该组织还在 1996 年发布了广播新闻语料库（30 小时的广播和电视新闻节目）。2013 年，哥伦比亚大学的张世富团队发布了 Sentibank 视觉情绪的数据集。2016 年，谷歌发布了 800 万像素的 YouTube 数据集，被称为 YouTube-8M。该领域研究方面的进步在很大程度上依赖于这些数据集的创建。

假如你想预测人工智能领域下一步将会发生什么，那么不妨从新出现的数据集着手。现在市场上有 SEMAINE（使用非语言表达的、持续的、具有情感色彩的人机互动的缩写），由贝尔法斯特女王大学在 2007 年开发；Cam3D——使用高清摄像机和 Kinect 传感器捕获复杂心理状态的语料库，由剑桥大学于 2011 年建立；伦敦帝国学院的玛迦·潘蒂克（Maja Pantic）带领的研究小组于 2011 年发明的 MAHNOB–HCI，用于同步视频、音频和生理数据记录与情感标签的语料库；厄姆顿大学于 2013 年开发的动态面部表情数据集 EAGER；浙江大学于 2014 年发明的三维面部表情数据集 FaceWarehouse；LSUN（大规模场景理解）数据集，由肖建雄（音译）在普林斯顿大学的学生费雪·俞建立；香港中文大学的刘紫薇于 2015 年发明的 CelebFaces Attributes；爱尔兰都柏林城市大学于 2014 年以学校名命名的语料库；斯坦福大学的山姆·鲍曼（Sam Bowman）于 2015 年发布的斯坦福自然语言推理（SNLI）数据集，其中包括 57 万组人工编写的英语句子，用于训练句子表达的神经网络。2016 年，珀西·梁在斯坦福大学的研究小组开发了斯坦福问答数据集（SQuAD），可以阅读理解数据集所构成的十万多个问题；同样是在2016年，高剑锋的团队在微软发布了机器阅读理解（MARCO）数据集，包含十万项查询和其相应的答案。2011年，吴恩达（Andrey Ng）在斯坦福大学的学生安德鲁·马斯（Andrew Maas）发布了大型电影评论数据集（LMRD），其中包括2.5万条观点鲜明的电影评论，可以用来训练用于“情绪分析”的神经网络。斯坦福大学的理查德·索奇（Richard Socher）在2013年发布的“斯坦福情感树银行”（Stanford Sentiment Treebank）中，包含了二十多万个短语的“情感”标签。

假如一个非常庞大的数据集得出与你的认知相悖的结论，你该怎么做？例如，丹麦癌症协会的纳克·纳卡亚（Naoki Nakaya）在2010年收集了30多年来由60 000人构成的庞大数据集，显示出人格特征与癌症患者存活可能性之间并没有相关性（引自《基于芬兰和瑞典注册数据的人格特征与癌症风险与存活》，2010）。现在怎么办呢？我们（人类）从这个数据集中学到的是，必须继续进行一些其他的研究。那么神经网络会从这个数据集中学到什么呢？

模拟计算与储备池计算

1992年，以色列巴伊兰大学的哈瓦·西格尔曼（Hava Siegelmann）和罗格斯大学的爱德华多·桑塔格（Eduardo Sontag）开发了“模拟递归神经网络”（引自《通过神经网络进行模拟计算》，论文于1992年提交，但直到1994年才得以发表）。

60多年以来，人们一直认为没有一种计算设备能比通用图灵机更强大。哈瓦·西格尔曼从数学上证明了模拟RNNs可以实现超越图灵机的计算（引自《基于神经网络的计算能力》，1992）。艾伦·图灵自己也曾试图找到一种方法来扩展他的万能机器的计算能力（引自《基于序数的逻辑系统》，

1938)，但他的想法无法在现实当中得以实践。虽然西格尔曼的系统并非第一个使用实数来突破图灵极限的系统，但是到目前为止，还没有人开发出一款可以在单个步骤中执行实数操作的计算机。

递归网络比前馈网络更难通过梯度下降的方法加以训练。所幸的是，有两项技术适时出现了：第一项是“回声状态网络”，它是在2001年由德国混沌理论家赫伯特·耶格尔（Herbert Jaeger）在不来梅大学为时间序列分类和预测所创立的，适用于语音识别等领域（引自《回声状态分析和训练方法递归神经网络》，2001）；第二项是“液体状态机”，它在2002年由德国数学家沃尔夫冈·马斯（Wolfgang Maass）与南非神经学家亨利·马克拉姆（Henry Markram）在奥地利格拉茨大学创建，可以用生物学方法激发神经元（引自《实时计算不稳定状态》，2002）。这两项技术为训练递归神经网络引入了一个全新的范式。他们来自不同的学科（计算机科学和神经科学），但旨在达成同样的目的：只训练最终的层级，而非递归层（读出层），其余层级（储备池）则被随机初始化，从而使得网络的大部分权重每隔一段时间就被随机分配一次。两个储备层模型之间的差异很小，但简而言之，液体状态机是更普遍存在的，包含了回声状态神经网络。

储备池计算大大促进了递归神经网络的实际应用。储备池计算提供了替代梯度下降的方法来训练递归性神经网络的途径。回声状态神经网络也已在硬件中得以实现，如比利时布鲁塞尔大学的赞比亚裔物理学家塞尔·日马萨（Serge Massar）所做的那样（引自《模拟大脑的光子信号处理器，用以生成周期模式和模拟混沌系统》，2017）。

储备池计算不仅是一个可以训练神经网络的小技巧，它还代表了对人工智能从根本上的批判。图灵机不适合对大脑回路这种模拟而非数字化的行为建模，而且图灵机适用于离散时间，而非连续时间。大脑根据连续输入流（时间序列）完成实时计算，而在图灵机上执行的则是离散输入值（基本上是0和1）的离线计算。大脑状态可以看作“液态的”，从而更适合有干扰的情况下的计算。

储备池计算提供了一种更简单的方法来训练递归神经网络，但随着深度学习的兴起，这很快就过时了。时至2017年，人工智能的专家们重新谈起了储备池计算，马里兰大学的物理学家爱德华·奥特（Edward Ott）的团队展示出——储备池计算可以完全模拟出混沌系统进化的过程（引自《数据对大时空混沌系统的自由模型预测》，2018）。“蝴蝶效应”一词是在爱德华·洛伦兹（Edward Lorenz）的一个讲座上产生的（引自《在巴西的一只蝴蝶拍打翅膀，会在德克萨斯州引发一场龙卷风吗》，1972），它表达了这样一个事实：初始条件的微小变化可以被快速地以指数级放大，从长期的角度来看，预测混沌系统是不可能的。这就是为什么天气预测仍然是那么不可靠——大气的数学模型是一个混沌的模型。我们对储备池计算善于学习动态的混沌系统的原因尚不清楚。不过，赛普西斯·米斯托克利斯（Sapsis Themistoklis）和他的学生万衷熠（音译）在麻省理工学院用一个LSTM神经网络取得了一些新的成果（引自《复杂动力系统中极端事件的数据辅助简化模型》，2018）。

从计算机科学的角度来看，神经网络是一组表示连续变量变化过程的数学方程。但实际上，真正的神经元主要通过随机碰撞（放点特性）进行交互。软件模拟真正的神经元的方法是在《神经元》这本书中提出的，该书首次出版于1984年，作者是数学家迈克尔·海恩斯，他在凯茜·科尔的学生约翰·摩尔位于杜克大学的实验室内完成了此书；另一本与之齐名的书是《*GENESIS*》（一般神经模拟系统的简称），该书在1988年由詹姆斯·鲍尔的团队在加州理工学院完成。之后出现了NEST系统（即神经模拟工具的简称），在2002年由马库斯·迪斯曼（Markus Diesmann）和马克-奥利弗·格沃迪格（Marc-Oliver Gewaltig）在瑞士洛桑联邦理工学院完成；Brian系统于2008年由罗曼·布雷特（Romain Brette）和丹·古德曼（Dan Goodman）在法国高等师范学院开发完成。硬件部署则包括SpiNNaker

（强化神经网络架构），在 2005 年由曼彻斯特大学的史蒂夫·福伯（Steve Furber）设计；Neurogrid，在 2009 年由斯坦福大学的科娃宾娜·博汉（Kwabena Boahen）研究小组设计。

大脑是一个次要的器官。

——摘自亚里士多德的《论动物运动》

算法官僚系统的反乌托邦引发的推测：利维坦、圆形监狱与生命权利

我将人类文明的历史分为三个阶段。

在第一阶段，主要是宗教强制人们的行为习惯，形成僵硬的社会行为惯例。宗教教条规定人们如何生活，如何行事，规定每个人的职责与权利，等等。宗教的影响力通常要经过几代人才能显现。之后，在第二阶段，各类政府开始制定世俗化的法律来强制规范社会行为，法律再次规定了应尽的义务和受保障的权利。法律的影响力通常以“几十年”或“年”为单位。

而今，在第三阶段，人类文明正在步入一个算法强制规范社会行为的阶段，算法决定了你可以做什么以及你必须做什么。它的影响力是用“月”或“日”为单位进行衡量的。

在第一阶段，宗教借助神圣的训诫，并留下了诸多解释：“不偷”是一个公认的普世戒条，然而并没有对“盗窃”进行详细的定义。在第二阶段，即世俗化阶段，国家对社会行为提出了更加严格的定义，“盗窃”的定义现已落实到法律解释当中。但在解释方面仍有一定的自由度，社会上现有的数百万律师（以及他们的富裕程度）即可证明。第三阶段消除了解释中的任何歧义：算法棱角分明地确定了你必须做什么以及你不能做什么。你

“可以”做的其实是你“必须”做的一部分。

我们现在可以重新审视英国哲学家弗朗西斯·培根（Francis Bacon）那句经典的“知识就是力量”（出自他在1597年所著的《沉思录》）。1651年，他的前助手托马斯·霍布斯（Thomas Hobbes）出版了一本名为《利维坦》（*Leviathan*）的书，在书中，他将国家比作《圣经》中的怪物。霍布斯认为，人类是一种不守秩序和自私自利的动物，需要一个强大的中央政府加以管理，否则他们将生活在永久的内战当中。因此，在理想情况下，只要公民服从法律，政府就为之提供福利，反之亦然。为了秩序和安全，个人和怪物之间采取了一种浮士德式的协定，即“社会契约”。

如今，利维坦正在以庞大的算法库的形式成为现实，并最终统治我们生活的方方面面。

1785年，英国哲学家杰里米·边沁（Jeremy Bentham）描绘了一种理想化的监狱——圆形监狱（Panopticon），控制塔在暗中观察着囚犯们的一举一动，而没有囚犯意识到他们一直在被监视着。

法国哲学家米歇尔·福柯（Michel Foucault）在他于1975年出版的著作《纪律与惩罚》（*Discipline and Punish*）中将现代国家看作一种圆形监狱，它依靠技术不断监视着其国民。今天我们可以这样更新这个观念：我们不仅被算法观察，还被迫在这种组织化体系中生活。福柯的“纪律化”社会是一个具有森严等级制度的庞大群体，每一层都在暗中观察着下层，目的是调教他们。这个纪律严谨的社会“规范着”每一个人。它不再需要借助严刑峻法，因为技术赋予了它强大的“威慑力”，其中包括“实现征服身体和控制人口的技术”（引自《性史》，1976）。今天，算法的使用者生活在这样一个无所不在、无所不能的增强型圆形“监狱”当中。这些算法极为成功地将每个个体转化为数字，以便尽可能有效地对其加以管理和控制。算法不仅是福柯的监控技术，它们同时还是执法技术。在算法强大法力的统治下，个体最终被动地沦为算法中的一个个数字。

除了强制行为以外，宗教和各州的法律还能发挥这样的作用——将人们的思考方式也加以“规范”。你必须要相信盗窃是邪恶的行径，从而严加防备，社会要努力杜绝盗窃行为的发生。算法也有类似的效果，它们不仅强迫你以特定的方式行事，还用这种方式“训练”你。宗教和国家创造出规则，要顺民们俯首接受，进而固化他们的思维方式。算法制定出规则，对每个个体的思想“清洗消毒”，使他们潜移默化地接受特定的行为准则。

纵观20世纪的极权主义政权，它们不仅采取高压措施，而且不断对群众进行“洗脑”，让他们认识到这种压迫的合理性，而事实上这严重损害了大众的利益。而群众的积极合作更增强了极权主义政权的力量。在20世纪，最著名的两部奇书——奥尔德斯·赫胥黎（Aldous Huxley）的《美丽新世界》（1932）和乔治·奥威尔（George Orwell）的《1984》（1949）可以作为心理学研究的读物。而对于算法官僚系统而言，它们所做的如出一辙，只是缺少了心理控制这部分——算法提高了人们的生产效率，也使得算法的规定成为唯一可行的准则。斯坦福大学的克利福德·纳斯（Clifford Nass）在1996年写过一本名为《媒体方程式》的书，讨论了计算机作为社会行为准则的问题，他的学生布莱恩·福格（Brian Fogg）创造出了“劝导性技术”这个词，认为算法可以潜移默化地驯化人类（引自《大规模人际劝导》，2007）。

尼科洛·马基雅维里（Niccolò Machiavelli）在他的著作《王子》（这本书在他死后才出版）中写道：“每个州的基石……是完善的法律和精良的军队……有了强大的军队，法律便自然而然得到遵守和执行。”算法取代了这种强制力量。算法官僚机构不会受到武装暴民的威胁，通过自我保护的设定，算法已经限制了公民的所作所为，控制得越深、越全面，这套官僚系统便越强大。

我们今天要做的不是去发现自己是谁，而是否定自己不属于哪些角色。

——米歇尔·福柯

道德的算法

庞大的算法官僚系统也可以是符合伦理道德的。当然，首先我们要从道德的诸多变体中选择一个。约翰·斯图亚特·穆勒（John Stuart Mill）在“功利主义国家”理论中提出，人们应该争取为尽可能多的人寻求福祉。功利主义本身不会决定战争或和平哪个更好、谎言或真话哪个更加符合道德，这一切都取决于最终的结果。

而在另一个极端，伊曼努尔·康德（Immanuel Kant）相信普世价值不以结果为转变，故而他认为编造虚假的事实是道德上的污点。

在几个世纪之前，托马斯·阿奎纳（Thomas Aquinas）将谎言分成了几个层次，他认为所有的谎言都是错的，但在程度上有所不同——怀有歹意的欺骗、调侃式的说谎，或是善意的谎言。在今天的算法官僚系统中尚不存在善意或开玩笑式的谎言，系统中压根没有对谎言的定义。但在未来，它们会变得更加“智能”，或许会倾向于穆勒的功利主义，为更多的人寻求福祉，又或许有钱有势的人（如广告主）会得到更多的照顾。

庞大的算法官僚系统或许会采取一种极端的理性主义，在它眼中，一切都是数字和公式。

生物的进化赋予了人类推理的能力，这种能力让我们可以撇开个人利益，拟订出更为普世的道德准则。利昂·费斯汀格（Leon Festinger）在《认知失调理论》（1957）中提出了这样一种观点：人类具有一种本能，即我们本能地想要消除不一致性，想要持续向一个更客观的观点靠拢。我们对客观观点的判断是基于逻辑的。

从这个角度来看，我们可以设想一种“道德”算法，一种不是旨在让多数人利益最大化，而是确保大多数人被公平公正对待的算法。这样的算法将持续保持人类进化对普世伦理的贡献，这种算法不会偏向兄弟姐妹或是亲朋好友。

毕竟，我们今天需要依赖技术来面对世界，许多事已无须亲力亲为。

明日乌托邦——与算法共生

到目前为止，这本书所谈及的算法是较为粗浅的。我相信这是今天的算法该有的样子。但这并不适用于未来。在未来，算法肯定会变得更“聪明”，而且会对普通人（不仅是对企业和政府）更为有用。我曾批评过“智能城市”，因为它们只关注建筑和街道，却忽视了人。这是算法中普遍存在的一个问题，它们在处理物理对象方面比处理实实在在的人要好得多（原因很简单，物理对象比人更容易进行数学建模）。然而，智能城市的算法也可以聚焦在人身上。例如，算法可以帮助提高人们的凝聚力。有些人住在城市里，但如果他们彼此隔绝，就过着不自然的生活。智能城市的目标应该是鼓励人们互动和协作，使人们形成更大的参与公共事务的意愿。我们可以设计算法来增强个人和团体的体验，算法可以提高人们的信任感和安全水平、增强人们的与环境的匹配程度并鼓励人们探索发现，算法还会增强人们凝聚的力量，从而共同创造出某些以前不存在的积极的东西。例如，斯坦福大学的和平创新实验室由马克·尼尔森（Mark Nelson）于 2010 年创建，旨在利用技术来提高“积极的凝聚力量”。

Chapter 5

Intelligence is
not Artificial
(Expanded Edition)

Intelligence is
not Artificial
(Expanded Edition)

Intelligence is
not Artificial
(Expanded Edition)

Intelligence is
not Artificial
(Expanded Edition)

第五章

神经网络与认知

Intelligence is
not Artificial
(Expanded Edition)

Intelligence is
not Artificial
(Expanded Edition)

Intelligence is
not Artificial
(Expanded Edition)

Intelligence is
not Artificial
(Expanded Edition)

Intelligence is
not Artificial
(Expanded Edition)

联结主义

人工智能的另一条分支采用的是一种完全不同的方法：从神经元和突触的物理层面入手，模拟大脑。约翰·麦卡锡和马文·明斯基的象征学派相信使用数学逻辑（即符号）来模拟人类思维的运作方式；“神经网络”（或称“联结主义”）学派相信可以使用数学微积分（即数字）来模拟大脑是如何工作的。

自 20 世纪 50 年代以来，神经科学一直处于起步阶段（研究活脑的医疗器械直到 20 世纪 70 年代才开始发挥作用），计算机科学家只知道大脑是由大量相互连接的神经元组成的，神经科学家们越来越相信“智能”源自神经元的彼此互连，而非单个神经元的作用。大脑被视为一个由互连节点构成的网络，我们的心理活动源自信号通过这些连接节点，从感觉系统的神经元传递到处理这些感觉数据的神经元，最终到达产生动作的神经元。

神经连接的强度可以从零到无穷大，这被称为连接的“权重”。通过更改神经连接的权重，可以改变网络计算的结果。换句话说，可以通过调整连接的权重，使得同样的输入产生不同的输出。“神经网络”设计的难点在于对连接进行微调，从而使整个网络能够正确地解释输入。例如，当呈现苹果的图像时，产生“苹果”一词。这被称为“训练网络”。通常需要向系统显示许多苹果的图像并强制其回答“苹果”，从而使得网络调整内在的连接识别出常见的苹果。这个过程被称为“监督学习”。

神经网络的正常运行非常简单：基于每个输入连接的权重，对来自不同神经元输入的信号进行加权，然后将其馈送到“激活函数”（也称为“非线性函数”），由它决定该神经元应该产生的输出。最简单的激活函数是具有阈值的函数，即“阶跃”函数：假如总输入超过阈值，则神经元发出 1，否则为 0。该过程在整个网络中持续进行。网络通常由神经元层组成。连接的权重决定了网络计算的内容。而连接的权重在“训练”期间会发生改变（即基于经验的响应）。神经网络在训练期间“学习”这些权重。而学习权重的一种简单方法是将神经网络的输出与正确答案进行比较，从而对网络中的权重进行微调，以产生正确的答案。每个“正确答案”都是一个训练样本。神经网络需要用许多样本进行训练。今天的计算机功能非常强大，可以训练数以百万计的样例。假如网络设计得很好，权重最终会聚敛到一个稳定的配置：此时网络便能够提供正确的答案，即便是对于不在训练数据内的实例（如识别以前从未见过的苹果）。神经网络的设计者必须决定神经网络的结构（如层数、每层的规模、以及哪些神经元连接到其他的神经元），权重的初始值，激活函数（非线性函数）和训练策略。初始化和训练都可能用到随机数，并且有许多不同的方法来生成随机数。术语“超参数”指的是网络设计者需要精确找出的所有参数。

可能有人认为，在过去的 10 年，人工智能在语音 / 图像识别和游戏玩法等方面已经取得了成功。而在 30 年前，人工智能就已经在这些方面有所表现了，只是略显稚嫩而已。因此，人工智能发展的关键是利用 GPU 加速神经网络的训练，然后充分利用多层（“深层”）神经网络的力量。不过，人们有所不知的是，30 年前的局限性依然存在：人工智能系统缺乏常识，只能以非自然的方式学习。可能需要数月才能建立起可以训练的神经网络。

人工智能的这一分支的关键在于调整连接的权重，因此也被称为“联结主义”。

神经科学在早期最具影响力的书之一是《行为组织》，于 1949 年由加拿大蒙特利尔的麦吉尔大学的心理学家唐纳德 · 赫布（Donald Hebb）撰写。赫布描述了大脑如何通过改变神经元之间连接的强度实现学习。1951 年，普林斯顿大学的两名学生马文 · 明斯基和迪恩 · 埃德蒙兹（Dean Edmonds）在一个由 3000 个真空管实现的 40 个神经元的网络中模拟了赫布学习，并称这台机器为“SNARC”（随机神经模拟增强计算机）。但我不认为它是第一个神经网络，因为SNARC没有在计算机上得到实现。1954年，麻省理工学院的韦斯利·克拉克（Wesley Clark）和贝尔蒙特·法利（Belmont Farley）在计算机上模拟了赫布学习，即创建了第一个人工神经网络（双层网络）。1956年，赫布与位于波基普西的IBM研究实验室合作，生产了另一种计算机模型，由纳萨尼尔·罗彻斯特（Nathaniel Rochester）的团队进行编程（其中包括年轻的约翰·霍兰）。

如果说世界上有什么团体可以堪比英国的梅西会议的话，那就是比率俱乐部，该俱乐部由神经学家约翰·贝茨（John Bates）于1949年组建，这是一个年轻科学家的俱乐部，定期在伦敦某医院召开会议讨论控制论。在英国旅行的麦卡洛克成为他们的第一位受邀演讲者。其成员包括神经学家威廉·格雷-沃尔特（William Gray-Walter），他曾在1948年建造了两个乌龟形状的机器人（分别被称为埃尔默和埃尔西），有些人认为这是最初的自动移动机器人。图灵也是其中的成员，并在其中一次会议上检验了“图灵测试”。其成员还包括约翰·杨（John Young），他在1964年提出了大脑的“选择主义”理论。还有一名成员是精神病学家罗斯·阿什比（Ross Ashby），他在1948年制造了一台模拟大脑的机器，正如《时代》杂志报道的那样，它是“迄今为止人类设计的最接近合成脑的东西”。有关该机器论文的标题后来成为他那本颇具影响力的著作的书名——《大脑设计》（1952）。

在那一时期，有关大脑的数学建模在英国迅速发展，并在第一次人工智能会议的那一年达到了顶峰：伯明翰大学的杰克·阿兰森（Jack Allanson）发表了《随机连接的神经网络的一些特性》（1956）；雷蒙德·伯勒（Raymond Beurle）在伦敦帝国理工学院发表了《有关大量细胞能够再生脉冲的特性》（1956）；雷达研究所的艾伯特·皮特·乌特利（Albert Pete Uttley）——这位设计了英国第一台并行处理器的数学家撰写了有关“条件概率机器与条件反射”的论文（1956）。另一个悬而未决的问题在克里斯托夫·托伊舍（Christof Teuscher）的著作《图灵的联结主义》（2001）中有所论述，图灵在其于1948年没有发表的论文（现称为“智能机械”）中提出的“无组织机器”，即随机布尔网络，事实上早于神经网络（以及遗传算法），当然业界对此是有争议的。

戈登·帕斯克（Gordon Pask）是纯粹的控制论方法的典型代表，他在剑桥建造了专用的机电自动机，如Eucrates（1955），可以模拟导师和学生之间的互动（即可以教育另一台机器的机器）；并于1956年申请了一项名为SAKI（代表“自适应键盘教练”）的机器专利，以培训人们使用键盘。不拘一格的帕斯克也是一位艺术家，他创作了互动艺术的先锋作品，如*MusiColour*（1953）——一个通过声音激活的灯光秀，以及《运动的对话》（1968），这个反应装置让观众可以与五台机器通过声光进行交流。在1968年，他潜心制作了一个电化学耳朵。

计算机是“巨脑”的说法不仅是媒体的说法，不少心理学家也纷纷引用这个比喻。乔治·米勒（George Miller）是哈佛大学的心理学家，他于1950年访问了普林斯顿大学高级研究所，这是计算机科学的先驱中心之一。第二年，麻省理工学院聘请他加入新成立的林肯实验室（冷战时期军事技术的重点小组）领导心理学团队，他还出版了一本名为《语言与交流》的颇具影响力的书。在书中，他发起了一项研究计划——使用贝尔实验室的克劳德·香农在《交流的数学理论》（1948）一文中提出的信息理论，对人类进行研究。

康奈尔大学的弗兰克·罗森布拉特（Frank Rosenblatt）的《感知机器》（1957）和麻省理工学院的奥利弗·塞尔弗里奇（Oliver Selfridge）的《学习范例：Pandemonium》（1958）定义了人工神经网络的标准：不是知识呈现或逻辑推理，而是模式传播和自动学习。《感知机器》的理论首先于1958年在气象局的IBM 704计算机上用软件实现，然后在康奈尔大学航空实验室通过定制化硬件实现了第一个可训练的神经网络（即使它有两层神经元，也称为“单层”）。

激活函数与麦卡洛克-皮特神经元使用的二元函数（阶梯函数）相同，但它具有学习规则（用于改变权重的算法）。感知机器的应用是将数据分成两组。它的局限性是显而易见的，在接下来的数年当中，一些研究项目找到了解决方案。英国国家物理实验室在1958年11月组织了一次题为“思想过程的机械化”的研讨会，又分别在1959年、1960年和1962年举行了三次有关“自组织”的会议；罗森布拉特发表了他的报告《神经动力学原理》(1962)。然而，没有人能够弄清楚如何构建多层感知机器。

1960年，伯纳德·威德罗（Bernard Widrow）和他的学生泰德·霍夫（Ted Hoff）在斯坦福大学建立了一个基于麦卡洛克-皮特神经元扩展的单层网络，称为“Adaline”（自适应线性神经元），并使用了广义的感知机器学习规则，即“delta规则”或“最小均方”（LMS）算法（一种最小化期望信号和实际信号之间差异的方法），这是“随机梯度下降”方法对机器学习的第一次实践应用。北卡罗来纳大学的赫伯特·罗宾斯（Herbert Robbins）在1951年引入了“随机梯度下降”的方法用于数学优化（引自《随机近似方法》，1951）。

花絮：泰德·霍夫后来加入了当时一家名为英特尔的小型硅谷创业公司，帮助设计了世界上第一台微处理器。

由法国数学家奥古斯丁·柯西（Augustin Cauchy）在1847年发现的“梯度下降”方法于1960年首次被应用于控制理论，实践者分别是纽约格鲁曼飞机工程公司的亨利·凯利（Henry Kelley，引自《最佳飞行路径梯度理论》，1960）和哈佛大学的亚瑟·布赖森（Arthur Bryson，引自《优化多阶段分配过程的渐变方法》，1961），这便是“反向传播算法”。

梯度下降方法背后的数学思想很简单：首先测量网络性能的全局误差（期望输出减去实际输出），然后根据每个连接的权重计算产生这种误差的导数，最后，在减少误差的方向上调整各项权重。

当时未被注意到的另一项重要发现是多层网络的首个学习算法，即“深度学习算法”。这在 1965 年乌克兰数学家阿列克谢 · 伊娃科（Alexey Ivakhnenko）出版的《控制论预测设备》一书中被正式提出。

与专家系统相比，神经网络属于动态系统，易于自我学习。特别是“无监督”网络，它们可以自己发现类别，可以发现几个图像指的是同一种物体，如一只猫。

有两种方法可以找出罪犯。一种方法是聘用福尔摩斯式的侦探，他会基于经验和逻辑进行分析，侦察到是谁实施了犯罪。另一种方式是，我们可以在该区域周围放置足够多的监控摄像头，然后逐一检索，找出犯罪分子的蛛丝马迹。两种方式都会达到同样的效果，但一种使用的是逻辑驱动方法（符号处理），另一种使用的是数据驱动方法（即视觉系统，一种连接系统）。

专家系统是“逻辑学派”的产物，它寻找的是问题的确切解决方案。神经网络最初被视为等同的逻辑系统，但实际上代表了另一种思维，即概率思维，其中我们满足于合理的解决方案，而不一定是精确的解决方案。这通常适用于语音、视觉以及模式识别等场景中。

1969 年，斯坦福召开了第一届人工智能国际联合会议（IJCAI）。来自斯坦福研究院的尼尔斯 · 尼尔森（Nils Nilsson）介绍了 Shakey。来自麻省理工学院 MAC 项目的卡尔 · 休伊特（Carl Hewitt）介绍了 Planner——一种用于规划动作和操纵机器人模型的语言。来自斯坦福研究院的科德尔 · 格林（Cordell Green）和来自卡耐基 - 梅隆大学的理查德 · 瓦尔丁格（Richard Waldinger）介绍了自动合成程序的系统（自动程序编写）。来自斯坦福的罗杰 · 沙克（Roger Schank）和来自博尔特 - 贝拉尼克 - 纽曼（BBN）的丹尼尔 · 博布罗（Daniel Bobrow）分享了他们关于如何分析句子结构的研究。

1969 年，麻省理工学院的马文 · 明斯基和塞缪尔 · 帕佩特（Samuel

Papert）表达了对神经网络（当时名为“感知机器”）的彻底否定，这种批判实际上扼杀了这门学科。直到十年之后，诺姆·乔姆斯基（Noam Chomsky）对伯鲁斯·斯金纳（Burrhus Skinner）的一本书的评论才改变了这种观点，结束了联结主义的统治，并重新恢复了认知主义，诺姆·乔姆斯基反对联结主义的态度最明显地反映在1971年12月《纽约书评》所发表的一篇文章上。大多数人工智能科学家仅出于计算原因认可“认知”方法，但那些计算机科学家从心理上有所宽慰——他们的选择是对的。

明斯基和帕佩特的证据之所以站得住脚，纯属巧合，因为他们的观点恰逢其时地避开了对手：皮特和麦卡洛克都在1969年（分别是5月和9月）去世，而罗森布拉特则在1971年的一次划船事故中离世。

事实上，明斯基和帕佩特只是单纯地认为感知机器的局限性必须借助多层神经网络才能解决，不幸的是，罗森布拉特的学习算法不适用于多层网络。布莱森和他的华裔学生何毓琦在《应用最优控制》（1969）一书中，使用优化多阶段动态系统的方法对梯度法进行了完善。此时，多层神经网络中反向传播所必需的数学理论基本准备就绪。1970年，芬兰数学家赛波·林奈玛（Seppo Linnainmaa）发明了“反向自动微分模式”，以反向传播为特例。1974年，保罗·韦伯斯（Paul Werbos）在哈佛大学的论文中将布莱森的反向传播算法应用在了神经网络领域（引自《布莱森的反向传播》，1974）。韦伯斯已经意识到“反向传播”算法比任何现有方法都更能有效地训练神经网络。但他的发现被他不太正统的背景耽搁了数年：他的论文导师是社会科学家和控制论家卡尔·多伊奇（Karl Deutsch），他的反向传播算法等同于西格蒙德·弗洛伊德在《科学心理学项目》（1895）中所介绍的“情感投注”概念的数学表达。

神经网络领域的工作者也走近了认知科学。例如，洛克菲勒大学的詹姆斯·安德森（James Anderson，著有《简单神经网络生成交互记忆》，1972）和芬兰的图沃·科霍宁（Teuveo Kohonen，著有《关联矩阵记忆》，

1972）使用神经网络来模拟基于唐纳德·赫布定律的联想记忆。德国马克斯普朗克研究所的神经科学家克里斯托夫·冯·德尔·马尔斯布尔格（Christoph von der Malsburg）为高等脊椎动物的视觉皮层建立了一个模型（引自《条纹皮质中定向敏感细胞的自组织》，1973）。神经网络的核心在于无人监督的学习：让机器从数据中学习概念而无须人为干预。人们提出了几十年前卡尔·皮尔森（Karl Pearson）的“主成分分析”方法的几种变体，而最主要的贡献源自于信号处理科学。例如，艾伯特·皮特·乌特利设计了 Informon 来分离频繁出现的模式（引自《一个自适应模式识别的网络》，1970）。1975 年，第一个多层网络 Cognitron 出现，由福岛邦彦在日本设计完成（引自《Cognitron，一个自我组织的多层神经网络》，1975）。波士顿大学的斯蒂芬·格罗斯伯格（Stephen Grossberg）公布了另一种无监督模型，即“自适应共振理论”（引自《自适应模式分类与通用重新编码》，1976）。还有一种模型由东京大学的甘利俊一提出（引自《关于形成检测神经细胞的类别的数学理论》，1978；而后在 1983 年的《自组织神经网络的应用场理论》中对其加以扩充）。因此，到 20 世纪 70 年代中期，神经网络研究实际上已经取得了重大进展。

对神经网络的另一些更加刺耳的批评来自神经科学，这是一门正在开始使用计算机模拟的学科。1947 年，位于波士顿附近的海洋生物实验室的凯西·科尔（Kacy Cole）开创了“电压钳”技术来测量流过神经元膜的电流。1952 年，剑桥大学的英国生理学家阿兰·霍奇金（Alan Hodgkin）和安德鲁·赫胥黎（Andrew Huxley）使用这种技术建立了第一个脉冲神经元的数学模型，这也是计算神经科学的第一次模拟（他们模拟了鱿鱼大脑的轴突）。霍奇金 - 赫胥黎模型是一组近似于神经元电特性的非线性微分方程。接下来，大脑计算模拟的重大突破分别发生在 1962 年——当时美国国立卫生研究院的威尔弗里德·罗尔（Wilfrid Rall）模拟了树枝状结构；1966 年——IBM 的弗雷德·道奇（Fred Dodge）和詹姆斯·库利（James

Cooley）模拟了轴突神经细胞中的传播脉冲。与此同时，洛杉矶兰德公司的唐纳德·佩克尔（Donald Perkel）编写计算机程序时使用了Johnniac——这是最早运用计算机来模拟神经元的尝试（引自《持续时间模拟海兔神经细胞》，1963）。这些模拟实验的操纵者知道实际的神经元是什么样子的，即与人工神经网络中数字的神经元没有任何相似之处。

尽管如此，神经科学家们一直在强调突触的作用：智能不体现在神经元上，而是在于创建神经元网络的彼此连接（突触）。让-皮埃尔·尚热（Jean-Pierre Changeux）在《神经元与人》（1985）中说："发现突触及其功能的影响可以堪比发现原子或DNA。"约瑟夫·勒杜（Joseph Ledoux）在《突触的自我》（2002）中写道："你就是你的突触——它们代表了你。"

人工与自然神经网络：反向传播的神话

尽管深度学习在许多领域取得了成功，但要说人工神经网络可以近似大脑的神经网络，那就像将大脑神经网络的工作方式简单地类比成线性回归或乘法。人工神经网络是一个近似和优化的方法，在某些特定的情况下可以很好地工作。

它们是数学程序，而非大脑中实际发生的事情。反向传播和玻尔兹曼机都没有反映出我们的大脑是如何进行无监督学习的。神经科学尚未发现任何生物学机制可以使错误反向传播，错误只会被局限在单个突触内。反向传播实现了神经元之间连接的精确对称模型，但这并不是我们在大脑中看到的。我们的神经元彼此互连，但这种联系绝非对称。所有由"梯度下降"演变而来的方法与大脑神经科学发现的过程几乎没有共同之处。

玻尔兹曼机是一种奇妙的数学技术，或许相对更接近于大脑的工作方式，但是，神经科学已经发现大脑中并不存在这样的公式。

约书亚·本吉奥（Yoshua Bengio）在《迈向生物学上可信的深度学习》

（2016）中用这句话作为开篇：“神经科学家长期以来一直批评深度学习算法与当下的神经生物学常识相悖。”

更重要的是，大量不具备神经网络技术的“机器学习”仍然可以工作得很好。大家通常都不会将线性回归或 SVM 等同于大脑的工作方式。调整大脑中神经元之间连接强度的生物过程被称为尖峰定时依赖可塑性（STDP），它可能不是唯一的。STDP是加拿大心理学家马丁·泰勒（Martin Taylor）于 1973 年首次提出的关于赫布学习的延伸（引自《感知行为理论中的刺激结构问题》，1973）。赫布学习是这样一个事实：当突触前峰值发生在突触后峰值之前时，突触会变得更强。泰勒设想了一个对称的过程，只要相反的情况经常发生就会削弱突触（反赫布学习）。基本上来说，可能导致突触后输出的输入更有可能在将来对该输出做出贡献，而不会导致突触后输出的输入则一定不会在未来起作用。

瑞士洛桑联邦理工学院的沃尔夫拉姆·格斯特纳（Wulfram Gerstner）在对比“好”与“坏”的时机中表述了这样的事实：好的时机是突触前峰值到来之前出现一个突触后尖峰，反之则是不好的时机（引自《亚毫秒时间编码的神经元学习规则》，1996）。格斯特纳写了一本值得每一位人工智能科学家读的书：《神经元动力学》（2014）。

模式识别问题

神经网络非常善于发现模式并从中得出结论。如果某个形状的所有对象都被称为“苹果”，那么该形状的新对象很可能也是“苹果”。如果人们都撑雨伞（因为下雨了），那么你也会带上雨伞出行。模式识别的问题在于，它十分简单，但经常导致错误的结论。

例如，在第二次世界大战期间，英国分析了轰炸德国后返回基地的轰炸机，并决定根据机身上弹孔的密集区域来加固轰炸机。哥伦比亚大学匈牙利裔的统计学家亚伯拉罕·沃尔德（Abraham Wald）提出了不同的意见：所分析的对象只是那些幸存并返回基地的飞机。被敌人击落的飞机无法返回基地，因此缺乏这部分的分析来识别最重要的部位——那些会直接导致飞机坠落的弹孔部位。最初的判断是基于错误的假设，即德国的防空火力只会击中机身某些部分，而事实上，防空火力会随机击中飞机上的任意位置，这是更加合乎逻辑的假设。

这被称为“观察者选择效应”：在分析模式时，你会被所见所闻误导，并进而忽略掉最关键的因素，因为你压根没有看到它们。你需要用逻辑思维来佐证对模式的分析，逻辑思维可能会告诉你，你所看到的模式实际上具有误导性。

花絮：具有讽刺意味的是，沃尔德最终是在空难中丧生的。

关于 AlphaZero

2016 年，AlphaGo 通过人类专家的监督学习和自我游戏的强化学习，进行了为期数月的训练。2017 年，DeepMind 的新系统 AlphaGo Zero 在三小时内通过简单的自身对抗，了解了围棋的规则（引自《掌握没有人类经验的游戏》，2017）。经过 40 天的训练，它能够击败任何版本的使用数据所训练的 AlphaGo。而且让人印象深刻的是，2017 年的 AlphaGo Zero 运行的功率低于 2016 年的 AlphaGo：使用了一台服务器上的 4 颗张量处理器（TPU），而 2016 年的 AlphaGo 分布在多台服务器上，同时启用了共计 48 颗 TPU。以前版本的 AlphaGo 使用两个神经网络用于数值与策略，而 AlphaGo Zero 将策略与数值整合到了一个神经网络中——一个由非线性 ReLu 的留数模块堆栈构成的网络。这个神经网络对围棋一无所知。真正的

"智能"嵌入搜索算法内，该算法进行真正的自我演练（或者说，成为更好的算法）：它是使用罗纳德·霍华德（Ronald Howard）于 1960 年提出的用策略迭代方法进行蒙特卡罗树搜索的一种变体。神经网络存储了这个算法对所学内容的记忆。更重要的是，AlphaGo Zero 似乎不仅在几天内学会了围棋的规则，而且还发现了数千年来人类进行围棋游戏时从未发现过的新知识（从未被人类大师使用过的独创战术）。

之所以会这样，是因为围棋是一种可以确定所有可能性的棋类游戏，玩家对于游戏的规律有完整的了解，可以移动的数量（在全局内可能采取的行动）都是有限的，而且可以准确预测任何行动对全局产生的影响。人类大师们所玩的这种游戏有一个庞大的数据集，每场游戏耗时相对较短（大约 200 次移动），更重要的是，在赛前训练过程中，系统可以承受无数次失败。所有这些条件在现实世界中都是难以实现的。当机器人要抬起物体时，它工作在一个不确定的可选条件之中，可以采取的行动次数是无限的，每个动作对最终结果产生的影响是不可预测的，其中简单的扭矩都可能需要数千次调整，因为任何一个错误都可能造成数百万美元的损失。我们可以建立一个关于人类如何抓住物体的巨大数据集，但我们必须为每样物体建立数据集，并且可能每个人手臂、手和手指的运动方式和轨迹都稍有不同。

围棋游戏是马尔可夫假设中的场景：当前状态是你需要知道的，以便确定最佳的下一步动作。你不必关心你是如何进入当前状态的。然而，大多数时候，现实世界是一场截然不同的游戏，状态当前会受各种因素的影响。像足球这样的比赛会比围棋困难得多，而几乎社会中的任何交易行为都比足球更难以把握。

AlphaGo 是一个玩具，也只能是一个玩具。只有当我们把自己的世界变成一个玩具世界时，它才会成为人类智慧的一个挑战者——消除了所有的复杂性并只留下了马尔可夫条件。如果我们执着于重新构建我们的世界，我们可以设法将日常生活转变为围棋游戏中的规则，那么 AlphaGo 确实将超越人类的智慧（但在此时，我不确定这还能否被称为人类的智慧）。

正确地说，2016 年的 AlphaGo 只能在标准的“19 × 19”围棋棋盘上博弈：假如改变棋盘的规格，AlphaGo 就束手无策，举步维艰了。这是所有不会学习规则而只是试图模仿人类行为的算法的问题：鹦鹉只能重复几个单词而不能进行对话，原因很简单，因为它不知道对话的实质内容是什么。

如果让 AlphaGo 参与正常的智商测试，它的成绩只能是零：它只能执行一件任务，甚至不能理解问题。

难怪 AlphaGo 在围棋方面比任何人都要强：它实在没有其他任何事情会做。AlphaGo 一生都在下围棋。没有人会如此愚蠢地浪费她或他的一生和自己玩同样的游戏，而不做任何其他事情。我们有更多更重要的事情要做。即使是痴迷的棋手也会忙于生活中的日常琐事，购物、买菜、读书，等等。每个人的大脑中经常在做成千上万种不同的事情，其中许多事情是同时进行的（例如，你在交通拥挤的时候边听着收音机，边抱怨刚刚在你面前变道插队的司机）。

AlphaGo 只懂得下围棋，它不分白天黑夜地不停地下棋。这使得它的棋术变得越来越好。如果有一位老兄，他一直在做同一件事，而且越做越起劲，24 小时不间断地进行，我们会理所当然地认为他患有某种神经系统疾病，会将他扭送至精神病院。

AlphaGo Zero 显然不属于通常的人工智能，而是一种非常狭义的智能，和 AlphaGo 一样，它只能做一件事。然而，这个有意思的案例证明了，在某些情况下，机器可以学会执行任务，而且还可能通过不同于人类思维的方式，“青出于蓝而胜于蓝”，比人类工作得更出色。这样的人工智能和时钟或电视机有什么不同吗？这其中存在着争议。时钟比任何人都能更准确地计时，电视机可以完成人类无法做到的事情，可以播放动态图像，它们算是一种狭义的人工智能吗？事实上，任何商业化的程序都能比大多数人

（即使不是所有人）更好地完成某项任务，AlphaGo Zero 在围棋上的表现与你的报税软件相比有什么本质上的不同吗？软件工程师的答复或许是：AlphaGo Zero 自己学习执行任务而不是由编程者决定如何执行该任务。答案可以有多种版本。软件工程师设计了 AlphaGo，即为 AlphaGo Zero 编写软件程序，让它去与任何对手下围棋。更好的答案是，AlphaGo Zero 可以不断改进提升自己的工作，但这其实就是强化学习系统以及其他类型的学习系统（如进化算法）的功能。技术在不断地发展，有数以百万计的程序会实现自我改进，任何与环境交互的程序，都可以从环境中吸收信息并使用该信息来改善其与环境的交互（亚马逊等商业网站的商品推荐算法是典型的例子）。AlphaGo Zero 中的“环境”是围棋规则，与现实世界相比，这本质上是一个非常简化的环境。最后的答案是，AlphaGo Zero 是一种新方法的实验，它可以使机器编程比人类更好地执行特定的任务。对于报税和传统规划类的工作而言这是首选——就如同围棋之于 AlphaGo Zero。

狭义智能的限制很快被 AlphaGo Zero 的创造者们突破，他们即刻着手创建了一个更加通用的程序。在不到两个月的时间里（2017 年年底），DeepMind 创建了一个名为 AlphaZero 的新程序（引自《使用通用强化学习算法掌握国际象棋和日本象棋》，2017）。该程序使用与 AlphaGo Zero 相同的策略，学会了包括国际象棋在内的其他游戏。AlphaZero 在 4 小时内学会了国际象棋，并且 DeepMind 宣布它已经打败了 Stockfish。Stockfish 曾经是最受瞩目的“国际象棋引擎”之一，由马可·科斯塔尔巴（Marco Costalba）于 2008 年在意大利开发完成，作为托尔德·罗姆斯塔德（Tord Romstad）的 Glaurung（挪威，2004）的一个变体，由一个开源社区维护，而不使用神经网络。

AlphaZero 的培训在 5000 颗 TPU（谷歌的专业处理器）上花费了 9 小时的时间。AlphaZero 并不是第一个击败 Stockfish 的程序：Komodo，由唐·戴利（Don Dailey）和拉里·考夫曼（Larry Kaufman）于 2010 年开发完成，在开发完成几个月后就打败了 Stockfish；2010 年，由罗伯特·豪达特（Robert Houdart）在比利时开发的 Houdini 赢得了当年的 TCEC（顶级国际象棋引擎大赛）；Stockfish 甚至落后于 Komodo，只拿到了第三名。但 AlaphaZero 不同于 Komodo 和 Houdini：AlphaZero 使用了 Stockfish 的默认版本，而非最新发布的版本；Stockfish 不被允许访问开源的索引书（可以针对不同场景进行优化），内存限制为 1GB（事实上，在 64 位处理器上运行时需要更多内存），并且棋子每一步的移动都被限定在 1 分钟的固定时间内（Stockfish 被重新设计，加入了时间优化管理设定）。此外，AlphaZero 运行 4 颗 TPU，而 Stockfish 则运行在 64 位的处理器内核上。在 2017 年，谷歌 TPU 的性能为 180 万亿次浮点运算，比 64 位处理器的性能高出数十倍。此外，小于等于 7 个子的国际象棋残局的最优解法在数学上于 2012 年便已实现，且只使用更少的计算资源（肯文塔的罗蒙诺索夫数据表），AlphaZero 也不完全是自我学习，也有人告诉 AlaphaZero 相关规则。但这一切并不能完全抹杀机器学习的光芒。

2018 年 12 月，DeepMind 最终发表了关于 AlphaZero 的论文，作者是戴维·西尔弗（David Silver）、托马斯·休伯特（Thomas Hubert）和朱利安·施里特维泽（Julian Schrittwieser）。该论文明确指出："我们为国际象棋、象棋和围棋分别训练了 AlphaZero 的实例。"

例如，AlphaZero 的每个实例都学会了玩"象棋"或"围棋"。然后，确实，每个实例都成了它所掌握的唯一一种游戏中的佼佼者。然而，这篇论文的最终愿景是"一个可以学习掌握任何游戏的通用游戏系统"——这句模棱两可的话让读者（和媒体）相信 AlphaZero 可以同时学习所有这些游戏。人类可以学习无限数量的游戏，而不必忘记我们已经学过的游戏，一个人的大脑可以学习无限数量的东西。相反，AlphaZero 只有在忘记围棋的情况下才能学会其他棋类。当然，你可以让三个 AlphaZero 一起运行，一个下国际象棋，一个下中国象棋，一个下围棋。然后将它们运行在同一台机器上，你可以宣称这台机器已经学会了玩这三种游戏，它是这三种游戏的世界冠军。但从概念上来说，这与我们所说的有一个人造大脑在玩三种不同的游戏是完全不同的，我们真正拥有的是三个人造大脑，每个都只能玩一种游戏。这就像是说“我的厨房可以做饭、洗碗，甚至脱排油烟”与“我的厨房有烤箱、洗碗机和脱排油烟机”的区别。人工智能作为一个整体，在每一项任务上都比人类做得好，但它的工作原理与人脑的工作原理却“风马牛不相及”。

让媒体兴奋不已的是，AlphaZero 只用了 4 小时就学会了人类用 100 年学到的内容，但 4 小时、40 小时、4000 小时或 400 万小时之间的差异只是处理器的速度。关键在于是否实现自我学习，或者完全的自我学习。在一秒钟内完成还是在一年内完成的差别体现在比赛上，但与最终成就无关。换句话说，爱因斯坦是否在一天或一年内提出相对论，对于他的成就没有任何影响。况且已经有许多机器可以在速度上超越人类。我们跑不过汽车。机器会比人类更快、比上一代机器更快，这不是什么新鲜事。

重要的是，这一切都是棋类游戏。在一块有限的棋盘上存在许许多多种下法，但每一步所产生的效果是可以预期的。现实世界与棋盘游戏截然不同。现实世界发生在一张比围棋大得多的棋盘上。现实世界中可能发生的事情实际上是无限的。而且几乎每一种行为都会产生无限种影响。

我经常会想起一位学习法律的朋友，他所提到的一个男人乱扔烟头的故事：假如风将未熄灭的烟头吹到干燥的植被上，将其引燃该怎么办？假如有车辆为避免火情，撞向了路边的邮筒该怎么办？假如那辆车滚下山崖，压到了下面的孩子该怎么办？假如那个孩子的母亲看到这一切，冲到马路对面，又被过往的卡车撞到该怎么办？假如卡车撞人后急打方向盘，又撞向路边的房子，造成 6 人死亡，该怎么办？……

在现实世界中，AlphaZero 必须学习无数的规则，通过“强化”来学习对它们来说是不可能的，强化学习只有在能立即得到奖励或惩罚时才会发挥作用。如果没有真正的智能，AlphaZero 必须尝试无数次操作才能学会如何洗衣服、打铃、打开电视、阅读一本书的第 145 页、从屋顶上跳下……算法最终会找到一组特定动作，如将衣服放入洗衣机、关闭盖子、点击开始按钮。在 AlphaZero 将此作为洗衣服的正确步骤之前，即使按下按钮这样的动作，它也必须重复尝试纠错许多次，才能学会正确地按下按钮。即使采用暴力算法的人工智能也需要一台非常强大的计算机才能让 AlphaZero 执行这样简单的操作，而人类的智能却可以在几秒钟内学会。

在向 AlphaZero 及其可能出现的后续版本投降之前，想想你学习玩一种游戏经历了几次失败，3 次？ 7 次？在你成为一名游戏高手之前需要失败多少次？ 100 次？请记住，DeepMind 算法必须经历数百万次游戏才能学会你在几次实践中学到的东西。在此期间，你可能还学到了很多其他的东西。

为了评估 AlphaZero 的成就，我们必须（再次）明确我们的目标：是在寻找一种比人类工效更高的工具，还是要创造和人类一样的智慧？AlphaZero 在某些方面比人类做得更好吗？当然，就像飞机可以飞行而我们不能，汽车可以远远超越跑得最快的人，而电视机可以显示遥远的地方发生的真实事件。这些都是通过使用非人类方法（非人类“智能”）的机器实现的超人类能力的例子。顺便说一下，锤子和螺丝刀也是如此，这些工具可以做我们做不到的事情。每台机器存在的原因是它们可以比人类做得更好。不然它们只能是儿童的玩具而已。

Alphazero 是（人类）智能的体现吗？不，当然不是。人类不需要下数百万盘棋来掌控这种游戏，人类只需要玩几次即可，人类还重视他人的提示和建议。我们人类与 AlphaZero 非常不同。AlphaZero 可以比我们做得更出色吗？当然，就像每台计算机程序那样，就像每辆车那样，就像装配流水线上的每台机器那样。

关于 AlphaGo 及其后续版本最令人意想不到的事实或许是，它们采用的其实是陈旧的人工智能技术。AlphaZero 的原理非常简单——应用数据科学的联合创始人大卫·福斯特（David Foster）发表了名为《如何使用Python和Keras构建你自己的AlphaZero人工智能》的手册。

DeepMind的人工智能系统无疑是令人印象深刻的研究计划，但必须将它们放在宏观的历史背景中。当你惊叹于AlphaGo或AlphaZero强大的功能时，请自问："到目前为止，DeepMind的人工智能系统拯救了多少人的生命？"或者假如你身处华尔街："到目前为止，DeepMind的人工智能系统创造了怎样的经济奇迹？"为了正确看待这件事情，就在DeepMind成立100年之前，两位德国化学家弗里茨·哈伯（Fritz Haber）和卡尔·博施（Carl Bosch）发明了一种生产肥料氨的工艺：这种简陋的发明引发了农业革命，养活了数十亿人，带来了巨大的全球性的经济效益。

截至2018年，AlphaGo尚未在围棋界公开上线，AlphaZero也同样如此。

动态路由和胶囊网络

2017年，杰弗里·辛顿（Geoffrey Hinton）谈到了卷积神经网络在识别图像方面的缺陷（尽管媒体对此兴奋不已），并提出了一个新的思路，即"胶囊网络"（引自《胶囊之间的动态路由》，2017）。他最初提出这个概念是在8年之前，当时他写道：本文认为卷积神经网络在实现目标的过程中容易被误导（引自《转换自动编码器》，2011）。"卷积"存在的一个问题是它们是"平移不变的"，它们只能检测到某些特征是否共存，但会忽略它们的相对位置。如果图像有两只眼睛、一个鼻子和一张嘴，那么即使眼睛放在嘴巴下面，它也会被判断为一张脸。但是，面部不仅是某些特征的集合，也是这些特征的有序集合：嘴是在鼻子的下方还是上方，这是截然不同的！为了克服这种限制，辛顿设计的层不是由单个网络组成的，而是由胶囊，即功能网络组构成的。每个胶囊被编程以检测被分类的对象的特定属性。当然，传统的软件工程师可以编写一些代码来指定眼睛相对于鼻子的位置，但这确实过于老套了。

卷积神经网络的另一个问题是它们容易受到“白盒对抗性攻击”的影响，人们可以很容易地将某个秘密模式嵌入图像中，使其对卷积神经网络而言像其他的东西（但骗不过人眼）。在生物学角度上，胶囊网络显得更加合理。在25年后，辛顿重新发现了他当年在加州大学圣地亚哥分校时与神经系统科学家一起研究的一些课题：一种归纳式的描述方法（引自《指定基于对象标准引自框架的并行计算》，1981）。这种方法后来被加州理工学院的布鲁诺·奥尔斯豪森（Bruno Olshausen）、查尔斯·安德森（Charles Anderson）和戴维·范·埃森（David van Essen）加以改进（引自《基于信息动态路由的视觉注意力和不变模式识别的神经生物学模型》，1993），产生了一种更完善的空间物体的表示方法。安德森和范·埃森一直在研究视觉注意力的计算模型（引自《移位电路》，1987），尤其是调节皮质区域内和皮质区域之间数据流动的机制。奥尔斯豪森的研究假设是，大脑中有一群控制神经元，它们唯一的工作就是将数据在大脑皮层中传递。这些神经元执行一个叫作“动态路由”的过程，这个过程在大脑中相当于计算机的路由电路。这提供了一个比福岛邦彦和燕乐存的卷积神经网络中松散相关的“不变特征”集合更可信的对象识别模型。此外，奥尔斯豪森的模型似乎更接近视觉皮层的腹侧流。

今天的人工神经网络和大脑之间存在着本质上的区别：人工神经网络是水平层序列，而大脑的新皮层则既有水平层又有垂直序列。

神经网络只能完成简单的匹配模式，很容易犯一些低级错误。乔希·特南鲍姆（Josh Tenenbaum）在麻省理工学院的团队与IBM和DeepMind合作，将深度学习和符号推理结合起来，创造出了一款能够学习神经符号概念的系统——NS–CL，该系统能够像孩子一样，通过观察与交谈探索世界（引自《神经符号概念学习者》，2019）。

变分推理

概率模型中的推理通常是棘手的问题。最常见的近似算法仍然基于蒙特卡罗方法。与基于采样的蒙特卡罗方法相比，更优化的方法是变分推理，唤醒–睡眠算法是变分推理的一个个案。

1993年，多伦多大学的杰弗里·辛顿（Geoffrey Hinton）和德鲁·凡坎普（Drew VanCamp）已经为神经网络提出了一种变分推理（他们称之为“集合学习”，引自《通过最小化权重的描述长度来维持神经网络简单性》，1993）。变分推理和马尔可夫链蒙特卡罗方法做的是相同的工作（后验概率的近似推断），但是以完全不同的方式完成，且各有利弊。

变分方法将复杂问题转化为了更简单的问题。物理学中的一个实际例子是对多体系统的研究，这种系统在被近似为单体系统之前是难以处理的。这种方法是微积分的变体，要感谢两位瑞士数学家，它由雅各布和约翰·伯努利兄弟（Jacob & Johann Bernoulli）于1696年开创，在莱昂哈德·欧拉（Leonhard Euler）于1744年出版的《一种用于找到曲线的方法》一书中正式成为微积分学的一个独立分支，欧拉还在其1756年所做的名为《变分法的元素》的演讲中对之给出了正式的命名。微积分变体（主要由德国数学家卡尔·维尔斯特拉斯在19世纪60年代开发）通过一系列函数搜索“最佳”函数。因此，微积分变体并非函数，而是关于函数的“函数”：解决问题的方案不是数字而是函数。用于优化目的的变量计算是理查德·贝尔曼（Richard Bellman）动态方程的可替代方案。事实证明，这种微积分也有助于逼近概率推理，这就是所谓的变分推理。

在辛顿的尝试之后，概率模型变分推理的主导者是加州大学伯克利分校的迈克尔·乔丹（引自《非线性信念网络的平均场理论》，1996）和麻省理工学院的汤米·雅科拉（引自《图形模型推理和估计的变分方法》，

1997）。他们受到统计物理学的启发，尤其是意大利物理学家乔治·帕里西（Giorgio Parisi）的理论（引自《自旋玻璃的平均场理论》，1980）。

变分推理是关于最大化“变分下限”或称 ELBO 的理论。换句话说，它可以将概率推理的问题（在给定另一个函数值的情况下，推断出该函数的值）转变为最优化的问题（找出使某个函数最小化或最大化的值，在本例中是使 ELBO 最大化的值，或者等价地，最小化另一个被称为“库尔－莱布尔散度”的量）。为了使 ELBO 最大化，人们已经提出了几种办法。

亚历克斯·格雷夫斯（曾在瑞士人工智能研究所与施米德胡贝一起研究，现服务于多伦多大学）将“最小描述长度原则”应用于变分推理（引自《神经网络的变分推理实践》，2011）。他采用了在 1993 年由辛顿训练自动编码器的“最小描述长度原理”（引自《通过最小化权重的描述长度使神经网络保持简单》，1993）。这个原则可以追溯到芬兰的乔马·里森（Jorma Rissanen，引自《最短数据描述建模》，1978），基本上是奥卡姆剃刀定律的计算机版本，其中数据集的最佳模型是产生最佳数据压缩的模型。

2012 年，普林斯顿大学的大卫·布莱（David Blei）和加州大学伯克利分校的迈克尔·乔丹（以及乔丹的学生约翰·佩斯里）提出了基于罗宾斯于 1951 年提出的随机优化理论（引自《变分贝叶斯推理》，2012）的均值场方法的替代方法。随后，Adobe 公司的马特·霍夫曼（Matt Hoffman）应用这种方法分析了大型文本库（引自《随机变分推理》，2013）。2013 年，大卫·布莱和他在普林斯顿大学的学生拉杰什·兰加纳特（Rajesh Ranganath）开发了一种名为“黑箱”变分推理的算法，该算法无须改变即可快速应用于许多模型（引自《黑箱变分推理》，2014），后来这一算法演变为 2016 年的“等级变分模型”。一般来说，黑箱代表着只查看其输入和输出，而无须查看其内部工作情况的分析系统。

贝叶斯模型将数据分为“判别性”和“生成性”。前者只是做出判断（如句子是德语还是英语）；后者构建数据模型（如德语和英语的模型），从而“理解”更多的数据。判别模型学习条件概率（给定 x 的概率），而生成模型学习两个事件同时发生的联合概率。前者仅处理现有数据集，后者可以生成缺失或压缩的数据。

一方面，生成分类器会学习产生数据的“规则”。一旦“理解”了规则是什么，它就可以产生尚未发生但可能发生的数据，并且确保与实际发生的数据属于同一类型。另一方面，判别分类器会持续观察数据并产生更简单的规则。判别模型包括：逻辑回归，支持向量机（SVM），最近邻点法，条件随机场和传统神经网络。生成方法包括初始贝叶斯推理，隐马尔可夫模型，受限玻尔兹曼机，生成对抗性网络。我们自然会认为生成分类器更好，但是在 2001 年，年轻的吴恩达在加州大学伯克利分校与迈克尔·乔丹一起学习时，比较了线性回归和初始贝叶斯推理，并得出结论：判别分类器通常是更好的选择（引自《论判断与生产的分类器》，2001）。

神经网络时代有三种生成模型（或称“密度建模”）：生成对抗性网络（两个网络之间的游戏）、变分自动编码器（最大化 ELBO 的方法）和自回归模型。

自动编码器的概率解释先驱分别是燕乐存在纽约大学的学生马克·奥雷利奥·兰扎托（Marc’ Aurelio Ranzato，引自《基于能量模型的稀疏表征的高效学习》，2007）和孟加拉国蒙特利尔大学的学生帕斯卡·文森特（Pascal Vincent，引自《分数匹配和降噪自动编码器之间的一种连接》，2011）。

现在是时候重新发现辛顿的“唤醒—睡眠”方法了。变分自动编码器于 2013 年由马克斯·韦林（Max Welling）和他的学生迪德里克·金玛在荷兰阿姆斯特丹大学推导得出（引自《自编码变分贝叶斯》，2013）。然后，他们与荷兰数据科学家蒂姆·萨里曼斯（Tim Salimans）合作，弥合了 MCMC 与变分推理之间的差距（引自《马尔可夫链蒙特卡罗与变分推理》，2015）。萨里曼斯很快被 OpenAI 聘用，与古德费洛和雷德福合作开发生成对抗性网络，以及提高变异自动编码器的准确性，科曼也是参与者，他同样被 OpenAI 聘用（引自《改进变异推理与反向自回归流动》，2016）。2014年，丹·维斯特拉（DaM Wierstra）在 DeepMind 的团队，与达尼洛·雷森德（Danilo Rezende）和沙基尔·穆罕默德（Shakir Mohamed），通过融合深度学习和概率推理的元素，引入了更加通用和高效的变分自动编码器模型，他们用它来生成逼真的图像（引自《随机传播深度生成模型中的近似推断》，2014）。这两个项目产生了一类新的强大的生成模型，被称为“深潜高斯模型”（DLGM）。

2015 年，达恩·威斯特拉（Daan Wierstra）在 DeepMind 的团队推出了基于关注点的循环比较器（Deep Recurrent Attentive Writer，或称 DRAW），这是一个围绕变分自动编码器框架构建的神经网络（引自《用于图像生成的递归神经网络》，2015）。DRAW 使用两种技术（“渐进细化”和“空间注意”）扩展了变分自动编码器，这大大提高了效率，从而可以生成更大、更复杂的图像。像 DRAW 这样的系统（威斯特拉将其命名为“顺序生成模型”），表明、推理、生成和泛化是同一过程的不同方面。事实上，雷森德和穆罕默德所在的团队还建立了一个能够一次性生成的系统，一次遇见后即可生成概念（引自《深度生成模型中的一次性生成》，2016）。底特律 NEC 实验室的孙即可、李洪发和严辛晨（音译）建立了他们的混合“条件变分自动编码器”VAEGAN（代表“变分自动编码器 + 生成对抗性网络”），可以生成“年轻”“金发”等参数的“条件”（引自《使用深度条件生成模型学习结构化输出表示》，2015）。生成对抗性网络和变分自动编码器的发明是引发人们对概率思维重新关注的事件。

2015 年，布伦丹·弗雷（Brendan Frey）在多伦多大学的学生阿里雷扎·马克扎尼（Alireza Makhzani）与古德费洛（当时在 OpenAI）合作开发了“对抗性自动编码器”，即概率自动编码器和生成对抗性网络的组合，以执行变分推理。

2018年，瑞士人工智能研究所的尤尔根·施米德胡贝和大卫·哈（David Ha，前华尔街一家公司的高管，现供职于谷歌）发布了深度强化学习算法（引自《世界模型》，2018），解决了"赛车问题"，即智能系统沿着赛道尽可能快速地行驶中的问题。该解决方案由三个部分组成：变量自动编码器，可以创建紧凑的情景提示（如汽车接近弯道）；具有256个隐藏单元的LSTM递归神经网络，可根据当前动作（转向、加速和制动）预测下一种情况；一个密集连接的单层神经网络，用于选择下一个动作，从而组合转向、加速和制动这三个动作。通过和环境的随机交互，网络建立起了一个关于周边世界如何运作的心理模型（即其眼中的物理定律），认识它自己的行为会如何影响原有状态。此时，智能系统可以在脱车的情况下学习最佳驾驶技术。事实上，华盛顿大学的马克·戴森罗斯（Marc Deisenroth）和剑桥大学的卡尔-爱德华·拉斯姆森（Carl-Edward Rasmussen）于2011年开发的PILCO（学习控制的概率推理）使用更简单的方法达到了类似的效果：高斯过程将环境数据转变为系统的模型，然后使用该模型学习执行复杂的控制任务，如骑单轮脚踏车。

第三种生成模型主要是谷歌DeepMind部门的作品。自回归是一种预测方法，其中时间序列的未来值仅基于序列的过去值的加权和线性组合来估计。在2011年，爱丁堡大学的伊恩·默里（Iain Murray）和多伦多大学的雨果·拉罗谢尔（Hugo Larochelle）建立了"NADE"，即"神经自回归分布估计器"，并用它来生成手写数字。在理论上，受限玻尔兹曼机不适用于估计联合概率，但它们本质上是将受限玻尔兹曼机转换为贝叶斯网络（引自《神经自回归分布估计器》，2011）。在2015年，"NADE"演变为"MADE"，或称"用于分布估计的掩码自动编码器"，增加了一个名为"掩码"的过程（类似于广泛使用的"Dropout"训练方法）。在2014年，DeepMind的魏斯特拉团队的安德烈·曼尼（Andriy Mnih）和卡罗尔·格里高尔（Karol Gregor）设计了一种新的自动编码器，即"深度自回归网络"，或称“DARN”，再次借鉴了里森的“最小描述长度原理”，它同样被用于生成手写数字（引自《深度自回归网络》，2014）。DeepMind 推出的下一个自动回归网络是由科莱·卡乌库格鲁（Koray Kavukcuoglu，燕乐存在纽约大学的学生）领导的团队开发的“PixelRNN”。施米德胡贝的学生亚历克斯·格雷夫斯在慕尼黑技术大学于 2009 年推出了多维长短期记忆网络（引自《离线手写识别与多维回归神经网络》，2009），DeepMind 设计了 12 个二维 LSTM 层的结构，其新颖之处是在水平和对角线上都应用了卷积（引自《像素递归神经网络》，2016）。同一个团队实施了 PixelCNN（引自《带有 PixelCNN 解码器的条件图像生成》，2016），然后是基于 PixelCNN 的“WaveNet”（2016），它可以生成语音和音乐。OpenAI 的团队（蒂姆·萨里曼斯、迪德里克·金玛、安德烈·卡帕西）随后将 PixelCNN 转变为了自动回归模型“PixelCNN ++”，它使用前九个生成的像素来计算如何生成下一个像素。

场景理解（图片中正在发生什么、有哪些物体以及它们怎么了）对于动物来说很容易，但对于机器来说绝非易事。“视觉反向图形”是一种通过尝试生成场景来理解场景的方法。是什么导致了这些物体出现在那些位置？程序必须生成构成场景的线条和圆圈。一旦程序发现了生成场景的方法，它就可以对其进行推理并找出场景中的物体。这种方法逆向设计了产生场景的物理过程，计算机视觉是计算机图形的“逆向学科”。因此，“视觉反向图形”方法涉及图像生成器，然后是对象的预测器。预测即是推论。这种方法可以追溯到 20 世纪 70 年代的瑞典统计学家乌尔夫·格伦南德（Ulf Grenander）的发现。

在 DRAW 之后，DeepMind 中的阿里·伊斯拉米（Ali Eslami）、尼古拉斯·赫斯（Nicolas Heess）和其他人转向场景理解。他们的 AIR（引自《注意、推断、重复》，2016）模型结合了变分推理和深度学习，将推理作为一个重复的过程来推断图像中的对象，构建了一个 LSTM，该 LSTM 一次处理一件物品。爱丁堡大学的卢卡斯·罗曼斯科（Lukasz Romaszko）后来用他的概率霍夫网络（Probabilistic HoughNets，引自《视觉即反图形》，2017）改进了这个想法，其类似于麻省理工学院的吴佳俊所使用的“去渲染法”（引自《神经场景去渲染》，2017）。

DeepMind 的阿里·伊斯拉米和达尼洛·雷森德（Danilo Rezende）开发了一种无监督模型，通过概率推理从“2D 图像”中获取 3D 结构（引自《图像中 3D 结构的无监督学习》，2016）。基于这项工作，在 2018 年 6 月，他们引入了一个全新的范式：生成查询网络（GQN），目标是让神经网络从不同的角度观察一个房间，学习其布局，然后以文学的手法描绘出场景。该系统是表示网络（学习场景的描述、计数、定位和对象分类）和生成网络（生成场景的新描述）的组合。

有些人试图在深度学习的世界和变分推理的世界之间架起桥梁。多层神经网络是一种循序渐进的过程，虽然每一步（每一层）都很复杂。网络的每一层都要学习一些越来越复杂或抽象的特征。然而，这种离散的步骤并不适合处理连续的过程。神经网络对现实的连续性建模的紧密程度最终取决于它有多少层：一般来说，添加更多的层可以增加模型的粒度。但是每一层都增加了计算成本。

插曲：被人工智能扼杀了的版权

自从维基百科诞生以来，我一直为维基百科上有那么多文章抄袭我的研究而烦恼（在大多数情况下都没有提及出处）。我们对此无能为力：总是有人可以简单地改写别人的研究，使之成为自己的研究（讽刺的是，维基百科上还有贬低我研究价值的页面）。如果人工智能发展到可以改写一篇文章的地步，这种陋习就会恶性膨胀。任何人都可以拥有自己的人工智能机器人，它可以重新组织文章，然后将它署以自己的名字。这台机器人可以昼夜不停地工作，改写数百万篇文章。我的机器人可以扫描世界上所有的新闻，每天生产几十篇“原创”文章，然而它们只是抄袭了我最喜欢的新闻媒体的文章：《纽约时报》《BBC 新闻》《CNN》《卫报》，等等。这是完全合法的。舒舒服服地坐在椅子上，你将轻而易举地与世界上任何新闻媒体和百科全书竞争。

分层贝叶斯网络

回到贝叶斯推理。另一条发展线路背离了神经网络。1999 年，约书亚·特南鲍姆（Joshua Tenenbaum）毕业于麻省理工学院，他的毕业论文的题目是《概念学习的贝叶斯框架》。2001 年，他和他在斯坦福大学的学生托马斯·格里菲斯（Thomas Griffiths，现就职于加州大学伯克利分校）开发了他们的“分层贝叶斯模型”，用于在不同抽象层次上的归纳生成，从而学习更高层次的概念（引自《人类因果归纳中的结构学习》，2001）。这些是与 MCMC 一起实现的定向图形模型（类似珀尔的贝叶斯网络，而不像玻尔兹曼机）。

分层贝叶斯框架后来被卡耐基 - 梅隆大学的李泰成（音译）加以改善（引自《视觉皮层中的分层贝叶斯推理》，2003）。这些研究也是后来被广泛宣传的“分层时间记忆”模型的基础，创立该模型的 Numenta 公司于 2005 年在硅谷由杰夫·霍金斯（Jeff Hawkins）、迪利普·乔治（Dileep George）和唐娜·杜宾斯基（Donna Dubinsky）创建。他们发现，还有一条路可以达到同样的范式：分层贝叶斯信念网络。这家初创公司的开发依据是硅谷企业家杰夫·霍金斯在其于 2004 年出版的《论智能》一书中提出的理论，该书雄心勃勃的副标题为“对大脑的新理解将如何催生出真正智能的机器”。

2008 年，艾利森・戈波尼克（Alison Gopnik）提出了关于儿童如何学习新概念的“理论”，其理念是儿童所用的方法与科学家用来发展科学理论的方法相同。在模拟儿童思维方面，特南鲍姆的贝叶斯分层模型被认为是一种似是而非的数学工具。神经网络不能用它所学到的概念做很多事情。相反，人类通常可以随时地、自然地使用我们已经掌握的概念。我们还可以将新概念和其他概念联系起来，并加以解释。更重要的是，我们可以根据新的概念采取行动。约书亚・特南鲍姆、查尔斯・坎普（Charles Kemp，现就职于加州大学伯克利分校）和托马斯・格里菲斯在他们的著作《如何培养思维》中指出，分层贝叶斯模型构成了我们所有对生活认识的基础。在 2014 年，特南鲍姆与纽约大学的布伦登・莱克（Brenden Lake）以及多伦多大学的鲁斯兰・萨拉赫丁诺夫（Ruslan Salakhutdinov）使用贝叶斯推理的神经网络设计了一款程序，以更近似于人类的方式学习手写字符，虽然这只是一个非常狭窄的领域（引自《通过概率编程归纳实现人类概念学习》，2014）。

在贝叶斯模型的应用方面，还有一个趋势：将学习和多任务学习（人类共有的两种学习，但在算法中很难实现）作为归纳的形式，这发生在斯坦福大学的特南鲍姆和格里菲斯在贝叶斯推理中引入归纳方式之后（引自《归纳、相似性和贝叶斯推理》，2001），该设想的基础是斯坦福大学心理学家罗杰・谢泼德的思想（引自《心理科学归纳的普遍规律》，1987）。

问题是，许多概率模型在数学上难以处理。苏利亚・甘古利（Surya Ganguli）的学生雅舍・索哈尔 - 迪克斯坦（Jascha sohar-dickstein）在斯坦福大学重新发现了雅琴斯基（Jarzynski）20 年前的想法——使用马尔可夫过程逐步将一个分布转换为另一个，特别是将难以处理的分布转换为易于处理的分布（引自《使用非平衡热力学的深度无监督学习》，2015）。

可叹的是，加州大学戴维斯分校的吉姆・科兰驰菲尔德（Jim Crutchfield）

在2016年证明了概率归纳无论如何都不适合非线性系统（引自《多元依赖超越香农信息论》，2016）。看来，数学家们并没有意识到——人们不会用概率论的术语来思考问题。

神经网络的智能

没有人能对“智能”下一个非常精确的定义，但在各种不同的层次上，机器确实已经可以模拟我们所做的事情。法国数学家埃米尔·波莱尔（Emile Borel）在他的《统计力学与不可逆性》（1913）一书中探讨的“无限猴子定理”或许代表了一种极端情况——让一只猴子在打字机上随意打字数百万年，它最终会写出人类有史以来所有的书。

罗斯·阿什比在他的论文《智能放大器的设计》（1956）中计算出，空气中每立方厘米内分子无规则的布朗运动，每秒会产生10万次三角函数的正确二进制代码。他的结论是：一个整天涂鸦的孩子最终会写出正确的代数公式。

哲学家约翰·塞尔（John Searle）设想的“中文房间”是一种稍微“智能”（或者至少更可行）的智能模拟。假如将一个完全不懂中文的人锁在一个房间里，给他所有用中文可能问的问题（不管多复杂的问题）和中文的答案，然后让一位汉语大师用中文提问并阅读他的答案，大师会得出这样的结论：房间里一定是一位文化水平很高的中国学者，而事实上被锁在房间里的人对中文一无所知（甚至都不知道什么是中文）。

你是否将波莱尔的猴子或是塞尔的中文房间称为智能，这都取决于你，即你对智能的定义。

神经网络介于两者之间。就像波莱尔的猴子一样，它们会随机“打字”（只不过这里的“打字”实际上是“数字运算”）；同时，就像塞尔的中文房间一样，它们也有“规则”（尽管这是“受训”后的成果）。

一位深度学习的实践者或许会告诉你，建立一个神经网络来模拟人类行为比建立塞尔的中文房间要容易得多。然而，从来没有一个神经网络能够用中文（或任何其他语言）回答复杂问题，要接近这个目标须经历“万水千山”，绝非易事。

神经网络的常识

计算机通过符号运算来表现大千世界。我们输入的数据，无论文字还是字符，都以“0”和“1”的序列形式予以存储，然后根据我们称为“程序”的指令序列来对其进行处理（这些指令中的大多数产生了需要存储的新数据）。对符号性的人工智能的主要批评在于，这“绝非”是人类大脑的工作方式。实际上，这代表了对计算机模拟人类智能想法的主流批判。唉，这恰恰正是我的真实写照。其实在我的大脑里，就是一团乱麻（粗陋不堪）似的“脑灰质”，“我”只能借助符号来思考。在我的脑海里形成了句子，然后键入一串符号序列，用以反映我内心所指，而你所阅读的符号序列，在你的心里产生另一种意义，意义同样也是一种象征符号。没有任何证据表明，我们的头骨里存在某种电化学活动，与我们的现实生活一一对应。我们一直都在符号化我们的生活。

“符号”似乎暗示着“算法”存在于一切事物中，而批评者不能接受这样的观点：精神生活中的所有方面，本质上都是某种算法。这种批评的问题在于这是事实，因为还没有人发现“我们”所做的事情中哪些是不能用算法来表现的，换句话说，一切皆为计算。毫无疑问，这会是一个相当烦琐的活计，要花很长时间，为我们所做的事情一一列出所有的算法，但没有人能证明这是不可能的，并且更重要的是，算法每年都在做比原来更多的事。在有些情况下，看似复杂的算法可以很简单。我不知道如何训练神经网络穿过马路，但我可以在几秒钟内写下基本的规则：左顾右盼，等没有车朝你的方向驶来时，快速地走到另一边。如果下雨，要小心，避免在潮湿的人行道上滑倒。这就是一个算法。

神经网络并没有表现出常识：它们难道是更类似于我们大脑工作的模型吗？人们自然而然地会想到：符号的人工智能（而非神经网络）更类似于“我们”。我不想弄得太玄乎，但是“我”是有常识的，而且“我”对自己大脑的结构一无所知，我必须阅读一本书来了解大脑的结构，而这不影响我轻松地捡起掉在地上的一张纸，或者，更简单地——享受我的午餐。“我”所做的在本质上是符号性的。我不可能成为一个神经网络：“我”不可能一个个地消化图像像素，提交给一层又一层的神经元，然后调节各神经元间的权重，根据反向传播算法推导结论，等等。“我”只会使用符号。当有一天神经学家告诉我，我对符号的认识源自大脑的某些内部结构的正常工作时，我会非常高兴，因为这代表着他们有可能发现如何修复大脑中的问题，就像今天的医学可以治疗心脏问题一样。我并不需要知道大脑的内部结构就能进行思考，就像我不需要了解心脏的内部构造就能让它保持跳动。

将有史以来的知识编码到神经网络中（在目前）绝非易事。对知识进行编码正是人工智能另一条分支的目标，符号象征性分支使用数学逻辑，旨在模拟我们的思维方式，而非大脑的结构。“专家系统”，如登达尔专家系统，它将知识编码，就如同一阶谓词逻辑中的一组语句。例如，“皮耶罗是一个作家”和“如果 X 是一个作家，那么 X 就会拥有读者”。这种方法是通过将简单的推理规则应用于该语句中的符号（如 X）来得出结论的。将常识性知识移植到神经网络的一种方法是将专家系统的符号化、知识化、演绎法与神经网络的“子符号”、数据驱动的学习方法相结合。混合这两种方法的最初推动力，源自两个领域内各自所受的限制：专家系统存在创建知识库的问题（通常涉及如何从人类专家那里“获取”知识的问题）；而神经网络则受到“局部极小值”问题的困扰。从理论上讲，还有一场有关符号思维如何从神经计算中生成的争论。这个问题被卡耐基 - 梅隆大学的未来学家大卫·图雷茨基（David Touretzky）和杰弗里·辛顿（Geoffrey Hinton）（引自《神经元之间的符号》，1985）合作提出。东北大学的斯蒂芬·格兰特（Stephen Gallant）研究了联结主义专家系统 MACIE（1985），这是最早能够解释自身输出的神经网络之一。保罗·斯莫伦斯基（Paul Smolensky，当时在科罗拉多大学）认为，他可以用“张量分析”来解决这个问题，即在神经网络和符号系统的高级描述之间发现了一种形式上的等价（引自《一个变量绑定和联结主义系统中符号结构的表示》，1987）。威斯康星大学的裘德·沙夫利克（Jude Shavlik）致力于“基于知识的人工神经网络”（引自《基于解释和神经学习算法相结合的方法》，1989）。

在 20 世纪 90 年代，布兰代斯大学的孙荣（音译）在其著作《整合规则与联结主义以实现稳健的常识推理》（1994）中探讨了次符号与符号的融合。此外，还有大量这方面的论文，包括丹尼尔·莱文（Daniel Levine）和曼纽尔·阿帕里西奥（Manuel Aparicio）的《用于知识表示和推理的神经网络》（1993），以及苏兰·古纳多莱克（Suran Goonatilake）和苏克戴夫·科勃尔（Sukhdev Khebbal）的《智能混合系统》（1995）。

伦敦国王学院的多夫·加贝（Dov Gabbay）和伦敦城市大学的阿图尔·黛维达·加西（Artur d’avila Garcez）在于 2002 年出版的《神经符号学习系统》中发表了神经网络混合模型，用于知识表示和推理。“马尔可夫逻辑网络”由华盛顿大学的佩德罗·多明戈（Pedro Domingos）和马特·理查森（Matt Richardson）于 2006 年提出，多明戈的学生王珏于 2008 年将其扩展为“混合马尔可夫逻辑网络”，将一阶逻辑和马尔可夫网络结合起来，使用 MCMC 方法进行（近似）推理。莱昂·波图（Leon Bottou，以他提出的“随机梯度下降”理论闻名，先后供职于微软和 Facebook）探讨了非正式推理，这是介于子符号计算和逻辑推理之间的中间层（引自《从机器学习到机器推理》，2011）。理查德·索奇（Richard Socher）在吴恩达的带领下在斯坦福大学研究常识推理，并发明了“神经张量网络”（引自《用于知识库完成的神经张量网络》，2013）。意大利布鲁诺凯斯勒的卢西亚诺·塞拉菲尼（Luciano Serafini）和伦敦城市大学的阿图尔·黛维达·加西描绘了“逻辑张量网络”，它融合了索奇的神经张量网络和一阶多值逻辑（引自《逻辑张量网络》，2016）。

事实证明，逻辑张量网络类似于在2005年由加州大学伯克利分校的斯图亚特·罗素（Stuart Russell）开发的BLOG（贝叶斯逻辑），属于一种不同但并行的思维方式，即将数理逻辑（只处理真假命题，即0和1）扩展为处理概率（即0和1之间的连续值）。由此产生的逻辑并不局限于真/假的结论，而是承认真实的程度。

在扎德开始研究模糊逻辑的同时，阿尔弗雷德·塔斯基（Alfred Tarski）的学生海姆·盖夫曼（Haim Gaifman）展示了如何将概率论移植到一阶逻辑上，即试图将概率建立在坚实的逻辑基础上（引自《关于一阶计算的度量》，1964）。朱迪亚·珀尔（Judea Pearl）引入贝叶斯网络后，有几位数学家对逻辑和概率的积分做出了重大贡献，他们分别是：康奈尔大学的约瑟夫·哈尔彭（Joseph Halpern，引自《一阶概率逻辑的分析》，1990）、英国图灵研究所的斯蒂芬·马格尔顿（Stephen Muggleton，引自《归纳逻辑编程》，1992）、马里兰大学的万卡特拉姆南·萨布拉玛尼安（Venkatramanan Subrahmanian，引自《概率逻辑编程》，1992）、英属哥伦比亚大学的大卫·普尔（David Poole，引自《概率角捆绑中贝叶斯网络的表示》，1993）、威斯康星大学的彼得·哈达维（Peter Haddawy，引自《从概率逻辑知识库生成贝叶斯网络》，1994），等等。

谷歌于2016年开发的DeepMath（弗朗索瓦·乔利特主持的项目）研究了神经网络如何进行高级逻辑思维，如证明定理。弗朗索瓦·乔利特（Francois Chollet）从一个显而易见的事实出发——人类可以从很少的例子中进行学习，而且人类更擅长长期规划，能够自然地对某个情景进行概括，并可以在未来将总结的知识运用到各种各样的情境当中去。微软于 2017 年开发的 DeepCoder（与剑桥大学的马泰·伯洛格合作）是一个与之类似的自动生成程序的项目。

我们的数学逻辑擅长从原因中推导出结果：如果下雨，东西就会被淋湿。大多数机器学习（特别是深度学习）善于猜测产生效果的原因。那是因为机器接受过“训练”，能认知每项原因会产生的许多种结果。尽管如此，假如机器无法从原因中推导出结果，那么在它“知晓”原因后，它也无法预测被观察对象的行为。从朱迪亚·珀尔（Judea Pearl）的标志性著作《因果关系》（2000）开始，到日本化学理论研究所的清水正平（引自《一种用于因果发现的线性非高斯无环模型》，2006 年）和德国马克斯普朗克研究所的伯恩哈德·舍尔科夫（Bernhard Schoelkopf）的研究（引自《关于因果学习和反因果学习》，2012），期间经历了很长一段时间。在 2013 年，伊莎贝尔·盖恩（Isabelle Guyon）组织了一场竞赛来开发可以学习因果推理的算法，即因果效应对角线竞赛（有 266 支队伍参赛）。

脚注：逻辑与概率

很早之前，人们就想将概率论（用于描述一个不确定的世界）和数学逻辑（能有效地描述世界物体之间的关系）两者统一。在 1946 年，约翰·霍普金斯大学的物理学家理查德·考克斯（Richard Cox）证明了一个被广泛认为概率论超越了真假范畴的定理。另一位物理学家——华盛顿大学圣路易斯分校的埃德温·杰恩斯（Edwin Jaynes），在他颇具影响力的著作《概率论》（于 1952 年开始写作）中将概率论理解为逻辑的延伸。后来，人工智能科学家怀着复兴逻辑和概率理论的愿望，尝试了两种推理形式的实际融合，如加拿大阿尔伯塔大学的法希姆·巴克斯（Fahiem Bacchus，引自《用概率知识表示和推理》，1988）与在 IBM

位于圣何塞的曼顿研究中心的约瑟夫·哈尔彭（Joseph Halpern，引自《对一阶概率逻辑的分析》，1989）所做的。

然而，加州大学伯克利分校的斯图亚特·罗素（Stuart Russell）指出，逻辑和概率的结合要求我们所认为的对象也是不确定的（引自《逻辑与概率的统一》，2014）。一件事是告诉机器世界上有苹果，并要求机器识别出苹果；另一件事是询问机器看到了什么物体——机器看到的是像素，数十亿像素。预先知道所有的物体，与通过观察推断物体的同一性，这之间是有区别的。

最后，大卫·查普曼（David Chapman）指出，考克斯和杰恩斯从根本上误解了什么是逻辑。概率论是命题演算的延伸，但命题演算并不是逻辑：它与对象无关。逻辑从谓词演算开始，谓词演算可以描述对象之间的关系，逻辑可以做概率论做不到的事情（引自《概率论不是逻辑的扩展》，2016）。

基于知识的系统

人工智能领域的实践者快速分裂成两个领域。其中的一派由赫伯特·西蒙（Herbert Simon）和他在卡耐基理工学院的学生艾伦·纽维尔（Allen Newell）以他们合作开发的“逻辑理论家”系统为先驱，他们基本上把智力理解为数理逻辑的顶峰，并专注于符号处理。对伯特兰·罗素的《数学原理》的第二章中的内容，《逻辑理论家》一书轻松地证明了52个定理中的第38个。一份与罗素的原作不同的证明被提交给了《符号逻辑杂志》，这是第一份由人与计算机程序共同撰写的论文。

在1955年，纽约IBM研究中心的亚瑟·塞缪尔不仅创作了第一款可以玩跳棋的计算机程序，还编写了第一个自学程序。该程序所实现的 Alpha-Beta 搜索算法，在接下来的 20 年里主导了人工智能领域。1956 年 2 月，一个电视频道播放了一场由 IBM 701 计算机对人类专家的跳棋比赛，该计算机运行了塞缪尔的程序。几年后，塞缪尔设计出了另一种学习方法，他称之为“泛化学习”，这是“时间差异学习”方法的萌芽版本（引自《使用跳棋游戏进行机器学习的一些研究》，1959）。

这一分支的人工智能（符号性的分支）的突破或许源自约翰·麦卡锡的文章《常识性编程》（1958）：那时尚在斯坦福大学的麦卡锡明白，总有一天机器会在重复与计算性事务上轻松超越人类，但“常识”才是真正的“智能”，而常识源自人类世界的知识。这篇文章引出了“知识表示”这门学科——机器如何认知世界，并利用这些知识进行推理。麦卡锡的方法依赖于符号逻辑，尤其是一阶谓词逻辑（真 / 假谓词），以计算机能够处理的一种正式语言（二进制逻辑）来描述人类知识。

麻省理工学院的语言学家诺姆·乔姆斯基在其于 1957 年出版的《句法结构》（*Synstructures*）一书中提出了一种观点，认为语言能力是由其在表达过程中，使用了正确语法规则的句子所决定的。语法规则规范了语言如何运作，一旦你掌握了这种知识（和词汇），你就可以用这种语言写出任何句子，包括你从未听过或读过的句子。乔姆斯基曾与泽利格·哈里斯（Zellig Harris）一起研究，并将哈里斯的“转型规则”（引自发表于 1952 年的两篇开创性的论文《文化与风格》和《话语分析》）与埃米尔·波斯特（Emil Post）于 1943 年在纽约城市学院发明的生产体系（引自《一般组合决策问题的正式缩减》，1943）结合起来。波斯特是一位数学家，他的论文主题是研究伯特兰·罗素所著的《数学原理》（在图灵之前，他几乎已经发明出了图灵机）。事实上，第一个运行在 Univac 1 上的英语解析器是于 1959 年在宾夕法尼亚大学由泽利格·哈里斯负责的转换和语篇分析项目（TDAP）中完成的。

人工智能受益于苏联于1957年10月发射的第一颗人造卫星Sputnik。美国政府对苏联在技术上的领先感到恐慌，而人工智能这门新学科已准备好接受军事资助，这些资金开始涌入不少前途未卜的技术领域。

在冷战高峰时期，麦卡锡自己编写了一个国际象棋程序，挑战苏联的一个国际象棋程序，这个程序最初是亚历山大·克朗罗德（Alexander Kronrod）于1963年在莫斯科理论与实验物理研究所（ITEP）的团队开发的。苏联赢了那场比赛。第一部人工智能研究纲要是由两位年轻的加州大学伯克利分校的研究人员爱德华·费根鲍姆和朱利安·费尔德曼（Julian Feldman）编撰的，他们都曾是卡耐基理工学院的赫伯特·西蒙（Herbert Simon）的学生。这本纲要叫作《计算机与思想》（1963）。其中包括了明斯基、西蒙、纽维尔（逻辑理论家）、塞缪尔、塞尔弗里奇（鬼蜮模型的提出者）、肖和图灵本人的文章，以及厄尔·亨特和卡尔·霍弗兰的概念学习模型（CLS）、费根鲍姆自己的基本感知和记忆模型（EPAM）——这两个模型都是早期的决策树实验。

计算机程序设计的快速发展推动了这一领域的进步，因为计算机处理符号的能力越来越强：知识用符号结构表示，“推理”被简化为处理符号的表达式。这一系列的研究催生出了“基于知识的系统”（或称“专家系统”），如爱德华·费根鲍姆在斯坦福大学展示的Dendral（1965），它由一个“推理引擎”（世界数学家公认的合法推理技术的汇编）和一个“知识库”（“常识”知识）所组成。这种技术依赖于从各领域人类专家那里获取知识，以便创建这些专家的“克隆”（性能与人类专家一样的机器）。专家系统的局限性在于，它们只在一个特定领域内具有“智能”。

他们的“知识”是用一种可以进行逻辑推理的形式语言来表达的：一阶谓词逻辑语言。数学家发明这种语言来表达对象之间的关系。专家系统的美妙之处在于，基于一阶谓词逻辑，它们可以解释自己的结论：总是可以“回溯”推导得出结论的各个逻辑步骤。

另一方面，数学直觉似乎构成了比基于知识的推理更高层次的智力。赫伯特·西蒙（Herbert Simon）和他在卡耐基理工学院的学生肯尼斯·科托夫斯基（Kenneth Kotovsky）研究了序列外推，即如何得出序列中的下一个数字（引自《人类对顺序模式概念的习得》，1963）。沃尔特·莱特曼（Walter Reitman）是纽维尔和西蒙在卡耐基理工学院的同事，他建立了一个早期的类比推理系统 Argus（引自《思维的信息处理模型》，1964）。莱特曼不喜欢 GPS 死板的机械推理，他想用更自由的方法来模拟人脑的创造力。GPS 无法解释人类在艺术和音乐等领域的创造力，因为这些领域需要解决的问题不像数学逻辑那样定义明确。事实上，它的定义非常模糊：在创作一首歌曲时，我们是在试图解决哪些问题呢？不过，Argus 也是用同样复杂得令人绝望的编程语言——信息处理语言（Information Processing Language，简称 IPL）编写的。微观几何领域的类比推理是一个名为 Analogy（1968）的程序的主要功能，该程序由托马斯·埃文斯（Thomas Evans）在波士顿附近的空军研究实验室开发完成（引自《解决几何类比问题的启发式程序》，1968）。

Chapter
6

Intelligence is
not Artificial
(Expanded Edition)

Intelligence is
not Artificial
(Expanded Edition)

Intelligence is
not Artificial
(Expanded Edition)

Intelligence is
not Artificial
(Expanded Edition)

第六章

智能与机器人

Intelligence is
not Artificial
(Expanded Edition)

Intelligence is
not Artificial
(Expanded Edition)

Intelligence is
not Artificial
(Expanded Edition)

Intelligence is
not Artificial
(Expanded Edition)

机器学习先于人工智能

模式识别与分类的数学方法在数字计算机发明之前就已经存在，但很显然，数字计算机赋予了它实用性。

模式识别系统对数据集进行操作。假如数据集是由人工标记的，那么系统的学习被称为“监督的”。如果数据集由未标记的数据组成，则系统的学习是“无监督的”。

在监督学习中，系统必须学习一个模型（基本上是用归纳法），以便能够正确地对每个类别的未出现过的实例进行分类。在这种情况下，“学习”意味着根据数据中的模式进行操作。例如，识别苹果或预测象棋走法的效果。在无监督学习中，系统必须发现数据中的模式，即类别。例如，在观看了数百万个关于猫和狗的视频后，系统（在不知道猫和狗是什么的前提下）会将它们分成两组。

监督学习与识别、分类和预测相关，无监督学习则是关于聚类的。两者的共同点在于，它们都是概括方法。

从数学角度上来讲，特征向量被用来描述一个实例。例如，图像的向量包含边缘、形状、颜色和纹理等特征。

在机器学习被正式命名之前，研究机器学习的两个领域是统计和优化。

对模式识别的统计方法的研究已有一个世纪的历史。在 1901 年，英国统计学家卡尔·皮尔森（Karl Pearson）发明了“主成分分析”方法（无监督）。哈罗德·霍特林（Harold Hotelling）在美国对“主成分分析”方法加以推广和普及（引自《分析一个复杂的统计变量的主成分》，1933），又在 1903 年发明了“线性回归”（监督的）。学者们对模式识别的贡献来自不同的方面：罗纳德·费雪（Ronald Fisher，人口遗传学的创始人之一）于 1936 年在英国发明了“线性判别分析”；1944 年，约瑟夫·伯克森（Joseph

Berkson）在美国明尼苏达州的一家诊所发明了最流行的“逻辑回归”方法；“K–近邻”（K–Near–Neighbors，KNN）分类器（又名“最小距离分类器”或“接近算法”）是于1951年由伊夫林·菲克斯（Evelyn Fix）和约瑟夫·霍奇斯（Joseph Hodges）在美国空军航空医学院发明的；贝尔实验室的物理学家斯图尔特·劳埃德（Stuart Lloyd）在1957年发明了用于信号处理的“K均值聚类”，等等。

线性分类器特别受到欢迎。例如，在1961年，兰德公司的梅尔文·马龙（Melvin Maron）首次使用“朴素贝叶斯”算法进行文本分类；同年，马文·明斯基首次使用该算法进行机器视觉分类（引自《迈向人工智能的步骤》，1960）；哈佛大学的约瑟夫·罗基奥（Joseph Rocchio）在1965年发明了罗基奥算法。

线性分类器使用线性函数将数据的可能特征映射到一组标签上。弗兰克·罗森布拉特（Frank Rosenblatt）在1957年发明的感知机也是线性分类器，而多层神经网络是非线性分类器。另一种非线性分类器是“决策树分析”，尤其以罗斯·昆兰（Ross Quinlan）在澳大利亚悉尼大学发明的迭代二分器3（ID3）为代表（引自《决策树的归纳》，1985），其于1993年扩展到C4.5，成为监督学习的基准。

这些统计方法在计算机科学中得到了广泛的应用。普渡大学的福永敬之助（Fukunaga Keinosuke）于1972年所著的《统计模式识别导论》，斯坦福国际研究所的理查德·杜达（Richard Duda）和彼得·哈特（Peter Hart）于1973年合著的《模式分类与场景分析》等流行教材提供了这方面的全面总结。线性分类器在文本分类中仍然很受欢迎，在互联网的繁荣时期，线性分类器成为编写“推荐系统”的首选方法。1994年，保罗·雷斯尼克（Paul Resnick）在麻省理工学院基于KNN算法（用于推荐世界性新闻网络上的文章）构建了一个名为GroupLens的早期模型。

上述这些都不是人工智能，它们起源于统计学。

在“大数据”时代，人们倾向于关注数据。然而，我们可以在不理会数据的前提下就学到一些东西。给孩子看香蕉，孩子以后就会认出见到的任何一根香蕉。学习与“数据”无关。学习依靠的是形成和使用概念的能力。计算机擅长处理数据，所以我们发明了一种数学方法让它们摆脱没有概念的限制，换言之，数学可以让计算机处理信息，就如同我们处理知识一样。

从何时起，我们在生活中失去了生命？我们在知识中失去了智慧？我们在信息中丢失了知识？

——托马斯·斯特恩斯·艾略特，《岩石》

机器人的诞生

“机器人”这个词最早出现在1920年卡雷尔·卡佩克（Karel Capek）的科幻戏剧《R.U.R》（“罗森的通用机器人”的简称）中，但它指的是工厂里制造的人造人（就像《银翼杀手》中的复制人那样），“robota”的意思是“农奴劳工”，因为这些“机器人”在这部剧作中被当作奴隶。所以，这些机器人往上可以追溯到玛丽·雪莱在《弗兰肯斯坦》（1818）中创造的生物，或者是卡洛·科洛迪（Carlo Collodi）在《匹诺曹历险记》（1883）中塑造的木头人，以及弗兰克·鲍姆（Frank Baum）在《绿野仙踪》（1900）中描绘的铁皮人。今天的机器人可以算是欧洲、中东和中国数百年来所制造的机械自动机的后代，其中最著名的是雅克·德·沃卡森（Jacques de Vaucanson）的“长笛手”（1737）和皮埃尔·贾科特-德罗茨（Pierre Jaquet-Droz）的“作家”（1768）。在雅克·奥芬巴赫（Jacques Offenbach）的《霍夫曼的故事》（1881）中，主人公爱上了奥林匹亚—— 一个机械娃娃。

在文艺作品中，第一个虚构的机器人或许是来自西娅·冯·哈伯（Thea von Harbou）在《大都会》（1925）中描绘的未来世界。弗里茨·朗（Fritz Lang）的同名电影就是根据这部小说改编的。在此之前，波顿·金（Burton King）和哈里·格罗斯曼（Harry Grossman）在系列电影《神秘大师》（1920）中饰演的机器人出现在了电影中，恰巧在卡佩克编写剧本的同一年上映。

工程师们则花费了30年的时间才迎头赶上。在1954年，乔治·迪沃（George Devol）设计了第一个工业机械臂Unimate，由约瑟夫·恩格尔伯格（Joseph Engelberger）制造，并于1959年首次交付给位于新泽西的通用汽车工厂。

1961年，克劳德·香农在麻省理工学院的学生海因里希·恩斯特（Heinrich Ernst）发明了一种机械手臂，开创了抓取物体的学科。1963年，劳伦斯·罗伯茨（Lawrence Roberts）在麻省理工学院的论文《三维实体的机器感知》中开创了计算机视觉这一研究领域。

1969年，查尔斯·罗森（Charles Rosen）的团队在斯坦福研究院启动了一个名为“Shakey”的机器人项目，它代表了自动驾驶汽车的先锋。到1971年，机器人Shakey一举成了一台更强大的机器（PDP-10）。一些研究团队在该领域做出了许多有价值的贡献，其中包括由理查德·菲克斯（Richard Fikes）和尼尔斯·尼尔森（Nils Nilsson）开发的“STRIPS计划者”、由理查德·杜达和彼得·哈特开发的计算机视觉的“霍夫转变”，以及“A*启发式搜索”算法（这成了半个世纪以来该领域内最常用的算法）。

机器学习的未来：无监督学习的救赎之道

综上所述，假如人工智能系统要与人类（或动物）的大脑相媲美，有四个方面是必不可少的：元学习、通过演示学习（借助很少的场景学习）、转移学习和多任务学习。

元学习尤其适用于强化学习。很显然，强化学习绝非是自然的。DeepMind 的 AlphaGo 和 OpenAi 5 需要通过大量的试验从头开始学习。相反，动物在几次尝试后，便可通过与生俱来或后天习得的“元技能”来学习新任务。现代元学习的计算理论（学习如何学习的理论）至少可以追溯到 20 世纪 90 年代，当时施米德胡贝发表了宣言《元学习的简单原理》(1996)，之后的跟随者有他的学生塞普·霍克莱特（Sepp Hochreiter，2001)、尼古拉斯·施特罗佛（Nicolas Schweighofer）以及日本国际电气通信基础技术研究所的建治铜屋（Kenji Doya，2001）。

新一代“深层”元学习系统的例子有：由皮耶特·阿布比尔（Pieter Abbeel）在加州大学伯克利分校的学生严锻（音译）基于舒尔曼 TRPO 设计的 RL Square（引自《RL Square：通过慢速强化学习实现的快速强化学习》，2016）；谢尔盖·莱文（Sergey Levine）在加州大学伯克利分校的学生切尔西·芬恩（Chelsea Finn）的“模型不可知论元学习”（MAML，《引自模型不可知论元学习快速适应深度网络》，2017）；马塞尔·宾茨（Marcel Binz）在瑞典皇家理工学院发表的论文（引自《学习的目标指导行为》，2017）；王简在 DeepMind 开发的“深层元强化学习”（引自《从学习到强化学习》，2017）；亚历克斯·尼科尔（Alex Nichol）和约翰·舒尔曼（John Schulman）开发的 OpenAI Reptile，这是芬恩 MAML 模型的一个总结（引自《关于一阶元学习算法》，2018）。DeepMind 的神经学家马修·博特维尼克（Matthew Botvinick）认为后者或许是权释我们大脑如何学习的一个模型：多巴胺系统训练大脑的另一部分，前额皮质作为它自己的独立学习系统运行（引自《前额皮质作为元强化学习系统》，2018）。

很显然，动物可以很自然地将技能从一个领域“转移”到另一个领域：动物很少需要学习额外一项与已经掌握的技能毫无共同之处的新技能。转移学习是将一个人在一个场景中学到的内容应用到另一个场景当中。

尽管萨蒂德·辛格（Satinder Singh，1991）、洛林·普拉特（Lorien Pratt，1992）、塞巴斯蒂安·特伦（Sebastian Thrun，1994）和里奇·卡鲁阿纳（Rich Caruana，1993）进行了许多开创性的工作，但计算机在转移学习方面的成功案例仍然很少。强化学习尤其难以推广到多项问题，因为每个案例都需要不同的奖励函数。智能体需要为转移学习进行大量探索（它不能只是单纯地重复它在以前的情况中所学到的内容）。

基于"内在动机"的探索并不算是一种新的想法，从施米德胡贝（引自《自我学习的进化原理》，1987）、巴尔托（引自《内在动机的强化学习》，2004）到DeepMind（引自《统一基于计数的探索与内在动机》，2016），其算法在基于策略的电子游戏方面取得了改进（如蒙特祖玛的复仇），而OpenAI则引入了两种新的强化学习算法（EMAML和E–RL2，引自《关于通过元强化学习进行探究的一些思考》，2017）。由好奇心驱动的探索，再次由施米德胡贝开创（引自《好奇模型构建控制系统》，1991），并被法国索尼实验室的皮埃尔-伊夫·欧德亚（Pierre-Yves Oudeyer）和弗雷德里克·卡普兰（Frederic Kaplan）应用于开发机器人（引自《视觉知识发展的动机原理》，2003）。其研究者包括尚卡尔·萨斯特里（Shankar Sastry）在加州大学伯克利分校的学生约书亚·亚奇姆（Joshua Achiam，引自《基于意外的深层强化学习的内在动机》，2017），特雷弗·达雷尔（Trevor Darrell）在加州大学伯克利分校的学生迪帕克·帕沙克（Deepak Pathak，引自《以自我监督的预测进行好奇心驱动的探索》，2017）以及DeepMind（引自《启动深层强化学习》，2018）。皮耶特·阿布比尔（Pieter Abbeel）在加州大学伯克利分校的学生阿布舍克·古普塔（Abhishek Gupta）引入了一种算法，"具有结构化噪声的模型无关探索"（MAESN），可以从过去的经验中学习探索策略（引自《结构探索策略的元强化学习》，2018）。

我们学习新游戏的方法通常是看人们玩游戏。看了几场比赛，被告知比赛规则后，我们就可以进入比赛了。这被称为"少数场景学习"，即通过观看一些演示来学习。这与 OpenAi 5 和 DeepMind 的 AlphaZero 非常不同：它们与自己进行了数千场游戏。“行为克隆”（另一种说法是“从演示中学习”）的开创性工作是由唐纳德·米基（Donald Michie，引自《亚认知技能的认知模型》，1990）和克劳德·萨姆特（Claude Sammut，引自《学习飞翔》，1992）在英国完成的。从事这方面研究的有电子技术实验室（ETL）的国野康夫（Yasuo Kuniyoshi）、东京大学的稻叶雅幸（Masayuki Inaba）和井上博之卡（Hirochika Inoue，引自《演示教学》，1989），而卡耐基 - 梅隆大学的迪恩·波默洛（Dean Pomerleau）致力于训练自动驾驶汽车 ALVINN 遵循街道上的行车标识线（引自《神经网络中的自动驾驶汽车》，1989）。斯特凡·沙哈尔（Stefan Schaal）撰写了一份宣言——《模仿学习是通向类人机器人的道路吗》（1999）。深度学习领域的两位未来之星，皮耶特·阿布比尔（Pieter Abbeel）和吴恩达都被该领域吸引（引自《通过逆强化学习的学徒学习》，2004），两人都在斯坦福大学学习，前者主攻哲学，后者从加州大学伯克利分校的计算机科学哲学专业毕业，并在迈克尔·乔丹（Michael Jordan）的指导下撰写了一篇关于强化学习的论文。莱克、萨拉赫丁诺夫、特南鲍姆有关概率程序归纳法的概念学习理论（2015）也激发了人们开发少数场景学习的替代方案。有关一次性学习的一种流行的研究途径是扩展亚历克斯·格雷夫斯（Alex Graves）的神经图灵机（2014）和詹姆斯·韦斯顿（James Weston）的记忆网络（2014）：DeepMind 的奥利奥尔·温雅尔斯（Oriol Vinyals）开发了“匹配网络”（引自《一次性学习匹配网络》，2016）、麻省理工学院的汉·阿尔特 - 特兰（Han Altae - Tran）开发了“迭代细化长量短期记忆”（引自《低数据发现的一次性学习》，2018）。谢尔盖·莱文（Sergey Levine）的学生于天河（音译）和切尔西·芬恩（Chelsea Finn）研究的是机器人，他们开发了一种系统，可以让机器人在观看一个动作一次后模仿这个动作，即使这个机器人以前从未见过这个动作。其中的核心算法是 MAML 的一个变体，被称为“领域自适应元学习”（DAML），它通过人类和机器人执行的不同任务的动作视频来训练一个深层网络。然后，系统可以处理一项全新的任务，在观看一个人执行该任务一次后就能学会（引自《从观察人类与领域适应元学习的一次性模仿》，2018）。

能够从演示中学习这一研究发生了很大的变化。例如，长期以来，人们认为强化学习无法让机器人学习使用多指机械手，因为它有更大的自由度，即属于高维度。因此，多指手的控制采用轨迹优化方法，如由佐治亚理工学院的刘凯伦开发的基于物理参数的方法（引自《交互手操作的合成》，2008）或由华盛顿大学的伊曼纽尔·托多罗夫（Emanuel Todorov）开发的“接触参数不变优化”方法（引自《用接触参数不变的方法优化手部操作》，2012）。但华盛顿大学的阿拉温德·拉杰斯瓦兰（Aravind Rajeswaran）与加州大学伯克利分校的谢尔盖·莱文（Sergey Levine）、OpenAI 的约翰·舒尔曼（John Schulman）合作，发现如果增加了少量的人类演示，强化学习实际上能够学会灵巧控制多指手（引自《学习复杂的灵巧操作与深层强化学习和演示》，2018）。

最后，所有的动物，当然也包括人类，都可以用同一个大脑来学习很多种任务，而机器学习算法却很难学习多个任务。但有一些令人鼓舞的迹象表明，这并非是不可能的。谢诺沃斯基的 NETtalk（1986）使用了同一个神经网络来学习两项与语音密切相关的任务，类似的研究还包括科洛贝尔和韦斯顿的自然语言处理系统（2008）。卡耐基 - 梅隆大学的塞巴斯蒂安·特伦研究了如何让机器人在得到新的经验的同时持续学习（引自《机器人的终生学习》，1995）。里奇·卡鲁阿纳有关自动驾驶汽车 ALVINN（1997）的研究表明，并行学习多项任务比单项学习更容易。事实上，在 2015 年，斯坦福大学的巴拉特·拉姆桑达尔（Bharath Ramsundar）基于塞吉蒂的 GoogLeNet 开发了一个多任务药物发现网络，随着任务和数据的增加，该网络的准确性得到了大幅提高（引自《大规模多任务药物发现网络》，2015）。顺便说一句，拉姆桑达尔还是 deepchem 网站背后的主导者，这是一个开源 Python 库，能够帮助科学家建立药物发现的深度学习系统。遗憾的是，拉姆桑达尔的“大规模多任务”网络需要数百万数据点的培训，而在现实中，一般的药物发现实验室只使用少数几种化合物。

多任务网络复兴的一个关键事件是制药巨头默克（Merck）公司在 2012 年赞助的 Kaggle 竞赛：获胜者是一个多任务网络（由杰弗里·辛顿在多伦多大学的学生乔治·达尔设计）。随后，该领域的研究成果成倍增加，于几年内取得了重大进展。例如，卡耐基 - 梅隆大学的伊珊·米斯拉（Ishan Misra）和阿比纳夫·施瓦斯塔瓦（Abhinav Shrivastava）为卷积神经网络引入了“十字缝单元”，这些单元为多任务学习寻找最佳的共享表示（引自《针对多任务学习的十字缝网络》，2016）。自从卡鲁阿纳的论文《多任务学习：基于知识的归纳偏差源》（1993）发表以来，多任务的监督就在神经网络的最外层（如同在一个层次结构的顶端）进行，但是哥本哈根大学的安德斯·索加德（Anders Sogaard）和巴依兰大学的约夫·戈德堡（Yoav Goldberg）的研究表明，在不同的层次上管理不同的任务比在同一层次上管理不同的任务要好（引自《在较低的层次上对低层次任务进行监督的深度多任务学习》，2016）。例如，Salesforce 公司的理查德·索奇（Richard Socher）与东京大学合作，将他们的发现应用于自然语言处理问题，进而改进了科洛贝尔和韦斯顿的模型（引自《一个多任务联合模型》，2017）。清华大学的龙明生引入“关系网络”来寻找任务之间的可转移特征（引自《多任务多线性学习》，2017）。在 1996 年，卡鲁阿纳引入了一种“硬参数共享”的方法，但这种方法仅适用于与学习密切相关的任务（如两项与语言特征相关的任务）。相反，爱尔兰国立大学的塞巴斯蒂安·鲁德（Sebastian Ruder）引入了“水闸网络”（Sluice networks），这是一个学习松散相关任务的框架，也是对索加德·戈德堡模型（Sogaard-Goldberg model）和十字缝网络（Cross-Stitch networks，引自《学习松散相关任务之间的共享点》，2018）的总结。

这些都是必要的：元学习、少数场景学习（通过演示学习）、转移学习和多任务学习。现在的问题是：哪种学习方法可以达到目标？人工智能科学家研究了神经网络的三种主要学习方法：监督学习、无监督学习和强化学习。监督学习给了我们图像和语音识别。强化学习成就了比人类冠军表现得更好的软件。这些成功在一定程度上掩盖了对无监督学习的研究，但很显然的是，监督学习（需要看到数百万只猫才能认出一只猫）和强化学习（需要进行数百万次游戏才能获胜）并不是真实反映动物学习的好的模型。动物学得更快。许多人认为，目前的算法与动物之间的区别恰恰在于无监督学习的缺失。

如果你想让机器人理解周边正在发生的事情，以及它的行为会对周围物体产生的结果，那么监督学习并不奏效：你需要向机器人展示数以百万计的椅子、数以百万计的表、数以百万计的笔、数以百万计的所有可能的对象才能让机器人知道房间里有些什么。然后它仍然需要学习与这些对象交互中的动态物理学。要让机器人能够理解和处理各种场景和情况，它需要自己学习并懂得世界是什么样子的，世界是如何运作的。

2010 年之前，有两类无监督学习方法：概率论（如保罗·斯莫伦斯基的受限玻尔兹曼机和彼得罗·佩罗娜的“星座模型”）和自动编码器。顺便说一句，纽约大学的燕乐存小组的马克·奥雷里奥·兰扎托（Marc’aurelio Ranzato）证明了这两类方法实际上是基于相似的数学模型（引自《基于统一框架的无监督学习》，2007）。

一些有关大脑的新理论重塑了无监督学习领域。剑桥大学神经学家霍勒斯·巴洛（Horace Barlow）与休博尔、威塞尔等人是视觉皮层研究的先驱，他们展示了视觉皮层的神经元是如何发现频繁发生的“可疑巧合”，并利用其构建起世界模型的（引自《大脑皮层模型构建器》，1985）。这是基于德国克里斯多夫·冯·德尔·马斯堡（Christoph von der Malsburg，1973）

和巴洛在剑桥的同事尼古拉斯·斯温德尔（Nicholas Swindale，1980）开发的视觉皮层模型而开发的（引自《哺乳动物视觉皮层柱状系统的发展》，1980）。巴洛的直觉是，大脑是一个差劲的科学家，但却是一个伟大的统计学家，所以，举例来说，大脑知道闪电之后几乎总是伴随着雷声，即使它并不知道光、电、声的原理。

如果说巴洛关注的是巧合事件，那么其他人关注的则是运动中的情况。动物能够通过视觉识别物体，而不管物体在什么位置，也就是不管距离和角度如何。这其实是相当惊人的，因为如果将图像视为像素矩阵，那么物体的图像可能会非常不同。我们可以使一个物体变形，但大多数人都能识别它（例如，假如把一张报纸折弯，但并不影响你阅读，这意味着大脑所能识别的字母不必像在桌子或墙壁上那样是平的）。福岛邦彦在1980年开发的新认知加速器（Neocognitron）试图通过交替特征检测器和不变层的层次结构来模拟这一现象，这近似于大卫·胡贝尔（David Hubel）和托斯滕·威塞尔（Torsten Wiesel）所发现的架构。在1989年，燕乐存也采用了这一原理来识别数字。巴洛在剑桥大学的合作者彼得·福尔迪亚克（Peter Foldiak）则与之背道而驰，他认为视觉系统是从感官经验中学会识别物体的（不管它们从特定的角度看是什么样子）：当物体移动时，我们看到物体改变了形状，这训练我们的视觉系统能够从任何其他角度识别那个物体（引自《从变换序列中学习不变性》，1991）。这被称为“时间一致性原则”。

福尔迪亚克的模型也更符合所谓的“生态现实主义”学派的生物学家们的观点。几十年来，詹姆斯 - 杰罗姆·吉布森（James - Jerome Gibson）等生物学家一直认为，动物是通过在环境中的活动来了解环境的，一旦它们了解了环境的运作方式，它们就能够进行很多活动。正如吉布森所说：“我们的行动是为了观察，而观察是为我们的行动服务。”

在现实世界中，物体很少会被视作孤立的图像。它几乎总是融入场景之中，也是不断变化中的场景的一部分。即使物体没有移动，观察者也在移动，而在大多数情况下，观察者和对象都在移动。

福尔迪亚克的想法也与斯坦福大学的迪里普·乔治（Dileep George）的视觉皮层分级概率模型产生了共鸣，该模型基于类似的原理：物体之所以看似不变（我们无须理解），与我们的运动有关。当我们围绕着一个物体移动时，即使随着视角的变化它看起来有所不同，但我们知道它仍然是同一个物体。我们的大脑就是这样被训练来识别物体的（引自《不变模式识别的层次贝叶斯模型》，2005）。他的研究得到了硅谷发明家杰夫·霍金斯（Jeff Hawkins）的赞助，霍金斯在红杉理论神经科学中心工作，后来又到他们的初创公司 Numenta 任职。

在视频分析领域，监督学习的局限性尤为突显，视频分析在自动机器人、自动驾驶汽车和安全系统设计方面非常重要。监督学习难以处理视频，因为视频是比单一图像更高维度的实体。所幸的是，视频中包含了许多“可疑的巧合”，即时空规律。例如，视频的两个连续帧内很可能包含相同的对象。如果神经网络也能利用这些时空相关性，无监督学习就会变得容易得多。这些规律提供了关于对象行为的重要信息。神经网络可以利用这些信息来训练自己。这就是为什么有时这被称为“自我监督”学习。此外，自我超越的神经网络还会学习一种适用于其他实践任务的行为表现。例如，一个学习在高速公路视频中识别汽车的神经网络，它也会识别汽车在普通公路上的表现，这同样可以用来对电影进行分类。

因此，视频从两个层面重新使无监督学习得以复兴：它们展示出监督学习的局限性，同时也展示了神经网络可以通过使用环境中可用的信息（视频本身捕获的信息）进行自我训练。

视频分析需要各种知识，同样，各种知识也包含在视频中。这是必然的：每种动物都是如此循环往复。动物需要环境知识才能在环境中生存活动，而动物正是通过在环境中的生存活动才获得相应的知识。

对于每个对象，人类学习它会做什么，可以用来做什么，人类通过与它们的交互来学习。而要能够设计出做得到这一点的机器人绝不简单：在与世界互动的同时了解世界，积累关于日常物体的知识，并在适当的时候加以使用。受发展认知神经科学这一新学科的启发（该学科得名于马克·约翰逊于1996年出版的书），日本机器人技术的三位著名先驱（浅田埝、石黑浩和国义康夫）主张开发“认知发展机器人”（引自《认知发展机器人作为类人机器人设计的新范式》，2001）。同样地，密歇根州立大学的翁菊阳（音译）和其他人呼吁一种“自主精神发展”的机器人技术（引自《机器人和动物的自主精神发展》，2001）。发展此类机器人技术再次要求无监督学习。

在深度学习之前，以无监督的方式学习视频的大多数方法都是基于“独立分量分析”的。荷兰格罗宁根大学的约翰·凡·哈特伦（Johannes van Hateren）和丹尼尔·鲁德尔曼（Daniel Ruderman）是该领域的先驱（引自《自然图像序列的独立成分分析产生类似于初级视觉皮层中的简单细胞的时空过滤器》，1998）。

人们必须事先意识到，对于预测场景中将要发生的事情，深度学习是不必要的。阿比纳夫·古普塔（Abhinav Gupta）在卡耐基-梅隆大学的学生雅各布·沃克（Jacob Walker）就是这样做的（引自《通往未来》，2014）。他使用一种相当传统的方法（有30年历史的卡纳德-卢卡斯跟踪算法），以一种完全不受监督的方式从大量视频中了解了交通场景中接下来会发生什么。在韩国电子通信研究院，迈克尔·柳（Michael Ryoo）的人类活动预测器也采用了相对传统的方法，该方法预测了人类活动视频中的下一帧（引自《人类活动识别》，2011）。顺便说一句，这是一项重要的工作，因为它强调了“预测”的重要性：如果你想预防犯罪，仅对人类过去的行为进行分类是不够的；你还需要能够在他们行动前预测出他们将会要做什么。柳使用了一种传统的直方图法。使用深度学习的主要原因是为了更接近大脑的功能，寄希望于其能带来更好的结果。

侯赛因·莫柏海（Hossein Mobahi）借助巴洛的直觉，与伊利诺伊大学的罗南·科洛贝尔和詹森·韦斯顿合作建立了一个基于时间上相邻特征的无监督学习模型（一个深度卷积网络，引自《视频中时间相干性的深度学习》，2009）。

2012 年，吴恩达的团队开发出了一种自动编码器，可以在静止的视频帧中识别出猫。该项目证明，深度学习或许是一种有用的视频分析方法。

神经科学的另一项发现推动了视频分析的进步。索尔克研究所的拉杰什·拉奥（Rajesh Rao）和达纳·巴拉德（Dana Ballard）将大脑描述为一种预测系统：大脑在处理感觉的早期阶段会学习环境中的统计规律，然后只将非冗余的感觉传输到处理的下一个阶段。输入的可预测组件在一开始就被删除，只有不可预测的组件才会到达后续阶段。感官输入被压缩成一种更有效的形式，然后再被传送到大脑的其他区域（引自《视觉皮层中的预测编码》，1999）。预测编码原理最初是由澳大利亚国立大学的曼达姆·斯里尼瓦桑（Mandyam Srinivasan）、西蒙·劳克林（Simon Laughlin）和安德烈亚斯·杜布斯（Andreas Dubs）为果蝇视觉系统开发的（引自《预测编码》，1982），很快就被应用到大脑中的许多其他区域，包括听觉系统、海马和额叶皮层。预测编码将皮层功能视为一个过程，在这其中，自上而下的信息预测自下而上的信息，并抑制所有符合预测的自下而上的信息，从而只允许错误向上传播。这个简单的原则实际上构成了一种非常有效的方式来“编码”关于世界的新信息。伦敦大学学院的卡尔·弗里斯顿（Karl Friston）将大脑的活动总结为一个减少预测误差的过程，同时也将大脑活动表达为尽量减少“脑力”的热力学公式，形成统一心智的理论（引自《大脑的学习和推理》，2003）。

顺便说一句，只编码“意外事件”而丢弃“可预测事件”的基本原则在音频和图像压缩方法（如 JPEG）中是相同的。

与此同时，丹尼尔·费尔曼（Daniel Felleman）和大卫·范·埃森

（David van Essen）的研究表明，灵长类动物的大脑皮层是分层的（我们知道至少有六层），具有层次结构，每一层都能学到更深层抽象的概念（引自《灵长类大脑皮层的分布式层次处理》，1991）。

二十年前，大卫·芒福德（David Mumford）将视觉皮层建模为一个层次结构，其中，循环通过概率（贝叶斯）推理整合自上而下的期望和自下而上的观察（引自《大脑皮层的计算架构 II》，1992），这个想法与十年之后卡耐基 - 梅隆大学的李泰辛的观点（Tai-sing Lee）不谋而合（引自《视觉皮层中的分层贝叶斯推理》，2003）。在健二堂牙等人出版《贝叶斯脑》（2007）一书之后，这类理论被称为"贝叶斯脑假说"。

杰夫·霍金斯（Jeff Hawkins）在他的《论智能》（2004）一书中融合了这些线索，并设想了一种基本的新皮层算法，从本质上讲，这是一种预测算法，一种通用的学习过程，实质上是一个优化预测的过程。

爱丁堡大学的安迪·克拉克（Andy Clark）将这种对大脑的看法总结为一种"分层生成模型，目的是在大脑皮层处理的双向级联中，最小化预测误差"（引自《预测性大脑、情境代理以及认知科学的未来》，2013）。学习是关于自上而下的预测和自下而上的输入之间的微妙的艺术，输入要么验证预测（因此被丢弃），要么使之无效（进而触发新的编码）。

将大脑看作一个"预测网络"，这为神经网络建立了一个新的范式。

拉斯慕斯·帕姆（Rasmus Palm）在丹麦技术大学的论文（引自《将预测作为学习深度层次模型的备选方案》，2012）表明，"预测性"的自动编码器比原来"重构"的自动编码器更适合机器学习。"预测"编码器是一种特殊的去噪自编码器，它不会重构输入，而是试图从目前接收到的输入中预测未来的输入。要达到这个目的，它必须将之前的输入进行编码，形成适合的表示形式，以便对下一个输入进行预测。需要说明的是，帕姆的预测编码器类似于杰弗里·辛顿的学生格雷厄姆·泰勒（Graham Taylor）设计的"受限玻尔兹曼机"（引自《用于生成高维时间序列的两种分布式 - 状态模型》，2011）。

佛罗里达大学的拉凯什·卡拉萨尼（Rakesh Chalasani）和何塞·普林西比（Jose Principe）实现了弗理斯顿和拉奥 - 巴拉德的想法（引自《深度预测编码网络》，2013）。

在视频分析的例子中，训练用来预测视频下一帧的神经网络，简略地学习视频中描述的世界的有效表述，即场景的对象和结构。遵循这一策略的有：德国歌德大学的文森特·米切斯基（Vincent Michalski）设计的多层神经网络（引自《用反复出现的语法细胞建模深度时间依赖性》，2014）；马克·奥雷里奥·兰扎托（现供职于 Facebook）提出的一个反复出现的神经网络，该网络同时借鉴了米克洛夫于 2010 年创建的语言模型（引自《视频语言建模》，2014）；哈佛大学的比尔·特罗特（Bill Lotter）的 LSTM 预制网络（引自《使用预测性生成网络的无监督的视觉结构学习》，2015）；鲁斯兰·萨拉赫丁诺夫在多伦多大学的学生尼提什·斯里瓦斯塔瓦（Nitish Srivastava）的耦合 LSTM，其中的一种编码器使用初始帧进行训练以构建表示，另一种解码器根据该表示预测下一帧（引自《使用 LSTM 的无监督学习的视频表示》，2015）。

这些系统已经学会了预测像素。安东尼奥·托拉尔巴（Antonio Torralba）在麻省理工学院的学生卡尔·弗迪奥克（Carl Vondrick）构建了一个系统（AlexNet 的变体，具有三个更完整的连接层），不仅可以预测未来像素，还可以预测未来包含对象的动作等复杂的概念，而不需要学习视觉表现（引自《从未标记的视频中预测视觉表现》，2016）。

卡耐基 - 梅隆大学的王晓龙（音译）对一个卷积神经网络进行了训练，这个网络包含了数十万个未标记的视频，可以通过视觉跟踪来学习视觉表示。视觉跟踪（视频滚动时跟随物体）提供了相当于“监督”的动作（引自《视频视觉表现的无监督学习》，2015）。

吉腾德拉·马利克（Jitendra Malik）的学生普尔基特·阿格拉瓦尔

（Pulkit Agrawal）使用了一个移动摄像头来获取信息，这是一种自动驾驶汽车的摄像头（引自《移动中的学习》，2015）。他的 KittiNet 耦合了预训练（在非目标任务的一般任务中训练卷积神经网络）和微调（使网络适应实际任务）。

阿列克谢·埃弗斯（Alexei Efros）在加州大学伯克利分校的学生卡尔·多尔什（Carl Doersch）没有使用时间相关性，而是使用空间相关性作为训练的替代品：他设计了一个卷积网络，从一幅拼图中随机挑选一对拼图碎片，训练该卷积网络预测一个拼图碎片相对于另一个拼图碎片的位置。随着网络对这项任务的学习，它开始识别出"猫""鸟"等类别（引自《通过上下文预测的无监督视觉表征的学习》，2016）。

综上所述，表征学习的目标是构建世界的内部表示，以便日后用于机器学习的任务。"自我监督学习"是实现表征学习的一种智慧的方法。"自我监督学习"是一种特殊的无监督学习，网络利用环境中隐含的信息来训练自己。多尔什使用图像中补丁的相对空间进行协同定位，王晓龙使用通过视频跟踪获得的对象通信，阿格拉瓦尔使用移动摄像头获得的信息。在所有这些情况下，通过"自我监督学习"学习到的表示可以用于对象识别和对象分类。

瑞士伯尔尼大学的梅迪·诺鲁兹（Mehdi Noroozi）和保罗·法瓦罗（Paolo Favaro）预先训练了一个叫"上下文无关网络"（Context - Free network，AlexNet 的变体）的卷积网络来做拼图游戏。然后使用相同的网络对目标进行分类和检测（引自《拼图游戏的无监督学习视觉表示》，2017）。他们使用了阿格拉瓦尔的模型：预先训练（在这种情况下，训练做拼图游戏）和微调（使网络适应分类或检测任务）。结果表明，在训练前，网络学习了一些有关物体结构的知识，这些知识在其他任务中是有用的。在这种情况下，监督学习借助单个图像内所有可用的信息能够将图像分割成任意块并且能够重新拼接起来。

菲利普·伊索拉（Phillip Isola）在加州大学伯克利分校根据物体在空间和时间上共同出现的频率训练他的深层神经网络（两个对象常常会被发现在相同的图片或视频帧内），网络可以预测接下来两个对象是否可能都出现在共同的时间或空间上（引自《从空间和时间的共现中学习视觉群体》，2016）。一个实际的应用是根据主题（海景、山景、日落等）来分组照片。

所有这些系统都使用卷积网络或LSTM。加州大学圣地亚哥分校的菲利普·皮涅夫斯基（Filip Piekniewski）开始意识到，福岛邦彦的认知网络（即所有卷积网络的模板）只是刚刚接近视觉系统结构。他的预测视觉模型（PVM）的灵感来自更先进的神经科学以及杰夫·霍金斯（Jeff Hawkins）的分层时间记忆理论（引自《可伸缩预测复发网络中连续视频的无监督学习》，2016）。大脑视觉系统的层次模型最初由柏林自由大学的斯文·本克（Sven Behnke）和劳尔·罗哈斯（Raul Rojas）提出（引自《神经抽象的金字塔》，1998）。“神经抽象金字塔”理论认为，视觉皮层依赖于水平（横向）和垂直（反馈和前馈）循环，它将图像转换成一系列的表示，逐级增加抽象层次并在水平层面减少细节。同样地，9年之后，瑞士神经信息学研究所的罗德尼·道格拉斯（Rodney Douglas）和凯文·马丁（Kevan Martin）在新皮层中发现了很多反馈连接，但也发现连接往往是局部的（神经元倾向于与同一皮质区域的邻近神经元交流，而长距离连接是罕见的），即“局部电路是皮层计算的核心”（引自《新皮质中的复发神经元电路》，2007）。因此，预测视觉模型（PVM）是基于无处不在的反馈连接，而不像深度学习那样主要依赖于前馈连接：这是高度连接的单元构成的层次结构（具有水平和垂直反馈），每个层次结构都是多层感知器。与王晓龙的系统一样，PVM也从跟踪物体相对于观察者的运动中进行学习（无监督的）。此外，它试图构建出对象周围的物理现实的表示。深度学习基于错误预测“端到端”的传播，而PVM主要关注局部预测。

谢尔盖·莱文（Sergey Levine）在加州大学伯克利分校的学生切尔

西·芬恩（Chelsea Finn）在伊恩·古德费勒（Ian Goodfellow）的帮助下设计了视频预测模型，被称为“卷积神经平流动态模型”（CDNA），模型使用了一堆的LSTM，明确了预测视频中对象的运动轨迹，超越了单一视频帧内的预测（引自《通过视频预测进行物理交互的无监督学习》，2016）。这个系统不仅为了学习：它根据不同的行动路线，“设想”未来的可能性。

今天，机器人对我们的世界所知甚少，还有很多需要加以了解的地方。他们需要知道：力对物体的影响是什么，如果你把物体推到桌子边缘会发生什么？物体移动的影响——汽车从现在的位置可能去哪里？人们行为的影响——当一个人拔出枪时会发生什么？这些都是“预测”的例子。动物的大脑非常善于预测（模拟）未来。机器在这方面仍然望尘莫及。

AlphaGo和AlphaZero采用的是“无模型”算法，这意味着它们对世界一无所知。实际上，AlphaGo只知道人类围棋的规则。它们能在缺乏游戏知识的情况下具有参与比赛的能力，这对于一个人工智能系统来说是非常大的进步，但是，大多数现实世界的任务都是在难以预判情况的前提下开展的，这意味着人工智能系统要完成现实世界的任务，就需要对世界上万事万物的运行规则有深入的了解和认识。假如一个人想要建造一款可以运行在现实世界中的机器人，那么他要对机器人的所有行为进行硬编码——规定在哪种特定的环境中执行哪些行为。或者说他需要一个现实世界的模型，从而判断哪些行为是有意义的。从这一点来看，只是基于模型的算法落后于无模型的强化学习算法。

所幸的是，使用深度强化学习和某种现实世界模型的混合方法已经出现。弗赖堡大学的约斯卡·博德克（Joschka Boedecker）小组发布了一款模型学习方法，被称为嵌入控制E2C（2015）。吉腾德拉·马利克（Jitendra Malik）在加州大学伯克利分校的学生普尔基特·阿格拉瓦尔（Pulkit Agrawal）以及谢尔盖·莱文（Sergey Levine）在加州大学伯克利分校的学生切尔西·芬恩（Chelsea Finn）的视频预测模型被应用于机器人技术（引自《学会戳戳》，2016；《规划机器人动作的深度视觉预见》，2017）。人类可以在几分钟内学会玩游戏，而像 AlphaZero 这样的人工智能算法则需要大量时间来学会同样的东西。包括芬恩和莱文在内的谷歌团队采用视频预测模型的方法，在一个名为 SimPLe 的系统中学习雅达利游戏的模型，该系统大大降低了学习游戏所需的迭代次数（引自《雅达利游戏基于模型的强化学习》，2019）。

生活在智能机器的世界

今天，我们的日常生活越来越依赖算法的运作，而不是人类同胞。

银行在自动化方面一直遥遥领先，所以我从一些银行的例子开始讲。

在使用投币式电话的时代，有一次，我发现自己无法使用银行账户：由于算法检测到了“异常活动”，我的银行账户被锁定了。我只能在路边使用公用电话拨打紧急服务热线，在找到银行工作人员后，他却需要我回答各种私人问题来核实我的身份。这惹得我在路人的围观之下大发脾气——我担心全镇的人都知道了我的个人资料。银行人员显然对我银行账户的安全毫不重视，因为他要求我回答的这些信息，已经危及了我的账户安全。实际上，银行工作人员是在执行一个算法。因为不执行这个算法，他就无法帮助我解锁银行账户。然而当账户确定被解锁的时候，其实正是应该被锁定的时候，因为此时账户的安全性已经荡然无存了。

当我打电话到银行询问转账事宜时，银行的自动电话系统询问了我的账号、银行卡密码、社保号码和母亲的姓氏，然后告诉我办公室现在已经关门了。由于银行系统使用的是语音识别技术，所以我不得不多次重复这些数字，直到满足它的所有要求，其中一些数字长达 16 位。

有一天，我试图帮助一位邻居，她似乎患上了焦虑症。她朝着银行电话系统叫嚷：“救命！救命！接线员！接线员！”而系统只是重复一句话，要求她从 9 个选项中做出选择："让我们再试一次，这 9 个选项中哪一个是您拨打电话的原因？"虽然这并非紧急情况，但这位邻居失去了耐心，她想和一个人说话。我们找到了选项之一，找到了"您想和接线员通话，是这样吗？"她这才满意地喊了一声："是的！"但系统却又问道："在切换线路之前，您有兴趣听一段特别优惠的消息吗……"当她终于听到了一个人说话的声音时，那声音却是"为了保证服务品质，以下通话可能会被录音"。这种流程很显然是有问题的，银行里没人关心她花了 20 分钟对着一台机器大喊救命的真正原因。

当我使用信用卡遇到问题时，我便登录账户，向客户服务中心发送了一条明显不满的短信。几分钟后，我收到回复："我们很抱歉您决定取消您的信用卡。"这与我需要的恰恰相反。我用指责的语言回复了这条信息，这一次经过了 24 小时才得到答复：一位银行客服为这个误解道歉，但指出这不是由于某个员工的玩忽职守造成的，而是由于一个软件"机器人"的功能缺失造成了对我的信息的误解。

我申请了"全球入境"（global entry），这是一个加快美国公民入境流程的项目。我通过了，一张表格被送到我家里。我有一个关于表格验证的问题，在网站上一个隐藏的地方我找到了提交问题的入口。几分钟后，我收到了一封电子邮件，却告知了我一件与此毫不相关的事情：乘坐私家车从墨西哥入境的若干规定。答案显而易见是由软件"机器人"胡扯的，它完全曲解了我所提交的问题的诉求。

我的朋友阿尼娅出了一场意外的车祸：她的车停在山上时（她不在车里）手刹失灵，车翻下来撞坏了，所幸的是没有伤到任何人，也没有撞到其他车辆。当她向汽车保险公司提交报告时，保险代理人问了她一些常规的问题，包括事故发生时她是否系了安全带。阿尼娅如实回答说，汽车翻下山时她不在车上。但是代理人还是耐心地重复了同一问题："你系安全带了吗？"同时还告诉她，机器只接受"是"或"不是"的回答，而一个

“不是”的答案会使她的保费飙升。阿尼娅觉得这太荒唐了，但最后她不得不撒谎并回答“是”，以避免回答“不系安全带”的严重后果，尽管车主根本不在车上。

几年前，购买机票需要到航空公司办公室或旅行社办理。现在你可以访问一个出售所有航空公司机票的网站。在这些网站刚出现的时候，它们给我们带来了极大的便捷。但现在，这些网站变得如此不稳定，你必须在适合的电脑、适合的操作系统和适合的浏览器配置中才能让它们正常运行。适合与否的判定权在它们手中。想象有这样一个商店，你只有穿着店主认可的衣服才能进入。即使你有正确的浏览器，也可能不是最新的版本，在这种情况下，你必须下载并安装。假如你的旧电脑无法运行最新的版本，那你只得去购置一台新电脑。当你终于拥有了所有被售票网站接受的硬件和软件之后，你才可以开始“享受”网站购票。即便你是他们的常客，登录也是必需的，这又涉及密码和验证问题。输错 3 次，你的账户就会被自动锁定。当你最终成功登录时，往往就不再有兴趣去挑选最低价的机票了。

当你中意的航空公司在登录过程中引入了新的安全措施时，你会被要求从大约 20 个“验证”问题中选择 3 个。这些对我都不适用：我没结婚（因此不存在我第一次遇到妻子的地方）、我没有孩子（因此我从不雇保姆）、我自然不会记得我的第一个小学的名字、我也没有最喜欢的颜色，等等。然而，我不可能在规避验证问题的情况下登录我的账户。所以现在我有了一个想象中的妻子，她是我在希腊遇到的；我的第一个孩子的保姆名叫奥尔加（我实在不想回答第三个愚蠢的问题）。

当我身处境外时，最常用的搜索引擎会不断自动切换到当地语言，它似乎不相信我不懂那种语言，无论我切换回英语多少次；它甚至不提供转换语言的选择。

我们都曾遭遇过啼笑皆非的算法。这种不愉快的经历在生活中有增无减：（1）算法取代了人与人之间直接交流的机会；（2）通常我们没有人有能力取代算法！有一次我在中国无法登录贝宝（PayPal）账户，因为网站不断询问我宠物的名字（我从来没养过宠物，也没设置过有关宠物的验证问题）或给我的手机发短信（我将手机落在加州了）。从2017年起，贝宝用户在不登录的情况下无法联系客户支持部门，即无法通过电子邮件向他们发送登录失败的信息。唯一的选择就是拨打电话（但是他们又设置了种种障碍）。直到半夜，我才打电话给美国的贝宝（由于是不同的时区）。然后贝宝的代表也无能为力。我要求把余额转到银行账户上——在贝宝中有记录的银行账户。回答是：只有账户持有者本人才可以这么做，而证明我是账户所有者的唯一方法就是登录，这恰恰是我做不到的。我请他把问题提交给他的领导。他的上级告诉我："我们鞭长莫及。"我威胁要关闭我的账户，在社交媒体上曝光这个问题，起诉贝宝公司，等等。我仔细分析了出现的情况：假如我从来没有提出过宠物的安全问题，那肯定是别人干的，这不就是安全漏洞吗？目前事情的焦点就是账户安全，不是吗？如果安全是首要目标，那么贝宝难道不应该立即把余额从贝宝转到另一个更安全的账户吗？实际上，没人能控制那个阻止我登录的算法。在40分钟的谈话结束时，对方告知我："请在24小时后再尝试一次。"如果还是不行呢？"24小时后再尝试一次！"请注意用词——"尝试"。在贝宝公司，没人知道算法在24小时内会有什么作为，但他们也希望算法不再问我关于宠物的问题。

所有与越来越"智能"的机器的交互都具有相同的特征：在整个操作过程中，你被期望回答所有的问题。任何表现得像智能生物的行为都会导致整个交易被取消。

自动化程序（算法）的发明是为了取代重复性工作的劳动者，他们的工作很容易被软件所替代。但是现在，要和这些"智能"算法打交道，却需要更高的智能，算法使事情更加复杂了。当出现问题时，可能你只需要一个解释，但对于客服人员来说，找到算法这样做的缘由不是一件容易的事。一位保险代理人花了一小时才弄明白，为什么他们的自动化系统会给我寄来一张 212 美元的账单，尽管我已经全额支付了保费。事实上，他不知道 212 这个数字是从哪里来的，他只是发现，在账单生成的前一天，另一个算法记录了我的付款，但是不知其所以然的纸质账单还是在 10 天后发出了。我的保险费没有达到 212 美元，也不存在分期付款。如果他真要知道算法为什么要收我那么多钱，他可能得花几小时甚至几天的时间来研究。幸运的是，取消账单相对容易，双方都不愿意在这个问题上花更多的时间。

在 2015 年，我曾申请获得医疗保险豁免（在我这个年龄，医疗保险的费用高得令人望而却步），这是法律允许的。不幸的是，官僚机构无法处理这项例外——我最终因为没有医疗保险而支付了罚款，即使每个调查员都认为我有权获得豁免。想一想，在很多情况下，算法失败是因为你的情况属于“例外”。例外是不被算法允许的。

你必须有这样的心理准备：当遇到紧急情况时，“智能”算法可能会让你失望。原因是它们是被训练来检测并阻止“异常活动”的。一个反垃圾邮件的软件，将我发给妻子的所有电子邮件都标记为“可疑的垃圾邮件”，当时她身处中国，而我在加利福尼亚，我们正在频繁地发送紧急情况的信息。“智能”软件正确地检测到了异常活动。这确实很不寻常：按照字面定义，每一次紧急情况都是“不同寻常的”。随后，算法决定阻止不寻常的行为，即阻止我给妻子发送电子邮件。就这样，在紧急情况下，我无法与妻子联系（你也许认为，软件应该会知道，给几年来已收发过数千封电子邮件的人发邮件，不应该属于垃圾邮件，但“智能”并没有被这样训练过，它认可的是实时数据）。当你在国外频繁地使用信用卡或银行卡时，类似的事情也会发生，因为这意味着发生了紧急情况：银行的算法会当机立断地冻结你的信用卡来应对不测。“智能”算法的要求是，每个人的行为应该都是统一的模式。一旦背离常态的情况出现，都值得关注。人类的做法适得其反，如果你的行为模式突然一改常态，邻居可能会怀疑你在从事非法的事情，但你可以向他们解释原因（如“我的母亲生病了”“我儿子刚丢了钱包”“我们正在装修浴室”），通常智力正常的人都可以理解——可悲的是，这正是“智能”算法所不能理解的。

更令人无语的是，反垃圾邮件软件所使用的词汇是“可疑的”，而并非“错误的”。事实上，软件对“可疑的垃圾邮件”的判定是错误的——与交流了无数次邮件的人通信，发送垃圾邮件的概率应该是零。

情况可能会变得更不堪：不久之后，我们面对的另一种“智能”算法会处理我们的抱怨，并且建议我停止给妻子发电子邮件，或者干脆停止使用电子邮件。

今天，最佳的商业计划书就是关于“无助的消费者需要什么来应对机器”。假如人们被迫购买自动驾驶汽车，那么这些车主会需要怎样的服务呢？他们会在行驶途中呼叫服务中心：让人类远程驾驶和控制车辆，这样汽车才能绕开掉落在路上的一个枕头，或者让汽车绕过不守信号灯规则的行人（自动驾驶汽车在前方有行人或物件时会驻足不前）。

2017年，我见到了斯坦福大学机器人与未来教育计划主任李江（音译），他谈及孩子与说话机器人的交流方式，如美泰（Mattel）的伴聊芭比娃娃（首次亮相于2015年的纽约玩具展）、机器人家庭教师Musio（圣塔莫尼卡城的初创公司AKA的产品），或是苹果公司的Siri、亚马逊公司的Alexa等对话机器人。孩子们非常善于找到算法的漏洞，从而发现算法在许多方面不能理解自己的问题。随后，孩子们对这些设备就会表现得非常粗鲁。一段时间之后，孩子们习惯了用粗暴的方式对待设备和机器。他们会把这种粗鲁的行为传递给成人。听到这个故事，我意识到同样的情况也发生在我们成年人身上：我们已经习惯了诅咒那些愚蠢的机器，以至于也开始咒骂我们的人类同胞。我们开始把人类当作（愚蠢的）算法，认为他们的工作是不值得尊重的。

当你急切地想要完成一项任务，而你的助理要准时下班时，你失去耐心（这正是被机器养成的）的邮件或短信很可能激怒她，这时你会感叹为什么没有用算法来取代人类。算法可以一天 24 小时、一周 7 天地工作，从不生病、从不生气、从不感到饥饿，而且不用和朋友一起去看电影！

事实上，算法犹如大批警员，我们已经被层层包围了。如果算法无法提供你所需的服务，你可以按选择键或用语音转到“人工服务”。但是今后人工服务逐渐会变成另一个算法来接待你。即使你设法绕过这个算法，找到一个真实的人进行交谈，你也会被要求提供你的经历，而这个调查会交付另一个算法来运行，再由另一个算法分析。最后，这样的体验本身——算法与你互动的方式，也是由一个算法设计的。

当一个企业或政府机构开始使用“智能”算法时，他们应该告诉公众，怎样的算法才算是“智能”的。没有人是万能的。一个人可能在博弈方面没有敌手，却在理财方面屡战屡败。爱因斯坦在物理学领域登峰造极，但在股票和高尔夫球场上的表现不敢恭维。假设银行宣布了一款新的“智能”算法，那么该算法对你还是对银行是“智能”的？这确实很重要。

建设“智慧城市”的竞争遍及全球。每次宣布一个新的“智慧城市”计划时，它都被描述得比前一个年代的城市设施更加“智慧”，因为它由聪慧的算法控制。智慧城市是关于效率的，更准确地说，它应该被称为“高效”城市——建筑、公共设施、街道、汽车等紧密和谐地结合在一起，优化城市生活。但市民可能要问：“是什么得到了优化？高效的目的是什么？”效率在人类生活中是一个危险的概念。对你而言，最高效的事就是直接死掉。因为总有一天你会离开这个世界。活着就是在延缓不可避免的事情。推迟的目的是什么？你生活中有什么事情是如此重要，以至于要从别人那里夺走资源？你在浪费能源，侵占社会服务，造成污染，等等。以效率的名义，我们都应该马上离开这个世界。智慧城市的设计师常常忘记，城市不仅是由建筑和街道构成的——其中还有人的要素。

底线：到目前为止，自动化已经给人类社会注入了大量的愚蠢和残忍，人类社会曾是被视为具有智慧和同情心的，并以此区别于其他动物群体。

现代行为主义理论的问题不在于它们是错误的，而在于它们很可能会成为现实。

——汉娜·阿伦特，1958

插曲：人工智能的互补原理

尼尔斯·玻尔（Niels Bohr）的互补原理是认识宇宙的基础理论之一，有两种不同的方式来描述它、感知它和预测它的未来（将一个系统看作一组粒子或一组波）。如果玻尔今天可以重返人间，目睹21世纪第二个十年人工智能的混乱局面，我设想他会提出这样一个互补方案：每出现一项新的自动化，即刻创建另一项自动化与其抗衡。例如，如果有人创建了一个招聘助理的算法，为企业招聘理想的工程师，那么就应该另有人推出简历撰写器的算法，就可以编写出出色的简历，从而让招聘助理算法受骗上当；如果有人创造了旅游助手，可以为客户选择酒店、汽车租赁、火车班次等的最佳组合，随即就可以有人发明旅行专业助理，提供一揽子服务，与旅游助手对着干。双方的争斗将无休无止，都试图以胜人一筹的方式赢得用户。要是对参数进行逆向工程，这两种算法看起来是同一回事。

迎娶人工智能：满怀信心地迎接未来

人工智能的应用现状

媒体承诺人工智能将在经济的各个领域中得到广泛应用。但截至目前，我们所见所闻远超于这样的承诺。在 2016 年，彭博社（Bloomberg）估计，有 2600 家初创公司正从事人工智能技术方面的业务；国际数据公司（IDC）曾推算，到 2015 年，所有销售人工智能软件的公司的销售额仅为 10 亿美元。各种说辞层出不穷，但总之，很少有产品是目前人们真正愿意为之解囊的。

广告

人工智能的第一个应用是，而且将继续是，让你去购买那些你并不需要的东西。所有主流网站都会采用简单的人工智能来跟踪、了解、研究你的需求，然后展开营销攻势。你的私人生活对他们来说是一个发掘商机的题材源泉，而人工智能帮助他们找到将其货币化的方法。这或许会让人工智能创始人的在天之灵大失所望。

马克·威瑟（Mark Weiser）有句名言："最精深的技术是那些消失的技术，机器去适应人类的环境而不是强迫人进入机器的环境，这使得计算机的使用就如同林间漫步那样轻松。"（引自《21 世纪的计算机》，1991）不幸的是，这个预言中无处不在的"智能"代理人只是为了促进我们的消费。

自 2014 年以来，最复杂（至少是被最广泛使用）的人工智能系统或许是 Facebook 的机器学习系统——FBLearner Flow，它由侯赛因·迈赫纳（Hussein Mehanna）的团队设计，可以运行在成千上万台机器上。Facebook 的各个部分都使用该系统来快速训练和部署神经网络。神经网络可以通过几个参数进行微调。优化这些参数并非易事。它需要大量的"尝试和犯错"。但是，哪怕是机器学习的准确度提高 1%，Facebook 也能因此获得数十亿美元的额外收入。所以 Facebook 现在正在开发 Asimo，它可以进行数千次测试，为每个神经网络找到最佳参数。Asimo 的工作是由构建深度学习系统的工程师完成的。

杰夫·哈默巴赫（Jeff Hammerbacher）的哀叹依然正确，我们应该知道，在深度学习方面取得的进步，是由谷歌和Facebook等公司提供的资金推动的，这些公司的利益所在是说服人们去购买商品。假如世界禁止网络广告，深度学习这门学科可能会退回它的发源地——大学里那些鲜为人知的实验室。

马歇尔·麦克卢汉（Marshall McLuhan）在1964年出版的《理解媒体》一书中曾评论道：“报章杂志中任何一则引人注目的广告，都经历了呕心沥血的构思，其所花费的时间大大超过了专题文章。”同样，今天也可以这么说：比较你正在阅读的文章，人们在设计算法时费尽心机，目的在于能让你在网上浏览的同时进行消费。

下一代“会话”机器人将能够连接访问更广泛的信息与应用程序，为更复杂的问题提供答案；但从根本上来看，它们不是对话式的：只是查询数据库并使用你的语言返回结果，即在传统的数据库管理系统中增加了语音识别系统和语音生成系统。

医疗

实际上，深度学习也有“理想”中的应用。医疗卫生总是排在首位，因为它对普通人的影响巨大。医学界每年产生数百万张图像：X射线、核磁共振成像、CT扫描等。2016年，飞利浦医疗公司估计其管理着1350亿张医疗图像，每周新增200万张图像。这些图像通常只会给一位医生看到，即开出处方的那位，且只有一次。这位医生或许不会意识到，这张图像包含了一些有价值的信息，而且这些信息是属于特定疾病之外的。也许有新的科学发现会对原先的诊断产生影响，但人们不会将它们与最新的科学发现相对照。首先，我们希望通过深度学习帮助放射科、心脏病科和肿瘤科实时了解他们所拥有的影像。然后，我们希望看到相当于Googlebot（谷歌用来扫描全世界所有网页的“爬虫器”）的系统应用于医疗图像。理想的场景是，一个谷歌机器人不断地扫描飞利浦的数据库，利用医学科学最新更新的研究成果对每个医学图像进行彻底的再分析。这对患者的益处是无穷的。旧金山的 Enlitic 公司、斯坦福大学下属的 Arterys 公司和以色列的 Zebra Medical Vision 公司是这一领域的先驱，它们的解决方案比较特殊。医疗人工智能系统可以知道你 20 年前的化验结果，也会知道其他数百万人的化验结果，还能分析出远胜过医生的诊断水平的结果。

在 2016 年，斯坦福大学的塞巴斯蒂安·特伦的团队建立了一个神经网络，能够像皮肤科医生一样准确地识别皮肤癌。同年，澳大利亚阿德莱德大学的放射科医生卢克·奥克登 - 雷纳（Luke Oakden-Rayner）展示了一种深度学习系统，可以根据 60 岁以上人群的胸部放射图像来估算他的寿命。大多数心脏病、癌症和糖尿病（每年夺去数百万人生命的疾病）病人的早期症状在这些图像中是可以预见的，但这需要一位受过训练的专家来参与。2016 年年底，谷歌公司的瓦伦·古山（Varun Gulshan）和彭莉莉医生（音译）训练了深度卷积神经网络数据集（使用 128 175 组视网膜图像）来诊断视网膜糖尿病，该疾病在全球范围内的致盲原因中占到了 5%，通过与一批眼科专家的诊断比较，这个深度卷积神经网络的精准度达到了相同的水平。在 2017 年，韩国科学家崔洪渊（Hongyoon Choi）和金庆焕（Kyong Hwan Jin）利用神经网络扫描大脑图像，识别出未来三年内可能患上阿尔茨海默病的人。阿尔茨海默病在全球范围内影响了 3000 万人。在 2017 年，诺丁汉大学的史蒂芬·翁（Stephen Weng）公布了一种神经网络，这种网络经过数十万份病历的训练，在预测心脏病发作方面被证明比人类专家更胜一筹。每年大约有 2000 万人死于心血管疾病：这种神经网络可以挽救数百万人的生命。医学图像分析的成功案例目前层出不穷。

2015 年，乔尔·达德利（Joel Dudley）在纽约西奈山医院的团队使用院内约 70 万名患者的健康记录大数据集，培训了名为“深度患者”（Deep Patient）的深度学习系统。“深度患者”可以在病人的数据中发现医学专家不易察觉到的病情，并且已经证明它能够预测疾病，尤其是关乎精神方面的疾病。2016 年 4 月，哈佛大学病理学家安迪·贝克（Andy Beck）和麻省理工学院的计算机科学家阿迪亚·科斯拉（Aditya Khosla）培训了一个神经网络，他们与一位病理学专家在癌症识别方面展开了竞赛，结果病理学专家险些在比赛中败北（很快，该神经网络就成了两位发明者新创办的 PathAI 公司的旗舰产品）。

但是这其中至少有三个问题。首先，要复制这些成果难度极大。截至 2017 年，谷歌的数据集还没有公布于众，所以没有人可以复制其实验成果。其次，医学图像的数据集的使用具有局限性。它囊括的仅是关于病人的数据。建立一个能够识别“阳性”（表示疾病信号）的医学图像的神经网络并不困难，但是很难确保神经网络不会将健康的人也识别成阳性。最后，深度学习被证明只对小图像有效。而医学图像恰恰不是这样。上述这些实验中只使用了很小一部分像素。引用卢克·奥克登 - 雷纳的博客：“视网膜照片的分辨率一般在 130 万 ~350 万像素之间。这些图像被缩小到 299 像素的正方形内时，实际上只有 8 万像素……”每个像素都可能会增加神经网络的维数，使得现有的计算理论难以支撑。换言之，我们不知道这些方法是否适用于真实图像，还是仅适用于真实图像的缩小版。

神经网络的识别结果完全取决于你训练所用的数据。

2015 年，美国启动了精准医疗计划，收集并研究了 100 万人的基因组，然后将这些基因数据与他们的健康状况进行匹配，从而让医生可以为每个患者提供最合适剂量的药物。如果没有能够在庞大数据库中识别模式的机器，这个项目几乎是不可能完成的。

同样的技术也会带来某些令人不安的应用。名为 FindFace 的智能手机应用是由两名 20 多岁的俄罗斯青年人开发的——阿特姆·库卡连科（Artem Kukharenko）和亚历山大·卡巴科夫（Alexander Kabakov），这款应用通过搜索在社交媒体上发布过的照片，可以记住照片中的陌生人。只要你的影像在社交媒体上出现过，FindFace 之类的应用就能通过照片搜索出你的真实身份。在 2016 年，苹果收购了加州大学圣地亚哥分校下属的 Emotient 公司。他们正在开发一种软件，可以根据面部表情来判断你的情绪。

人工智能的未来应用与挑战

还有些不太现实的应用预期，谷歌的自动驾驶汽车便是一例。该项目于 2009 年由斯坦福大学科学家塞巴斯蒂安·特伦发起，他曾在 DARPA2005 年的“大挑战赛”（Grand Challenge）中胜出。特伦于 2013 年辞职，由克里斯·厄姆森（Chris Urmson）接替他的工作。厄姆森曾是卡耐基 - 梅隆大学的一名学生，在 2007 年曾在 DARPA 于洛杉矶附近的乔治空军基地举办的“城市挑战赛”（Urban Challenge）中为获得胜利的威廉·惠特克（William Whittaker）团队服务。和最初团队中的大部分人一样，克里斯·厄姆森最终于 2016 年离开了谷歌公司。

自动驾驶汽车或许永远不会实现，但“司机助理”即将到来。以色列的 Mobileye 公司成立于 1999 年，被广泛认为是机器视觉技术的领导者（他们并不使用深度学习）。该公司有一个更现实的策略，即逐步引入先进的驱动辅助系统（ADAS），以帮助（而非取代）驾驶员。奥托（Otto）公司的创始人之一安东尼·莱万多夫斯基（Anthony Levandowski）曾在谷歌的自动驾驶汽车部门中工作过，他不打算用人工智能取代卡车司机，而是计划让智能系统成为他们的助手，尤其是在长途运输线路上。奥托公司在 2016 年被优步（Uber）收购，他们并不计划制造全新的自动驾驶卡车，而是打算在现有的卡车上安装一种设备。在 2014 年，美国共有 3660 人死于与大型卡车有关的交通事故。

在建筑和钢铁等危险性工作领域中，对机器人的需求更大。每年有成千上万的工人因此丧生。据国际劳工组织统计，每年有一万多名矿工死于矿难，这个数字还不包括因工作条件恶劣而缩短了寿命的矿工。

机器人和无人驾驶飞机用“眼睛”来发现并避开障碍物。未来将会出现一个电脑视觉芯片市场，你可以将芯片安装在自己制造的无人机上，也会有一个防碰撞技术的市场，该技术可以应用于自家的汽车上。十多年来，以色列的 Mobileye 公司和爱尔兰的 Movidius 公司一直在销售计算机视觉附加设备。

我们还需要机器来照顾越来越多的老年人。人均寿命的增长和生育率的下降正在彻底重塑整个社会。日本有 100 多万名 90 岁以上的老人，其中 6 万人是百岁老人。在 2014 年，欧盟 65 岁以上人口已经占总人口的 18%，接近 1000 万人。我们没有足够的年轻人来照顾这么多的老年人，而把大量的年轻人安置在这样一项徒劳无益的工作上，从经济角度上来看是没有意义的。我们需要机器人来帮助老年人锻炼身体，提醒他们吃药，帮他们去取回门口的包裹，等等。

所以，我不怕机器人，我担心的是机器人不会很快到来。

与其担心机器会做什么，我们更应该担心它们还不能做什么。

——加里·卡斯帕罗夫，世界国际象棋冠军

我们今天所拥有的机器人在这些方面几乎无能为力。根据国际数据公司（IDC）于 2015 年发布的一份报告，估计约 63% 的机器人是工业机器人，机器人助手（主要用于外科手术）、军用机器人和家用电器大致均分了剩余部分。主要的机器人制造商，如 ABB（瑞士）、库卡（德国，2016 年被中国的美的公司收购）和四大日本公司（发那科、安川、爱普生和川崎），他们大多仅销售工业机器人，这些机器人并不十分智能，大部分被部署在装配线上工作。能够移动的机器人、拥有计算机视觉的机器人、具备语音识别功能的机器人更是稀少。换句话说，现在你不可能买到一个多用途的机器人，有的机器人只能使用在工厂或仓库等非常受控的环境中。Nao（由法国的布鲁诺·迈索尼耶投资的 Aldebaran 公司在 2008 年首次发布）、

RoboThespian（由英国的威尔·杰克逊于 2005 年创立的 Engineered Arts 公司开发，最初是作为一个演员登台演出），开源的 iCub（由意大利理工学院开发，于 2008 年首次发布），Pepper（由 Aldebaran 公司为日本的软银公司开发，于 2013 年首次亮相），威洛·贾拉杰的“Diaspora”（包括 Savioke，Suitable，Simbe 等）自主机器人是“服务机器人”的先锋，可以在酒店接待，或是在餐厅为你服务：这是一种注重“用户交互界面”的仿人机器人，用于公共活动中的社交、交流和娱乐。到 2016 年，Knightscope 公司的 K5 机器人保安在斯坦福购物中心的车库工作；Savioke 公司的 Botlr 在库帕蒂诺的雅乐轩酒店为客人递送物品；位于桑尼维尔的劳氏超市雇用了由巴萨诺瓦机器人公司制造的库存盘点机器人；Simbe 公司的理货机器人开始整理旧金山 Target 旗下商店的货架。但这些更像是新奇的玩具，而非人工智能。对老年人来说，狗仍然是比有史以来最能干的机器人更有用的伴侣。

早在 1954 年，喜凡尼亚公司就使用机器人来宣传公司产品。今天的大多数机器人都有同样的功能：作为可以一齐合影的可爱玩偶。

家庭中使用最多的是伦巴机器人，这是用于清扫房屋地板边角并吸尘的圆形小家伙，并不像好莱坞电影中的生有许多触须的怪物。不过假如你把钱掉在地上，它会一视同仁地把它吸走：我们无法要求它能区分钱和垃圾，虽然这对人类来说很简单。

玩具业将从“机器人的崛起”中受益匪浅。在 2016 年，总部位于旧金山的初创公司 Anki 公司推出了 Cozmo，一款具有“性格和个性”的机器人，它的出现描绘出了儿童玩具的大好前景。事实上，我们已经被机器人入侵了：有数百万的罗伯萨皮尔（Robosapien）成了我们家庭的一员——一款由马克·蒂尔登（Mark Tilden）设计的机器人，他是一位备受尊敬的发明家，曾在洛斯阿拉莫斯国家实验室工作，地处香港的 WowWee 公司（两名加拿大移民于 20 世纪 80 年代创建的公司）于 2004 年推出了该产品。大多数机器人将是匹诺曹的进化，而不是 Shakey 等移动式机器人。

在谈及机器人的应用时，外骨骼是一个成功的案例，它可被称为穿戴式机器人。这项技术最初是由 DARPA 开发的，用于帮助士兵搬运重物，但现在它在一些康复诊所被用于帮助脑损伤和脊髓损伤的患者。

由以色列一位四肢瘫痪的患者阿米特·高佛尔（Amit Goffer）创立的 ReWalk 公司、Ekso 仿生学公司（Ekso Bionics）、Suitx 公司（加州大学伯克利分校下属的两家公司）以及 SuperFlex 公司（斯坦福研究院下属的一家分支机构）已经在帮助截瘫患者或老年人重新行走。松下集团旗下的风险投资公司 ActiveLink 也发布了一款外骨骼，帮助像我这样的手无缚鸡之力的人代劳重体力劳动。虽然目前成本高得令人望而兴叹，但可以想象，在不远的将来，我们将能够租用外骨骼来完成重体力的园艺和家居改造工作。穿上它们，你就能摇身一变成为钢铁侠了。

机器人能够拾取的物体非常有限，有时只能拾取一种特定的物体。2015年，布朗大学的斯蒂芬妮·特莱克斯（Stefanie Tellex，也是 RoboBrain 公司的员工）演示了一个机器人如何训练另一个机器人操纵物体。所教授的知识通过云从一个机器人传递到另一个机器人。随后，她发起了“百万物体挑战”，即建立起一个操作经验知识库，供需要学习的机器人重复使用。

“云机器人”是卡耐基 - 梅隆大学的詹姆斯·库夫纳（James Kuffner）在 2010 年提出的一个概念，旨在创建一个程序库，让需要特训的机器人远程执行任务，这将形成一个“技能库”。从本质上来讲，这种设计方式省略了机器人的大部分大脑，而让它们使用一个共同的大脑。在 1993 年，东京大学的稻叶正行（Masayuki Inaba）尝试了这种“使用远程大脑的机器人”，但那是在云计算的价格降得相当低廉之前。

机器人可以利用诸如 OpenEase（一个机器共享知识的平台）、RoboEarth（2010）和 Rapyuta（2013）等项目，这些项目由欧盟资助。RoboHow（2012）和 RoboBrain（2014）分别希望机器人通过高级描述和人类的演示学习新任务。其直接效果是将机器人简化为“瘦”机器，可以实现更长的待机时间并减少软件更新的次数。更为重要的是，云计算机器人可以参与集体进步，从彼此的经验中迅速学习成长。

例如，在2010年，由瑞安·希克曼（Ryan Hickman）领导的一群硅谷制造商启动了Cellbots项目，用智能手机和零部件制造机器人。希克曼后来在谷歌成立了云机器人团队。产生这个聪明点子的原因是他领悟到智能手机几乎就是一个机器人：它已经具备了触觉、听觉、视觉、语音识别、导航的能力，甚至是我们没有的实时翻译能力，而且能够访问云计算资源。它只是缺少活动能力，即缺少腿或轮子之类的部件。希克曼在安卓手机和Arduino平台之间架设了电缆，将电缆安装在轮子上，形成了一个“细胞机器人”。

事实上，目标识别和抓取算法都可以在云端实现。机器人本身可以只是一个没有大脑的身体。

2017年，加州大学伯克利分校的肯·戈德堡（Ken Goldberg，他也是远程机器人艺术的先驱）发现了另一种训练机器人的更快的方法：在虚拟现实中训练它们。首先，他的团队创建了一个包含数千个3D模型的数据库——DexNet 1.0（2015）。然后他们训练机器人在模拟世界中掌握这些虚拟物体。使用虚拟现实来训练机器人也是加拿大初创公司Kindred.ai的想法，其源于量子计算机制造商D-Wave的高级研究员苏珊娜·吉尔德特（Suzanne Gildert）的创意。

另一群人则在研究一个机器人团队如何自我组织，共同合作，实现既定目标，即集体人工智能。该算法的先驱是比利时的马可·多日戈（Marco Dorigo），他于1999年在意大利米兰理工学院（Milan’s Polytechnic Institute）的博士论文《蚁群分布优化》中为名为“swarmanoids”的机器人开发了“蚁群优化”算法（1992）。后续还有新泽西理工学院的西蒙·加尼叶（Simon Garnier）制作的“爱丽丝”（引自《信息元素领域的爱丽丝》，

2007）；哈佛大学库马拉斯·唯纳格普（Radhika Nagpal）小组的 kilobot（引自《低成本可扩展的机器人系统集体行为》，2012）；科罗拉多大学的尼古拉斯·科雷尔（Nikolaus Correll）的微型机器人，他曾是丹妮拉·罗斯（Daniela Rus）在麻省理工学院的学生（引自《用有限信息全局建模，分配多机器人任务》，2016）；smarticles 或称智能主动粒子，由佐治亚理工学院的达纳·兰德尔（Dana Randall）和丹尼尔·戈德曼（Daniel Goldman）创造（引自《自组织粒子系统中压缩的马尔可夫链算法》，2016）。还有两个关于群体智能的国际会议，分别是 ICSI（于 2010 年首次在中国的北京大学举办）和 ANTS（于 1998 年在比利时伊里迪亚召开）。斯坦福大学的黛博拉·戈登（Deborah Gordon，引自《工作中的蚂蚁》，1999）和法国的盖·特洛拉兹（Guy Theraulaz，引自《蚁群中的空间模式》，2002）等蚁学家对蚂蚁的自组织技能进行的研究，对该学派也产生了深远的影响。

要实现上面技术的应用，我们首先需要制造机械臂，其灵巧程度至少要可以和松鼠媲美。

我们的每根手指有数十种运动的自由度。假设以 10 种自由度为例（实际远不止这个数），我可以很轻松地做出很多种不同的动作，其数量将是 10 的 10 次方的 10 次方……一个极为庞大的数字。所有这些动作对我而言都是轻而易举的，然而对于机器人来说，这牵涉到一个极其复杂的计算问题。2016 年，谢尔盖·莱文在谷歌大脑实验室（Google Brain）的团队训练机器人捡起了它从未见过的东西，并以不同的方式拾起软硬物体。另外，有两个小组已经将深度学习应用于提高机器人的灵活性上：一个是由卡耐基-梅隆大学的阿比纳夫·古普塔带领的团队，另一个则是由康奈尔大学的阿苏托什·萨克塞纳负责的。萨克塞纳曾是斯坦福大学吴恩达的学生，也是 RoboBrain 的发明者。但真正的挑战在于灵活性，而不是深度学习。

高水平的推理只需要很少的计算，而低水平的感觉动作技能却需要消

耗大量的计算资源。

——埃里克·布林约尔松

在本书之前的部分，我提到过推动人工智能的两个动机：一个是商业机会，另一个是改善人们生活的舒适度。这两种动机都清楚地反映在这些项目中。就目前而言，这项技术仍然很原始。担心这种非常有限的技术很快就能创造出一个邪恶的机器人种族，这无异于痴人说梦、杞人忧天。

生活中没有什么可怕的东西，只有需要理解的东西。

——玛丽·居里

我们需要的工作

“哪些工作将被智能机器替代？”这是一个错误的命题。技术取代人类已经有很长一段时间了，通常每消除一种工作岗位都会自动生成另一个或多个岗位。可以提出更有意义的问题——哪些工作不会被智能的机器所取代？哪些工作需要常识？假如由缺乏常识的机器人来做，只会“成事不足，败事有余”。

例如，我不信任自动驾驶汽车，因为缺乏生活常识的司机会对突发事件束手无策，从而产生令人不敢想象的后果。只有当使用环境变得更加规范化、结构化，自动驾驶汽车才有用武之地。

另一个很有意义的问题是：智能机器会从事哪些人类对其望而兴叹的工作？其中有一些是我们迫切需要的，但人类没有能力去做，如扫描数百万张医学图像。机器没有取代任何人的工作，也没让任何人去冒险。机器将简单扼要地向医生提供病人健康的额外信息。没有人因为这台机器而失去工作。相反，机器反而创造出了不少工作岗位，用来建造、操作、维护、更新机器本身。当它退役或被另一台性能更好的机器替换时，可能碰巧还会在“智能”机器博物馆里增加一份管理员的工作。当然，不好意思，当我在家写作来赞扬或贬低智能机器时，也得到了一份额外的工作。

在过去的30年里，中国建造了无数的高层建筑。中国城市需要对数以千计的摩天大楼进行检查、维护、修理，这包括外墙装饰贴面、玻璃幕墙、窗户，等等。保障在这些建筑内生活和工作的数百万人的安全是一项至关重要的任务。可惜，我们没有可以爬上摩天大楼外墙的“蜘蛛侠”。令人高兴的是，微型攀爬机器人将担当起这项极其危险而又极其重要的工作。它们没有抢走任何人的岗位。这些机器人将需要被设计、制造、编程、维护和操作（以及营销、销售、交付，或者，为什么不写一本这方面的书呢）。这样，它们又将在世界各地创造出数以百万计的就业机会。

预测未来的最好方法就是创造未来。

——艾伦·凯

后机器智能时代：机器创造力能否成就艺术

很快，“机器会思考吗？”这样的问题便会过时了。我不知道你是否在“思考”。我们不可能潜入别人的大脑，去探究他人是否存在感情、情绪、想法等。我们以为已经了解了别人的内心世界，是因为他的行为方式类似于我们自己，于是我们认为别人也有同样的内心生活。我们不能窥视到其他人的意识，所以讨论机器是否具有意识，仿佛并没有什么意义。机器能思考吗？也许吧，但我们永远无法确定，就像我们无法确定其他人类是否会思考一样。

“机器有创造力吗？”这个问题则更加有趣。人类一直认为自己是有创造力的，但总是无法解释这究竟意味着什么。不起眼的蜘蛛可以织出非常漂亮的蜘蛛网。有些鸟筑的巢十分美观。蜜蜂会表演复杂的舞蹈。大多数人不认为蜘蛛或鸟是“具有创造力的动物”。人类认为这些生物的基因中存在某种东西，迫使它们如此这般地去做，不管有多复杂多智慧。但是蜘蛛或鸟与莎士比亚、米开朗琪罗或贝多芬有什么区别呢？

如果将人类文明的历史视为以一个独特的创造性物种为主线的历史，那么人类竟然对创造力的研究是如此之少。第一位在书中使用创造性这个名词的哲学家应该是约翰·杜威（John Dewey），他在《创造性智力》（1917）一书中综述了“世界上的各种生物”，突显了人类智力的特征。英国社会心理学家格雷厄姆·沃拉斯（Graham Wallas）在其于1926年出版的《思维的艺术》一书中概述了创作过程的四阶段模型，而其他学者在这个问题上的论述则较为肤浅。转折点出现在1950年，南加州大学的乔伊-保罗·吉尔福德（Joy-Paul Guilford）在美国心理协会发表了主席报告（后来整理出版了《创造力》一书），将创造力定义为产生新想法的能力。1951年，吉尔福德在他的大学发起了“能力研究项目”（该项目的结果后来被汇编在于1967年出版的《人类智力的本质》一书中）。同时，有人在加利福尼亚已经开启了一个关于创造力的学术项目。

20世纪30年代，唐纳德·麦金农（Donald MacKinnon）曾在哈佛大学亨利·默里（Henry Murray）的心理诊所学习。在第二次世界大战期间，他在马里兰州一处偏远的农舍里经营着一个秘密实验室，任务是挑选间谍渗透到欧洲去（服务于美国战略情报局）。1949年，时为加州大学伯克利分校教授的麦金农创立了人格评估与研究学院（IPAR）。IPAR采访并测试了来自不同学科的“创造性”思想家（包括作家、建筑师、科学家和数学家）。麦金农的结论是：工科学生缺乏创造力（引自《培养工科学生的创造力》，1961），并概述了他自己的人类智力模型（引自《创造性人才的天性与培养》，1962）。IPAR最杰出的研究员弗兰克·巴伦（Frank Barron）出版了影响深远的著作《创造力与心理健康》，他在1969年搬到加州大学圣克鲁斯分校，并在那里教授一门颇具影响力的关于创造力的课程。

与此同时，亚历克斯·奥斯本（Alex Osborn）一直在改进他的“头脑风暴”技巧，用以激发创造力。这种技巧最早在1953年的《应用想象力》一书中被提出，已经成功应用于军队和企业组织。1955年，他在布法罗大学成立了创意解决问题研究所，每年举办一次会议。与之同样重要的是，犹他州创造力研究会议于1955年揭幕，并于1957年和1958年在密歇根州立大学举行了座谈会。1960年，明尼苏达大学的保罗·托伦斯（Paul Torrance）发起了明尼苏达创造性思维测试（Minnesota Tests of Creative Thinking，简称MTCT），即现在的托伦斯创造性思维测试（Torrance Tests of Creative Thinking，简称TTCT）。这些心理学家之间的争论是“智力和创造力是相同的心理过程，抑或是两个不同的过程”。几年之内，“创造力”已经成为一个流行的词汇。各类热门书籍中就创造力展开了热烈讨论，从亚瑟·凯斯特勒（Arthur Koestler）的《创造的法案》（1964）、霍华德·加德纳（Howard Gardner）的《思维的框架》（1983），到玛格丽特·博登（Margaret Boden）所著的博人眼球的《创造性思维》（1990），她将吉尔福德对创造力的定义升级为“能够产生新颖有价值的想法”（但她同时也落入了一些虚假创意的陷阱中）。

这项研究与人工智能的前景和进步是同步的。虽然休伯特·德雷福斯坚持认为机器不可能具有创造性（引自《计算机仍然不能做的事情》，1992），道格拉斯·霍夫施塔特（Douglas Hofstadter）却与之针锋相对地出版了一本有关制造这种机器的书（引自《流体概念和创造性类比》，1995）。玛格丽特·博登（Margaret Boden）在1993年斯坦福大学举办的“AAAI春季研讨会”上谈到了“人工智能与创造力”。同一年，拉夫堡大学举办了一次创造力和认识问题国际研讨会。还是这一年，吉尔斯·福康涅（Gilles Fauconnier）在加州大学圣地亚哥分校引入了“概念融合”（引自《概念整合网络》，1994）。

在以往，人类在艺术创作时所使用的工具只有笔。但自从 1973 年哈罗德·科恩（Harold Cohen）构想出第一台绘画机器“亚伦”（AARON）以来，原本毫无关联的两个概念——艺术家与工具，开始纠缠不清。科恩问道：“构成一幅图像最基本的要素是什么？”而我会把这个问题改成：“构成艺术最基本的条件是什么？”马塞尔·杜尚（Marcel Duchamp）的《喷泉》（1917），虽然画的仅是一个便池，也被大多数艺术评论家视为“艺术”。抽象艺术主要是关于抽象的符号。为什么彼埃·蒙德里安（Piet Mondrian）或瓦西里·康定斯基（Wassily Kandinsky）的简单线条会被认为是艺术？文森特·梵高（Vincent Van Gogh）和巴勃罗·毕加索（Pablo Picasso）的大多数画作更是让人不解——它们为何能被称为艺术，还是伟大的艺术？

走近机器。1968 年 8 月至 10 月，控制论新发现展览（Cybernetic Serendipity Exhibition）在伦敦展示了计算机生成的图像（包括一台诺伯特·维纳设计的计算机），计算机现场绘图、编写诗歌，彼得·季诺维夫（Peter Zinovieff）的音乐计算机可以根据使用者口哨的旋律即兴创作曲子；此外，还有布鲁斯·莱西（Bruce Lacey）发明的交互式机器人 ROSA Bosom（1965），顺便说一句，该机器人还参加了他的婚礼（ROSA 是“无线电操作模拟演员”的缩写）。导演马尔科姆·莱格里斯（Malcolm LeGrice）创作了 Typo Drama（1969），它于 1969 年 4 月在伦敦举行的“Event One”艺术展览会上首次亮相，系统地为戏剧演员生成文本和动作设计［系统的软件部分由计算机艺术协会创始人艾伦·萨特克里夫（Alan Sutcliffe）编写］。

通过编写一个程序来写作并不难。早在 1967 年，激流派艺术家艾莉森·诺尔斯（Alison Knowles）和作曲家詹姆斯·坦尼（James Tenney）就设计了一款程序，将诗节随机组合在一起，由此产生了计算机生成的诗歌《尘埃屋》（1967）。当然，这要取决于你能接受随意句子的程度。在 1983 年，纽约自由作家兼程序员威廉·张伯伦（William Chamberlain）和托马斯·埃特尔（Thomas Etter）发表了《警察的胡子是半人造的》，副标题是“计算机有史以来创作的第一本书”，据称这些是由他们的程序 Racter 编写的一系列诗歌，这是一款用 64K 内存运行在个人计算机上的程序，用 Basic 语言编写。1993 年，斯科特·弗兰奇（Scott French）用程序创作了《仅此一次》，这是一本杰奎琳·苏姗（Jacqueline Susann）风格的浪漫小说（也是迄今为止出版的最老套的小说之一），但弗兰奇创作的意义非凡。1992 年，波兰艺术家沃塞区·布鲁萨斯基（Wojciech Bruszewski）编写了一款计算机程序，用一种不存在的（但可发音的）语言创作十四行诗。这些十四行诗共八卷（这是我最欣赏的：如果要让机器具有创造性，那就让它先发明自己的语言）。1996 年，日本国际电器通信基础技术研究所的土佐尚子（Naoko Tosa）制作了一个名为“互动诗歌”（Interactive Poem）的艺术装置，实现了人与电脑之间的语音协作，用来编写诗歌。

2019 年，OpenAI 的亚历克·雷德福（Alec Radford）和杰弗里·吴（Jeffrey Wu）展示了一款算法 GPT2，该算法能够撰写出颇具说服力的文章。2019 年 2 月，英国《卫报》的纸质版刊登了一篇 GPT2 算法撰写的文章。几天后，《卫报》另一篇文章的作者——汉娜·简·帕金森（Hannah Jane Parkinson）感慨道：“人工智能也能像我一样写作——准备好迎接被机器人驾驭的末日吧。”这又一次让我们思考：人类和机器，谁更聪明？ OpenAI 的 GPT2 算法基于阿什什·瓦斯瓦尼（Ashish Vaswani）的“Transformer”方法设计，其中包括多达 15 亿个参数，通过 WebText（即数百万张网页）来预测文本中的下一个单词。这是“分布式”的 AlphaGo。当然，问题在于，对于 GPT2 所“编造”的故事，由于它不知道自己在做什么，所以也无从判断这些是否基于真实的事件：这只是一个游戏，在这个游戏中，GPT2“预测”当前的单词之后最有可能出现的单词是什么。事实证明，这个游戏可以产生一段听起来很真实的文字。GPT2 甚至不适合用于创造“假新闻”，因为你无法控制生成文本中主题展开的方向。但 GPT2

确实是一项重大成就，它实现了多任务学习，没有任何明确的监督指导。换句话说，它在回答问题、外文翻译、阅读理解和归纳总结方面可以表现得同样熟练（引自《语言模型基于无监督的多任务学习》，2019）。

加州大学圣克鲁斯分校的大卫·柯普（David Cope）自1981年以来一直在对自动作曲（他发明了专家系统和各类衍生系统）进行试验。斯坦福大学的彼得·托德（Peter Todd）使用一种递归神经网络来创作旋律——他的网络被训练来预测当前音符的后续音符（引自《一种联结主义的算法组合方法》，1989），但这种逐条记录的效果显然是有限的。LSTM网络更适合产生音乐——发明者施米德胡贝与瑞士人工智能研究所的道格拉斯·埃克（Douglas Eck）合作，尝试了使用更适合音乐的LSTM网络来学习蓝调音乐的特征（引自《学习蓝调的长期结构》，2002），并且创作音乐（引自《使用LSTM递归神经网络的音乐作曲初探》，2002）。

霍德·利普森（Hod Lipson）和乔丹·波拉克（Jordan Pollack，现于布兰代斯大学任职）利用肯·斯坦利（Ken Stanley）的简洁算法构建了无数的表单，这是一款自动生成工业设计所需数据的程序（引自《机器人生命表单的自动设计与制造》，2000）。

在20世纪90年代和21世纪初，多项实验与尝试在艺术领域产生了概念的混乱：肯·戈德堡（Ken Goldberg）在南加州大学的绘画机器“动力与水”（1992）；马修·斯坦（Matthew Stein）在威尔克斯大学设计的PumaPaint（1998），这是一个让互联网用户可以创作原创作品的在线机器人；瑞士的尤尔格·莱尼（Jurg Lehni）的涂鸦喷绘机器Hektor（2002）；大卫·科普（David Cope）的音乐作曲项目“艾米丽·豪威尔”构思于2003年，其随后发行了专辑《来自黑暗之光》（2009）和《气喘吁吁》（Breathless）（2012）；2006年，华盛顿软件工程师平达尔·范·阿尔曼（Pindar Van Arman）开发了绘画机器人；2008年，内布拉斯加州艺术家卢克·凯利（Luke Kelly）和道格·马克斯（Doug Marx）制造的机器人 Vangobot（发音为“Van Gogh bot”）可以根据预先设定的艺术风格绘制图像。

专家们包括瑞士人工智能实验室的尤尔根·施米德胡贝（于 1991 年发表《奇怪的模型构建控制系统》，后来演变为《创造力、乐趣和内在动机的正式理论》）和伦敦城市大学的格伦特·威金斯（Geraint Wiggins，引自《朝着更精确地描述人工智能创造力的方向发展》，2001）一直在就如何让机器更具创造性展开辩论。

2010 年，芝加哥艺术家哈维·穆恩（Harvey Moon）在众筹平台（Kickstarter）上发起了一场活动，之后他建造了绘图机，制定了自己的“美学”规则，并开始绘图。2013 年，德国康斯坦茨大学的奥利弗·杜森（Oliver Deussen）团队展示了“e-David”（用于生动互动展示的绘图设备的缩写），这是一个能够在真的画布上用真的颜色作画的机器人。2013 年，巴黎的加莱里·奥伯坎普（Galerie Oberkampf）展出了多年来由伦敦戈德史密斯学院的西蒙·科尔顿（Simon Colton）设计的电脑程序“绘画傻瓜”（the Painting Fool）创作的画作。2013 年，在伦敦自然历史博物馆和科学博物馆举办的现代化机器展览中展示了“保罗”——一个会画肖像的创意机器人，由法国发明家帕特里克·特雷斯塞特（Patrick Tresset）在 2011 年制作；以及 BNJMN（发音“为本杰明”）——一款由巴塞尔艺术与设计学院的特拉维斯·普灵顿（Travis Purrington）和达尼洛·万纳（Danilo Wanner）设计的能够产生图像的机器人。

2011 年，西班牙马拉加大学的计算机“Iamus”以自己的风格登台亮相（其算法旨在模仿大师的风格）。Iamus 为全乐团创作的四首曲子由伦敦交响乐团演奏并收录在其 2012 年的专辑《Iamus》中。

2012 年，在神经进化领域德高望重的肯·斯坦利（Ken Stanley）和他在佛罗里达大学的学生们推出了“MaestroGenesis”——一种利用简单的单音旋律创作复调音乐的程序。

杜克大学的音乐学者约翰·苏普科（John Supko）和数字媒体艺术家比尔·希曼（Bill Seaman）创作的软件制作了音乐专辑“S_traits”（2014），被《纽约时报》评为年度最佳音乐之一（虽然它进不了我自己编制的前1000的排名，但这出于我个人的欣赏习惯）。

上述层出不穷的创新事例中的每一条都曾成为新闻头条，但我们可以发现，没有一个是由自动化实现的。

随后出现了深度学习。深度学习系统包括一个多层网络，经过训练可以识别一个物体。训练包括向网络显示该对象的许多实例（如许多猫）。安德鲁·齐泽曼在牛津大学的团队或许是首个想到要让神经网络显示它的整个训练过程的研究团队（引自《深层卷积网络》，2014）。基本上，他们实现了用神经网络生成学习对象的图像。例如，展示神经网络已经学会的猫的样子。

2015年5月，谷歌瑞士实验室的一名俄罗斯工程师亚历山大·莫德文特瑟夫（Alexander Mordvintsev）利用齐泽曼的想法，让一个神经网络产生了迷幻图像。一个月后，他与在硅谷谷歌大脑部门的杰夫·迪恩（Jeff Dean）团队实习的克里斯托弗·奥拉（Christopher Olah）以及在谷歌西雅图公司工作的艺术家迈克·泰卡（Mike Tyka）合作发表了一篇名为《启蒙主义》的论文，这可以说是创造了一场新的艺术运动。受过训练、用于识别图像的神经网络可以反向运行，从而生成图像。更重要的是，网络可以被要求识别实际上不存在的对象，如在白云中勾勒出一张笑脸。通过将“视觉意识”一遍又一遍地反馈到网络中，网络最终会显示出一幅详细的图像，基本上相当于人类的幻觉。例如，用于识别动物的神经网络会在多云的天空中识别出原本并不存在的动物。

2015年，德国图宾根大学的马蒂亚斯·伯奇（Matthias Bethge）实验室的两位学生利昂·盖茨（Leon Gatys）和亚历山大·埃克（Alexander Ecker）训练神经网络捕捉对象的艺术风格，然后将这种艺术风格应用于任何图片（引自《艺术风格的神经算法》，2015）。神经网络可以模仿任何一位大师的风格。被训练的神经网络倾向于将对象的内容与风格分离开来，而“风格”可以应用于其他对象，进而可以将之前学过的各种风格应用于各类对象上。在艺术实践方面的应用表现为，神经网络会捕捉到一种艺术风格，然后将这种艺术风格应用到任何一幅画上。

2015 年 9 月，在国际计算机音乐大会上，在耶鲁大学保罗·赫达克（Paul Hudak）实验室工作的作曲家多尼亚·奎克（Donya Quick）展示了一款名为库利塔（Kulitta）的计算机程序，用于自动作曲。2016 年 2 月，她在声云网站上发布了一份库利塔制作的音乐列表。在同一时间，谷歌与“灰色地带”艺术基金会合作，在旧金山大剧院举办了一场由其人工智能系统制作的 29 幅画作的拍卖会（引自《DeepDream：神经网络的艺术》）。

2016 年 3 月，20 岁的普林斯顿大学学生金智星（Ji-Sung Kim）和他的朋友埃文·周（Evan Chow）一起创建了一个神经网络，可以像帕特·梅斯尼（Pat Metheny）的《顿悟》（1995）中的爵士音乐家那样即兴创作。

2016 年 4 月，在伦勃朗去世 347 年后，一幅伦勃朗的新肖像在阿姆斯特丹亮相：代尔夫特理工大学的乔里斯·迪克（Joris Dik）根据伦勃朗 346 幅画作的 168 263 个碎片，创作了这幅由 3D 打印而成的伦勃朗肖像的赝品。公平地说，在 2014 年，杰伦·范德莫斯（Jeroen van der Most）也取得了类似的成就，他的计算机程序在对梵高的 129 幅真迹进行统计分析后，生成了一幅《失落的梵高》。

2016 年 5 月，达特茅斯学院的丹尼尔·洛克莫尔（Daniel Rockmore）组织了计算机艺术领域的首次诺伊康研究所奖（被称为“创意艺术中的图灵测试”）评选活动，参评者所构建的计算机程序需要进行三项竞赛：创建一个短故事、一首十四行诗以及打一套碟。西班牙学生乔姆·帕雷拉（Jaume Parera）和普里蒂什·钱特纳（Pritish Chandna）获得了“打碟”的奖项，而南加州大学凯文·奈特（Kevin Knight）实验室的三名学生获得了

“十四行诗”奖项：“在我房间的一堵墙背后 / 隐藏着一套空空的暗室 / 那厨房地板上的千年古画 / 正述说着百年前的故事。”

朱利安·麦考利（Julian McAuley）在加州大学圣地亚哥分校的学生王成康（音译）与 Adobe 公司合作，于 2017 年创建了一个可以生成个性化服装的系统，将卷积神经网络与生成对抗性网络结合起来，来学习一个人最喜欢的时尚风格。

2016 年 7 月，湾区软件工程师卡梅尔·艾利森（Karmel Allison）创办了在线杂志“CuratedAI”，该杂志收录了人工智能程序编写的诗歌和散文。

2016 年 9 月，谷歌在可以生成音乐的神经网络“WaveNet”上发表了一篇论文。

马里奥·克林格曼（Mario Klingemann）是 2016 年巴黎谷歌文化学院的常驻艺术家，他学会了如何使用生成对抗性网络，他或许是第一个专攻人工智能创作的艺术品的专业艺术家。在2017年，他因这些艺术品而出名，这些艺术品是由软件生成的声音和视频组成的，但感觉就像是真实发生的事件。

2016 年，由纽约大学罗斯·古德温（Ross Goodwin）创作、名为“Benjamin”的 LSTM 接受了 20 世纪 80 年代至 90 年代科幻电影脚本的训练，该网络后来编写出科幻电影《太阳之春》（*Sunspring*）并由奥斯卡·夏普（Oscar Sharp）执导，后来在伦敦科幻电影节上放映。

2016 年年底，圣何塞州立大学的玛雅·阿克曼（Maya Ackerman）和大卫·洛克（David Loker）推出了“Alysia”，这是一个可以根据歌词产生音乐旋律的计算机程序。几个月后，歌剧演唱家阿克曼演唱了由 Alysia 根据另一个程序“Mable”所编写的歌词谱写而成的歌曲。Mable 程序是根据拉斐尔·佩雷斯（Rafael Perez）的“墨西卡”（Mexica）创作的（炫耀一下，这场表演是在列奥纳多艺术科学俱乐部举行的，我于 2008 年创立了这个系列活动）。这些艺术创作计算机程序存在的问题一直存在，那就是其所创作的音乐无聊至极。如果你（和我一样）认为流行音乐大多是垃圾级作品，那么在欣赏过它们以后你就会感受到什么是极品垃圾，机器所创作的流行音乐的乏味和俗套的程度可能超越了你最讨厌的流行歌曲。对我的耳朵来说，这是忍耐力的考验。我不确定这是否就是道格拉斯·艾克（Douglas Eck，现供职于谷歌）在 2016 年提出的——要对“艺术进行全面、直接、惊人的改进”。

微软聊天机器人“小冰”的诗集于 2017 年 5 月在中国出版。

由巨人公司的威廉·安德森（William Anderson）在 2017 年撰写的博客文章发表在 Magenta 网站上，文章通过简单地使用传统的马尔可夫链，解释了如何实现与直觉主义几乎相同的“创造力”（博客文章所用的标题是《使用机器学习创作艺术》，2017）。

2017 年，加州大学圣地亚哥分校的克里斯·多纳休（Chris Donahue）的团队用一个舞蹈游戏训练神经网络，该游戏的用户们为许多流行歌曲创作了舞蹈。训练后的神经网络被称为“舞蹈卷积”，其可以为任何一首新歌生成舞蹈。

2017 年，罗格斯大学的艾哈迈德·埃尔盖马尔（Ahmed Elgammal）小组与南卡罗来纳州查尔斯顿学院的艺术历史学家玛丽安·马佐尼（Marian Mazzone）合作，利用生成对抗性网络创建了一个学习艺术风格的系统，该系统“偏离”规范并可以创造出自己的风格（引自《创造性敌对的网络》，2017）。更重要的是，早在 2015 年，同一组人就编写了一个算法，该算法可以识别出艺术品的创作艺术家、流派和风格，并找出风格之间的相关性——这是艺术史学家的工作。

2017 年，谷歌 Magenta 分公司的伊恩·西蒙（Ian Simon）和萨吉耶夫·奥雷（Sageev Oore）开发出了“Performance RNN”——一个基于 LSTM 的复发神经网络，并在雅马哈电子钢琴比赛数据集上对之进行了训练。该数据集包含了钢琴家们进行过的 1400 演奏，以 MIDI 的格式保存，使得网络可以输出有音律变化的曲调。

2017 年 7 月，旧金山麦克洛克林画廊举办了题为《人工智能：我们所知艺术的终结》的展览。它展示了壁画艺术家（曾是硅谷企业家）马蒂·莫（Matty Mo）的“肖像”。自 2014 年以来，莫以“最著名的艺术家”的身份自居，他最“出名的”是窃取其他艺术家的创意。他的肖像是与一款黑客创建的人工智能程序联合制作的。2018 年 10 月，总部位于巴黎的艺术团体“Obvious”在纽约的一场拍卖会上以 43.25 万美元的价格拍出了《爱德蒙·贝拉米的肖像》(2018)，这幅画是由一个神经网络制作的，该网络经过了自 14 世纪至 20 世纪绘制的包含 1.5 万幅肖像的数据集对其进行的训练。

2016 年 5 月，TED 的观众聆听了谷歌首席科学家布莱斯·阿格拉·阿卡斯（Blaise Aguera y Arcas）的演讲，题目是《站在艺术和创造力新前沿的边缘——这与人类无关》。

反对机器艺术的典型观点是，艺术品不是机器创造出来的。一个人设计了这台机器，并让它按编程要求执行该做的事，因此，机器不该为它创造的“艺术品”而获得任何荣誉。神经网络的非线性使程序员远离了编程工作，但最终并没能抹杀程序员创造出神经网络这个事实。

然而，根据这种观点进行推理，假如你在画画，那么，这是大脑中复杂的神经过程，是大脑在驱动你的手操作画笔，而这又与遗传因子和环境熏陶的共同影响有关。你为何能凭此而获得殊荣?

如果人脑所从事的是艺术，那么机器所做的也应该是艺术。

一位持怀疑态度的朋友（他是加州大学伯克利分校的一位杰出的艺术学者）告诉我：“我还没有见过机器创造出任何有价值的艺术。”这种见解值得商榷，当今有许多人不屑于当代艺术博物馆里展出的作品，更不要说行为艺术、人体艺术和“吵闹”的音乐了。人类应该如何定义“艺术”？

艺术的图灵测试很简单。当我们被告知“这是由计算机完成的作品”时，我们会先入为主并持有偏见。如果告诉我们它是由一位名叫纳穆尔·萨达根（Namur Saldakan）的印尼艺术家创作的呢？我敢打赌，一位有影响力的艺术评论家已经准备写篇文章，煞有介事地分析萨达根的艺术在全球化的背景下所反映出的印度尼西亚的民族传统，等等。

事实上，神经网络“介入”艺术领域或许有助于我们理解艺术家的大脑。这进而可能会给神经科学家带来观念上的突破。毕竟，从来没有人提出过一个系统的关于创造力的科学理论。那些反向探索神经网络的人也许能告诉我们什么是“创造力”。

机器艺术为艺术界提出了其他有趣的问题。

艺术收藏家在谷歌拍卖会上买了什么？神经网络输出的是一个数字文件，它可以在瞬间被复制，那么为什么你要花钱购买一个可以被无限复制的东西？为了保证唯一版本的珍稀特性，需要对机器进行物理破坏，或者……重新训练神经网络，这样它就再也不会生成类似的图像了。

艺术是否有自己的属性？——没有，艺术就是艺术。在我的认识中，机器可以创造艺术。就像动物可以创造艺术一样，我见过神奇的蜘蛛网和奇妙的鸟巢。从伊瓜苏瀑布到纳米比亚沙漠，地球每年都创造出供数百万游客参观的艺术品。

机器缺少的不是对艺术的创造，而是对艺术的评价。艺术是创作者与欣赏者之间的连接，这种艺术的连接有些会持续很长时间。事实上，优秀的艺术作品的影响会持续几百年甚至上千年，它们一代又一代，经久不息。艺术评论家和艺术历史学家写作关于点评艺术的书籍。公众通过阅读、参观博物馆，可以了解艺术评论家对艺术的观点和见解，这成了艺术评论家与公众之间的一种对话。算法可以在一毫秒内根据某些特定的标准，判断艺术达到了什么水准、优秀抑或拙劣，但艺术需要更长时间的考验，而且往往没有标准答案。我对一幅画的领悟会（大多数情况下）随着自己阅历的积累而改变。曾经令我感到乏味的音乐现在却能使我怦然心动，我也曾在音乐中发现以往被忽略的感动。不同的人会对艺术作品有不同的反应，因为他们有不同的大脑、不同的经历、不同的背景、不同的喜好。机器艺术缺少的不是创造艺术的能力，而是欣赏艺术的能力。当然，机器可以根据我的喜好向我推荐下一首音乐（通常都不会是太好的建议），但机器“不具备”音乐评论的功能，评论家会推荐给我一些我从未听过的音乐，并解释与之相关的文化、社会背景等元素。神经网络可以学习模式（如习惯），但音乐、文学或艺术评论家研究怎样才能打破这些模式，或者诠释打破现有模式的意义。

在某种意义上，我不同意查尔斯·达尔文（Charles Darwin）在《人类的起源》（1871）中所提到的：“想象力是人类最高级的特权之一，通过这项能力，人可以随性地将之前经历的情景和思想聚集起来，创造出最新奇、最辉煌的成果。”在我看来，这些都不会发生在艺术家的思维中，而是在评论家或历史学家的头脑中才会出现。他们有意识地、理性地成就了那些“辉煌而新颖的艺术”。我不同意达尔文关于谁是“创造者”的观点。所有的音乐家都能即兴演奏，但他们不会被乐评人称为出色的演奏家。文化基因的传播不是因为音乐家，而是因为评论家和历史学家。评论家和历史学家很可能同时也是一位音乐家，可能他会推崇一位已故的音乐家，称颂他为不朽的古典音乐家。绘画和歌唱可能先于语言，但只有当语言出现时，我们才能谈论艺术，因为只有那时我们才能开口说话。

借用《想象力的进化》一书的作者、哲学家斯蒂芬·阿斯玛（Stephen Asma）的话说，人类在具备文字能力之前，就已经具备了图形创作的能力。这可能是情感交流中某种特定的方式（现在我们通常将其归类为“艺术”），这可能是情感交流的一种进化，它向人类同胞强调生活中的重要事实，并在人群中引起强烈的反应。

艺术家可能不喜欢这些，但是艺术确实被高估了。困难的是判断什么是艺术，而什么不是，什么值得保留给子孙后代，并分析其精髓所在。艺术是要具有某项意义，但意义的创始者并不完全是艺术家，如果把艺术置于某个环境中，就会产生特定的意义，艺术与该环境的关系就会呈现出来。动物和机器都能“制造”东西。人类有独特的能力去评论被创造的事物，并将其置于历史环境中。

我相信总有一天，人类专家会把机器艺术放在一个历史和社会的大背景下，但还是由人类来决定哪些机器艺术值得被记住，为什么要被记住，在怎样的大背景下被记住。真正的突破将会是把机器（和人类）的艺术作品置于历史和社会背景下，对它们进行分析、评判然后得出结论。读到这里，软件工程师会迫不及待地设计一个神经网络，让它能谈论关于艺术的、有意义的东西（无论是人类还是机器创作的）。但是，通过这样一个神经网络，我们已经知道了真正的评论者是谁：那个亲手挑选数据集来训练神经网络的人，那个精心设计神经网络架构的人，也就是人类。然后我会写一本书，提到一个历史事实——艺术是由机器创造的，但人类又创造了一台机器来评价艺术。人类的独特之处在于，我们有能力记录正在被创造的事物（如何被创造、为什么要被创造、由谁创造）的历史，而不一定要自己完成创造。艺术向观众、听众传递许多信息，但它们却很少告诉我们关于创作者自身的事情。

1961 年，意大利艺术家皮耶罗·曼佐尼（Piero Manzoni）在一家美术馆展出了 90 个标有“艺术家之粪”的锡罐，按照当天每克黄金的价格进行销售。以下是泰特美术馆在 2017 年对此的评价：“曼佐尼对艺术家身体的物化进行了批判和隐喻，用一种特有的方式来比喻怎样将艺术家的修养与身体作为消费对象。艺术家的大便被封装在罐头内，贴着‘不添加防腐剂’字样的标签，隐喻了优美艺术的表象和丑陋的本质——艺术作品应该是浑然天成的高尚享受，但一旦被当作商品对待，便成了金玉其外、败絮其中的东西。曼佐尼将创造性行为描述为商品消费流程的一部分—— 一个不断的加工、包装、营销、消费、再加工、包装……无穷无尽的过程。”

它之所以变成了“艺术”，只因艺术评论家对其有深度的评价，这突然改变了我这样无知的人的观感，也促成了其艺术品化的华丽转变。正如佐治亚理工学院游戏设计师伊恩·波哥斯特（Ian Bogost）在2017年所写的那样：“在艺术成为文化之前，它是一种形式。”我相信机器和动物都可以创造自己的艺术……但只有当它雷同于人类的艺术形式时，它才成为能被大众接受的艺术。没有人类作为受众，艺术无从谈起，就像电子在被发现之前，我们并不认为它是存在的。

机器智能的危险之处

谁将率先应用人工智能技术

以前，人工智能研究的大部分投资（直接或间接）来自DARPA等军事机构，这些机构的目的是制造战争机器。现在那些以广告为其业务基础的大型企业也在人工智能领域投入巨资。

从钱的来源（或者说出资方是哪里）判断，人们倾向于认可这样的结论：第一个通用性人工智能将崛起自美国好战的军工联合体或贪婪的企业世界。我们将不得不面对这样一个现实：奇点很可能在智能军事机器或广告算法之后出现，而绝不会在能大幅度提升人类福祉的软件问世之后到来。

放大“人性之恶”

哈佛大学经济学家爱德华·格莱泽（Edward Glaeser）写道：“仇恨是一种供需平衡的结果，在这种平衡中，政客们讲述过往的恶行，以打击反对派，而大众则喜欢倾听他们的这些故事”（引自《仇恨的政治经济学》，2002）。然而，真正的问题或许不在于政客的奸诈，而在于公众愿意倾听仇恨的故事。越来越多的企业家意识到，仇恨可以用来“营销”。在大众传媒时代，充分利用“仇恨”工具，娱乐业如雨后春笋般迅速发展起来。电视和互联网平台放大了这一现象，因为它们依赖广告收入，而广告收入则依赖于观众的数量。事实证明，仇恨是一种简单而有效的“吸粉”工具，越具煽动性就越精彩。社交网络平台（或者至少是它的算法）助长了这种仇恨经济。他们诱发你的厌恶情绪，并从中渔利。这不是什么新鲜事。杰里·施普林格（Jerry Springer）便是以此大发横财，并成为美国电视偶像的。他的脱口秀节目于1991年首播，在节目中，嘉宾们相互辱骂，甚至当众大打出手。尽管在2002年“电视指南”的一次观众投票中，它被评为“有史以来最烂的节目”，但它在整个21世纪的头十年里一直很受欢迎，并在第二个十年里活了下来。

这些节目的收视率取决于嘉宾的粗鲁，并转化为电视频道的营收，还间接地鼓励了最粗俗和暴力的交流方式。世界摔跤娱乐公司（简称WWE）是世界上最大的摔跤推广机构，于1979年由文斯·麦克马洪（Vince McMahon）在马萨诸塞州创办，当时名为“体坛巨人”。除了它的比赛是假的之外，参赛者都是演员，他们根据剧本进行表演。观众不可能被经过彩排的体育赛事吸引，实际上他们更喜欢这些比赛的仪式——其中包含着这些演员相互之间充满仇恨的侮辱性动作。电视只是向更广泛的观众散播仇恨，但人们对表达仇恨的热情早已存在。直到今天，“斗牛”这种残忍的娱乐活动在西班牙还是合法的，而“斗鸡”仍然是在菲律宾最受欢迎的娱乐活动（为期五天的“世界杀戮者杯”比赛每年在马尼拉的阿拉内塔体育馆举行）。至少从18世纪起，拳击就是在西方最受欢迎的运动之一。纵观历史，公开处决犯人总能吸引大批“唯恐天下不乱”的围观者，他们欢呼雀跃、欣喜异常。

现在，处决过程已经不再对公众展示，但我们仍可以在社交媒体或电视上观看“虚拟”的处决，受害者在其中受到最残暴的侮辱和诽谤。于1996年确立的《传播礼仪法案》认为，内容平台（如社交网络平台）不对发布的言论负责。它没有公开表明这些平台可以从散布仇恨的言论中赚钱，但事实证明，这正是它所默许的。诽谤法保护的是言论自由，而非你的名誉。但是，名誉是很容易被攻击的。例如，在 2017 年，YouNow 平台的一名用户查尔斯·马洛（Charles Marlowe）对另一名用户安娜·斯坎伦（Anna Scanlon）发起了一场恶意攻击。斯坎伦声称马洛造谣诽谤她，但 YouNow 的算法并不是用来判断对错与否的，它的设计目标是平台收益的最大化。马洛越是变本加厉地侮辱她，他的追随者就越多，平台赚钱就越多……于是算法对马洛给予了支持。最有可能的是，一种“推荐算法”会将这种争议文化传播给社交网络的其他用户。在这类平台上，使用性别歧视、种族主义和攻击同性恋言语将是加分项，而阴谋论则会是另一个加分项。平台在经济上奖励流量，因为流量是广告收入的源泉，它会自动奖励那些散布仇恨的人。这个问题已经不局限于个人间的欺凌与骚扰，甚至会延伸至社会公众，切入到另一个领域。

人工智能最成功的应用程序，仍然是计算如何让互联网用户点击链接，以最大化广告利润。我们很快就会有人工智能程序，为尽可能多的“仇恨”推波助澜。修改诽谤法或许会有所帮助，在英国，诽谤法并没有受到言论自由观点的过多保护，博客写手杰克·门罗（Jack Monroe）在记者凯蒂·霍普金斯（Katie Hopkins）诽谤她的案子中胜诉。霍普金斯碰巧是电视真人秀“学徒”（Apprentice）的前参赛者，而这个电视节目正好是由特朗普的公司运营的。

事实上，只要能产生最大化的利润，“仇恨”营销和任何为利润而设计的算法，将不可避免地为仇恨“火上浇油”。算法越聪明，就会产生越多的仇恨。

插曲：减缓回音室效应的方法

不能把最重要的决定托付给人类。普林斯顿大学以色列裔心理学家丹尼尔·卡尼曼（Daniel Kahneman）和斯坦福大学心理学家阿莫斯·特沃斯基（Amos Tversky）在研究判断心理学时，证明了我们只是假装（甚至说服自己）是客观和理性的，而实际并非如此（引自《主观概率》，1972）。埃米莉·普罗宁（Emily Pronin）引入了“偏见盲点”这个词语来描述我们擅长发现别人的缺点，而对自己的缺点却视而不见（引自《偏见盲点》，2002）。我们的愚蠢遮蔽了自己的双眼。如果你认为自己很聪明，不属于这一类，那么再想想：詹姆斯·麦迪逊大学的理查德·韦斯特（Richard West）和多伦多大学的基思·斯坦诺维奇（Keith Stanovich）的一项研究结论——你正是问题所在（引自《认知复杂性不会削弱偏见盲点》，2012）。事实上，你越聪明，就越容易犯愚蠢的错误。没有什么比自认为聪明的蠢人更糟糕的了：不幸的是，康奈尔大学的大卫·邓宁（David Dunning）和贾斯汀·克鲁格（Justin Kruger）发现这是一个非常普遍的现象（引自《不知与不能》，1999）。我们假定自己足够有智慧，能够做出合理的判断；而实际上我们的“足够有智慧”，却会做出彻底错误的决断。正是无知使人自认为是能干的。

人类最常犯的错误或许就是“确认偏差”（confirmation bias）——彼得·沃森（Peter Wason）在1960年提出了这个词。在500年前，弗朗西斯·培根（Francis Bacon）在他的《工具论》一书中已经注意到了这一点：我们倾向于选择信息来证实我们深信不疑的事情，我们希望居住在“回音室”里。这与卡尔·波普尔（Karl Popper）在1959年提出的科学的主旨恰恰相反：可证伪性是科学区别于闲聊的标准。事实证明，我们不喜欢被证明是错的。我们倾向于接受喜欢我们的人。我把这个简单的规则应用到每个人身上：你越快意识到我比你聪明，你就越聪明；你的智商与你接受我的观点（承认我比你聪明）所花的时间成反比。

社交媒体加剧了这种趋势。截至2017年，谷歌过滤器始终会根据你以前的点击提供搜索内容，Facebook依照你之前的行为（点击和关注）定制订阅内容，因此你主要消费的新闻和观点都在不断重复，这证实你早已确立了的观点。法哈德·曼乔（Farhad Manjoo）在她的书《足够真实》（2008）中认为，新的数字媒体正在将社会重组为孤立的部落，其成员只接受、消费那些证实他们信仰的信息。互联网不是马歇尔·麦克卢汉在1962年的《古腾堡星系》中所预见到的“地球村”，而是一个由许许多多部落构成的联盟，由于数字媒体让我们生活在一个迅速扩大的回音室中，部落之间的距离每天都在进一步扩大。我们的回音室是有史以来最大的。

上述冗长的篇幅意在告诉你，你的任何决策都不值得完全信任，每个人都带有偏见，一直如此，而今天，这种情况更甚，因为我们身处于有史以来最大的回音室里。

过度就业

在2017年，媒体上充斥着关于机器将如何把大部分工作自动化的故事。许多人得出结论，机器将导致出现失业大军。我认为，现实会更接近于相反的结论：科技将导致过度就业（没有失业，每人拥有一份以上的工作），而这种过度就业，将导致一场类似于通货膨胀的全球性灾难，甚至可能包括恶性通胀，其后果是我们无法想象的。

从1900年流传下来的许多工作到1960年已实现了自动化。而现在我们大多数人都在从事1900年时根本不存在的工作。因此，通过机器自动化来完成手工作业这种事并不稀奇。如果这种情况没有发生，那将是可怕的技术衰退的迹象。尽管自1900年到我出生的这期间，许多工作都已经实现自动化了，但我出生在一个失业人数不多的世界。而且，这个世界提供的工作比我祖父得到的工作好得多，薪水也高得多。

所以，真正值得追究的问题是，在不久的将来，不管自动化工作的比例相比过去是增多还是减少，抑或保持相同水平，自动化所创造的新工作岗位的比例是否仍与过去相当。例如，世界将需要更多的工程师来建造、编程和维护数以百万计的软硬件机器人。罗伯特·阿特金森（Robert Atkinson）和约翰·吴（John Wu）在2016年的一项研究《虚假的危言耸听：1850—2015年技术颠覆与美国劳动力市场》显示出，截至目前，上述比例没有出现明显的偏离。

我真心希望水管工、电工等工作也可以实现自动化。我相信在未来的25年里，世界将需要更多的自动化，而不是更少。

我认为，媒体和以往大多数时候那样看错了方向。取代人类工作的机器的出现很正常。我们可以将部分工作外包给机器，机器能承接不只一份工作，还可以进一步产生更多外包需求和管理需求。我想，在不久的将来，许多人将会有2~3个、25个甚至上千个工作岗位，这要感谢那些能让我们大规模进行多任务操作的工具。在这种情况下，失业实际上不会发生：每个人有一份以上的工作，即使是年老和年幼的人。一个90岁的男人将能够从事许多年轻人的工作。体能和身体状况将不再是障碍。一个5岁的孩子甚至可以通过机器人来生产和销售某样物品，从中赚钱。

因此，我的预测与目前主流的“厄运与悲观”的预测恰恰相反：21世纪对社会稳定的全球性威胁将是过度就业。

我们可能已经生活在那个时代了。真正加速发展的不是机器的智能，而是我们生产和消费的能力。我遇到过一位Lyft（相当于中国的“滴滴”）司机，他在不开车的时候是一名股票交易员，晚上是一名在线导师，周末是一名房地产经纪人，同时还是一位全职房东，现代化技术让他可以做四份工作，而这四份工作通常要由四个人来完成。我们大多数人每天工作超过8小时。我们经常看到有关就业的研究，但这些研究只包括传统的工作——那些即将消失的工作。我很想看到一个关于人均工作时间的研究。

我怀疑这个数字还在上升。自动化创造了如此多的工作机会，以至于每个人都可以从事许多工作，可能一天工作 16 小时，也可能一天工作 24 小时：包括让一群机器人替你工作——甚至在你睡觉的时候。

我们忘了，在中世纪，人们只在需要的时候工作，有些人一年只工作 6 个月。在 20 世纪，意大利人在晚餐前通常做的是：吃一顿长时间的早餐、3 小时的午休时间、打扑克或下棋。朱丽叶 · 肖尔（Juliet Schor）在《美国式过度劳累》中（1992）引用了多种历史研究资料，据估计，在 13 世纪的英国，每年一个成年男性农民的工作时间为 1620 小时；1400—1600 年，每年一个成年男性农民或矿工的工作时间为 1680 小时；相比之下，到 1987 年，全美所有劳动者的年平均劳动时长为 1949 小时。美国劳工统计局 2000 年的报告显示，超过 2500 万美国人（占美国劳动力总数的 20.5%）每周至少工作 49 小时。据经济合作与发展组织（OECD）统计，2000—2015 年，美国平均每人的工作时间（从 1836 小时到 1790 小时）下降了 2%，但这些“网络经济”时代的统计数据可能会产生误导。他们不计算人们在互联网上为得到额外收入所花费的时间，当然也不计算互联网用户义务地向社交媒体提供内容题材耗费的时间。伊恩 · 波哥斯特（Ian Bogost）在《大西洋月刊》上撰文指出，我们已经过度就业了，只不过大多数工作是义务的，如为互联网公司免费提供（以便他们赚取利润的）内容。到目前为止，我们做了很多工作，甚至不知道自己做的是什么工作，但我们很快就会意识到，我们的休闲活动成果被一些公司作为商品在出售。

1930 年，经济学家约翰 · 梅纳德 · 凯恩斯写了一篇名为《子孙的经济潜力》的文章，他在文中提出，由于社会财富的持续增长，未来的一代将有更多机会能够利用闲暇时光来从事业余工作。“我预测，全球范围内争论不休的悲观主义论调，在我们这个时代就会被证明是错误的——革命派认为社会经济已然是病入膏肓，以至于难以被救赎，必须借助暴力革命；而反对派则认为，我们的经济和社会生活的平衡极容易被打破，不能冒险行事。”但他在对经济和社会生活的认知上有一个误区：人们喜欢的娱乐形式不是诗歌、绘画或音乐，而是赚钱。随着大批机器人的出现，我们成了过度就业的工人，用自己的“闲暇时光”来赚更多的钱，把我们的产品卖给那些同样赚越来越多钱的人，他们也会把自己的东西卖给那些同样赚越来越多钱的人……

经济繁荣往往伴随着劳动力的增加。伴随着老花镜的出现，黄金世纪到来了。老花镜使中老年人即使视力下降也能继续工作。战后美国的经济繁荣，又使得大量已婚妇女进入劳动力市场。与此相反，日本和意大利的劳动适龄人口迅速减少，导致两国经济陷入停滞状态。新技术的出现（姑且称为“智能”或“自动化”）将使老年人能够充分活跃起来。当今一个想要工作的老人不太可能找到愿意雇用他的公司，但是新技术将为老年人开展有偿（即能够从中盈利）的服务提供机会。为年轻人开发的社交媒体和搜索引擎等技术，同样有可能造福于老年人。谁会从即时通信工具中获益最多？对年轻人来说，这或许只是一件新奇的事情，但对于难以行走的关节炎患者而言，它打开了新的视野。谁能从那些让你能在家办公的工具中获益更多？是那些不能开车的人。谁能从可穿戴设备中获益最多？是那些需要随时检查自己健康状况的人。智能家庭、智能城市和按需经济将在很大程度上消除年轻人相对于老年人的优势，这首先会从继续教育开始。迄今为止，史蒂夫·乔布斯和马克·扎克伯格等年轻人推动了世界的技术革命，他们深谙年轻人想要什么。我们迟早会迎来一位 80 岁的“乔布斯”。

在变老之前死去。

——英国著名摇滚乐队 Who，1965

Chapter
7

Intelligence is
not Artificial
(Expanded Edition)

Intelligence is
not Artificial
(Expanded Edition)

Intelligence is
not Artificial
(Expanded Edition)

Intelligence is
not Artificial
(Expanded Edition)

第七章
人工智能的伦理学困境

Intelligence is
not Artificial
(Expanded Edition)

Intelligence is
not Artificial
(Expanded Edition)

Intelligence is
not Artificial
(Expanded Edition)

Intelligence is
not Artificial
(Expanded Edition)

Intelligence is
not Artificial
(Expanded Edition)

一个哲学层面的问题：我们真的需要全能的智能吗

智力会引起麻烦。当我们和人交往时，除了直接的交往目标，我们还必须考虑对方的心理状态。或许只是为了合作一件小事，我们交往的对象所处的不同状态——开心或悲伤，度假中或睡眼惺忪，有亲友离世或在事故中受伤，愤怒或忙于工作等，会让结果有天壤之别。相比事情本身而言，对方同意合作，何时合作更多取决于他们的精神状态。但假如我们面对的是木然的机器，唯一要考虑的就是机器是否有能力执行任务。只要功能没有问题，接通电源就是了。机器不会抱怨疲倦或心情不好，不会向我们讨要一支烟，不会花十分钟说邻居的闲话，不会评论政府或足球比赛……

这似乎是一种奇谈怪论，但是事实确实如此，机器是没有表情、冰冷的，它们很容易就事论事地与你进行互动。它们只会按照我们的要求去做，不会突发奇想，不会抱怨，不需要中介过程。

智能生物的复杂之处在于，他们受制于情绪、情感、意见、意图、动机等因素。有一种复杂的认知机制在起作用，这种机制决定了智能生物在你询问即便是最简单的问题时，他的反应也具有不可预知性。如果妻子生你的气，即使是最随意的问题“现在几点了”也可能得不到答案。另一方面，如果你在正确的时间使用正确的态度，一个完全陌生的人可能会为你做一些真正有用的事情。在很多情况下，知道如何激励别人是很重要的。但在某些情况下，这又是不够的——当对方心情不好的原因是独立于你的预期时。和人类打交道真是相当麻烦。更不用说他们得睡觉、生病、度假，甚至要在午餐后休息。在西欧，他们还时不时举行罢工。

把人类和忠心耿耿执行你指令的机器作对比，你会发现，ATM 机能在一年中的任何一天的任何时间都满足取现操作。只要智能生物被机器取代，交互过程就会变得简单。我们将交互过程结构化，使机器能够执行所要求的各项操作。

自动化客户支持系统在许多领域取代了人类，不仅是因为系统更加廉价，还因为在大多数情况下客户更喜欢自动化。事实上，很少有人喜欢接线员的问候："嗨，你好吗？今天天气真好，不是吗？我能帮你什么忙吗？"我们多数人喜欢直截了当地选择电话键盘上的数字。排除了与人交互的复杂性，客户会很高兴。

在企业中工作时，我最烦心的两件事是与秘书和中层管理人员打交道。与秘书交往（尤其是在意大利）需要一定的心理技巧：说错话或语调不恰当，她/他可能会一整天消极怠工。中层管理人员有一些很平庸，他们对待工作很拖沓，似乎就是为了扼杀创造性的出现。要想麻利地完成任务还要运用心理学方法——和他们交朋友，陪他们聊天，发现他们的需求，让他们搭车回家，和他们一起出去玩。如果同事和秘书都是一无所求、一无所需的机器人，我的生活会轻松得多。

让我们面对现实吧。我们通常对与世态人情、行为规范的人类互动感到烦琐，对此缺乏耐心。当繁文缛节被符合规范的互动机制所取代时，我们会感到高兴。因此，我们并不是想要拥有与人类智慧完全一样的机器，我们特别不希望它们有情感，会啰唆、伪装、狡辩等。发明机器的一个目标恰恰是为了消除这些，消除"人性"中负能量的部分。

我们在日常生活中的许多方面都在尽可能地远离人类智能，因为我们希望尽可能少地与智能生物打交道。我们更愿意与愚蠢的机器合作共事，当按下一个按钮时，它们会执行一个简单的任务。

从心理学和人类学的角度来研究人类之间的交往越来越少的原因时，其要点是：智力的涵盖面是非常丰富的——感觉、观点、习惯和许多其他元素。没有这些元素，你不可能有真正的智慧。

当研究如何创造智能机器时，我们的含意是"真正的智能"，还是"愚蠢到仅会为人类服务的智能"？

对历史的注释：新无神论

宗教和科学间的第一次交火发生在19世纪末，当时正值后达尔文主义的狂热时期。纽约大学的化学家约翰·威廉·德雷珀（John-William Draper）也是摄影艺术方面的先驱，他写了一本《宗教与科学冲突的历史》（1874）。历史学家安德鲁·迪克森-怀特（Andrew Dickson-White）创立了康奈尔大学，他在其颇具影响力的著作《基督教世界科学与神学的战争史》（1896）中承认："人类思想进化的两个冲突时期分别出现了神学与科学。"几十年后，在爱因斯坦成名之后的狂热时期，英国哲学家伯特兰·罗素（Bertrand Russell）成为最著名的宗教评论家。他在《为什么我不是基督徒》（1927）这一文章中写道："我们现在可以开始了解到些许事物的本质，并借助于科学来稍微掌握它们，科学已经一步步地走上了反对基督教、反对教会的道路……科学可以教我们……不再四处寻找假想的支持，不再在天空中寻找盟友。"这篇文章还提到"科学可以帮助我们克服世世代代人内心中的懦弱与恐惧"，这是相当奇怪的陈述：在不再相信来世之后，我们反而更不惧怕死亡。

到了21世纪，牛津大学生物学家理查德·道金斯（Richard Dawkins，著有《上帝的错觉》，2006）、剑桥大学的物理学家斯蒂芬·霍金（Stephen Hawking，著有《大设计》，2010）和加州大学洛杉矶分校的神经学家山姆·哈里斯（Sam Harris，著有《科学必须摧毁宗教》，2006）带头反对宗教。激进的右翼新闻频道福克斯新闻在看到这些观点后，惊惶失措，立刻发表了一篇题为《物理学家斯蒂芬·霍金否认天堂》的文章！霍金的观点实际上更为谦虚："这并不证明上帝不存在，只是证明上帝是不必要的。"

然而，在2011年，麻省理工学院政治活动家诺姆·乔姆斯基在Myspace的博客上称，这些新无神论者为"宗教狂热分子"（该博客在2017

年已经是“页面无法找到……”的状态了，提醒人们这场在线辩论是多么短暂）。乔姆斯基谈不上是某宗教组织的捍卫者，他生于一个世俗化的犹太人家庭。在两年后的2013年，乔姆斯基在接受未来学家尼古拉·达纳伊洛夫（Nikola Danaylov）的采访时，将奇点斥为“科幻小说”。令人惊讶的是，他没有意识到自己与宗教狂热分子之间的联系。

机器伦理

假如我们创造出一个功能完全等同于人脑的机器，在它身上做实验是否合乎道德？对它编程是否合乎道德？修改，并在最后销毁它——这些都合乎道德吗？

关于“机器伦理”的讨论通常是关于其中与人相关的因素，而不是对机器的（人对机器的善意行为有哪些），也不是机器之间的（一台机器对另一台机器的善意行为是什么）。探讨机器之间的道德的前提是明确什么对机器是有价值的，尽管这是一个新奇的话题，但毕竟我们是人类，无须真正去关心机器之间的关系。

人类的道德应该是一个容易讨论的问题，可叹的是，人类还远没有就道德正确与否达成共识。例如，至少在10亿的基督徒和犹太人中，许多人可能不会把达尔文或爱因斯坦当作榜样。因此，人类距离就正义与真理达成共识的目标还差得很远。

最后（但并非最次要的），我们人类一直在反复地改变观点——什么是道德的，什么不是。在不久以前，未婚先孕是道德败坏（现在几乎相反）；说上帝不存在是亵渎（也许很快就会相反）。我甚至不确定我们不断变化的出尔反尔的道德标准是否是“进步”的。例如，自希腊时代起，西方就在同性恋问题上反反复复。我们无法理性地证明婚前性行为是好是坏，此一时而彼一时，这对这一代西方人来说还过得去。我认为很显然的是，不应该将伦理学强加于机器。因为，人类自己以道德标准的名义已经杀害、奴役和压迫了太多的人类同胞。

在 2001 年，埃利泽・尤科沃斯基（Eliezer Yudkowsky）创立了“友好的人工智能”范畴，根据定义，设计一种永远不会对我们构成危险的人工智能系统势在必行。然而，史蒂夫・奥莫亨德罗（Steve Omohundro）警告说，用编程来提高技能的机器，无论这种技能原本有多么狭窄，都可能发展为一种不受控制的功利主义的“驱动力”，这会等同于人类中的反社会者（引自《基本的人工智能驱动力》，2008）。温德尔・瓦拉赫（Wendell Wallach），科林・艾伦（Colin Allen）和伊娃・斯米特（Iva Smit）提出了“人工道德代理人”这个概念（引自《机器道德》，2008）。恕我直言，这些（比我聪明得多、知识也比我渊博得多的）思想家的哲学观点不够深入，而他们的数学“证明”甚至有些薄弱。如果炸弹和机关枪拒绝杀死纳粹分子，我父亲就会死在纳粹集中营。因此，有时伤害人类是可以允许的。但我们还没有就这种情况达成共识。而在做这个决断的过程中，我最不信任的人就是软件工程师。

即使创造一个全能的至善上帝（假如我们能做到的话），结果也可能不像听起来那么“好”。在 2010 年，由前文这位埃利泽・尤科沃斯基创建一年的博客 LessWrong 上的一名用户设想了一种人工智能蛇怪（Basilisk），它被创造出来的目的只有一个——为最多的人群创造最大的利益。很可能出现的一种情况是，为了实现目标，蛇怪必须消灭任何与目标背道而驰的人，如不愿意帮助蛇怪改善自身的软件工程师，或者如我这样会质疑发明蛇怪是好主意的作者。你想让这台万能的机器被编程，以消除任何对他质疑和有异议的人为代价，然后为大多数人实现最大的利益吗？

花絮：由于尤科沃斯基禁止对蛇怪进行讨论，它反而成了网络热议的话题。尤科沃斯基显然从未研究过有关封禁的历史。

顺便说一句，我们人类还必须就道德的来源达成一致。一些生物学家，从查尔斯·达尔文本人到弗兰斯·德瓦尔（Frans de Waal，于2006年出版了《灵长类动物与哲学家》一书），都认为道德是自然进化而来的，不仅体现在人类身上；而托马斯·霍布斯（Thomas Hobbes）则认为，我们是道德动物，但被国家的蛮力（利维坦）所束缚。这场辩论远未结束。

反乌托邦四部曲

钢琴协奏曲：从人工智能中吸取的教训

20世纪50年代的人工智能科学家，曾因对计算机智能夸夸其谈的预测而受到嘲笑。后来事实证明，他们基本上是对的。这些科学家所缺乏的是用功能强大的机器来证实其理论，但是几十年后，这些理论已经在强大的GPU上实现（特别是当慷慨的捐助者，如谷歌，自愿购买了成千上万颗这样的GPU时）。理论是有效的，由强大的GPU组成的神经网络确实可以实现许多“智能”任务。

至此，人工智能科学家已经向神经科学家证明，人类的许多“智能”只是计算数学、算法、公式，以及非常复杂的方程式的组合而已。

然而，有些任务对我们来说过于智能了，对机器来说也是如此。如已经存在很久的应用程序——天气预报。我们仍然不能准确地预测天气。天气预报中包含太多的影响因素，我们没有关于过去的足够大的数据集来帮助“识别”未来的模式。

相对于人类的智能，机器智能有时还会出现另一项限制：缺乏常识。常识需要对普通事物有几乎无限的了解。事实证明，平凡比非凡更难以描绘。用数学方法来描述一位大师如何下围棋并不难，但却很难用数学的方法来描述服务员是如何清理餐厅里的桌子的。

常识很难用算法来表述。事实证明，排除对常识的需要则容易得多。人类文明史在很大程度上就是一部摒弃常识的历史。我们不再需要躲避老虎，我们不需要常识也很容易穿越车来人往的街道。我们构建起了结构化的环境，使生活变得容易、安全和可预测。在发达国家，几乎所有事情都有规章制度。我们从小就会教导孩子们放弃某些常识，但一定要遵守规则。我们努力在工厂、地铁、商场和街道上清除一切可能的障碍。不需要常识使得即使是最笨的人（比如我）也能轻松自如地生活。我可以写作、教书、旅行，享受我的爱好，不管今天我的头脑是否敏锐：有一个庞大的系统的规章制度照顾着我。我们把人类行为和人类环境变成了一个组织结构良好、具高度可预测性、沉默、界面友好的机器系统。难怪机器可以很容易地与人类共存。机器不一定要非常聪明才能与人打交道，因为在人们已经建立的环境中不再需要那些机器所不具备的常识。难怪我们可以很容易地用机器代替人类：人类一生都被训练得像机器一样。因此，就商业而言，现在的问题不在于一台机器能否胜任某一项工作（在一个结构良好的环境下，它确实可以），而在于“启动”哪台机器在成本上更为低廉。

我们把人类大脑中的“智力”应用于环境的构建，这样人类就不再需要依靠智力才能生存，但这也意味着，机器现在可以做原来只有人类才能做的事情。当环境混乱时，在其中生存需要更多的智慧。

四重奏：我们被包围了

有一天，我走进一个中国城市的地铁站，看着面前的一堵墙。那里有卖车票的机器，卖饮料的机器，给你现金的机器，给你拍报名照片的机器，甚至还有卖玩具的机器。我买了车票，把包放进一台检测危险品的机器里，然后把车票插进一台验票的机器里。我走上一部自动扶梯，电梯把我送到了地铁站台上。当然，地铁列车也是一台机器（由其他机器控制）。

世界上大多数城市的交通管制都是完全自动化的。有一种叫作“红绿灯”的机器装置，它可以判断哪些车该开，哪些车该停。它们通常与传感器或摄像头相连：根据十字路口每个方向上的等待车辆数，红绿灯决定哪个车道的车辆可以通过。他们替换了数千名交警。我们已经把所有消失的工种都抛在脑后了。回忆一个世纪前锯木厂的工种：机械师、锯工、电工、加煤工、油料工、削边工、分选工、堆垛工……他们去了哪里？

我们已经被机器包围了。这些机器可以从事很多以前由人来完成的工作，但是现在大多数人都有了更高的收入，他们建造、销售或维护这些机器。今天的中国人比没有机器的时候更富有。

除了被机器包围之外，机器还开始占据我们的身体：许多人已经与植入或附着在身体上的机器为伍（无论是心脏起搏器还是助听器），与它们生活在共生关系中。

我们不担心机器有一天会征服世界。相反，当机器看起来像人并能行走时，我们或许会欣喜、赞叹。这主要是心理学上的原因。行为举止近似人类的机器实际上是没太大用处的。它们大多只是旅游景区的点缀，或是为了招徕人们进入店铺消费。例如，有人买了一个辣椒形状的机器人，整个社区都会跑来和它合影。但这些会走路的人形机器人，远不如地铁站里那些不动的机器有用。

无伴奏合唱：我们正被编入程序

问题不在于我们被机器包围，而是我们被要求表现得像（愚蠢的）机器，以便使这些机器能发挥作用。我最近从北京飞往旧金山的航班很有代表性。从进入北京首都机场的那一刻到离开旧金山机场，我的行为举止就像是一台机器。在北京的机场，我必须得站在一个指定的位置，这样安检的相机才能准确地拍下我的照片。在旧金山的机场，一个终端设备会检查我的护照。整个经历要求你放弃任何个性化的想法。这就是未来：我们必须遵守规章制度，以便融入无所不在的机器世界。

我们被编程的程度与周围的机器一样。

在机场的某个时刻，你可以不需要遵守规章制度：那就是从安检处到登机口的一大段路中。在你到达登机口之前（不管多晚），他们希望你尽量地去商店里购物。为什么？这段路上你所花的钱可以支付所有这些机器的费用。这就是我们所生活的世界。人们被要求在与机器交互时表现得像机器的同类，以便于机器可以执行任务。我们拥有花钱的自由。而这些钱实际上是用来资助机器的。你在业余时间做的任何事情都有成本，而这个成本，最终都会用于机器。当给一个朋友打电话时，你实际上是在付钱，支持一个由你的手机通过数套通信设备连接到朋友的手机的信息链；当你看电影的时候，你是在付钱给那些创造、存储、组织和提供娱乐的机器。当你与机器交互时，你没有自由：你必须像机器一样遵守精确的规则和条例。在拥有自由的那一刻，你实际上是在花钱购买这些机器的使用权。假如你在社会上的唯一目的就是为周围的机器买单，并在这过程中表现得像一台机器，那么“生命的意义是什么”这个问题就进入了一个全新的维度。即使在你“空闲”的时候，用机器代替你不是更容易吗？为什么我们不能让机器制造和控制机器，把你和你的钱从循环中删除？我们正在缓慢而坚定地让人类变得多余？这个日益自动化的消费社会的真正意义是什么？消费，这样就可以为帮助我们消费的自动化买单？最终的目标是“消费”还是“自动化”？最后还剩下什么？到目前为止，仿佛机器在扩张，而人类在撤退。由此推断，你可以预见，在未来人类将是多余的，或者更糟的是，竟然还是一种累赘。

请注意，这一切的根源在于机器的愚蠢（而非智能）。假如机器是智能的，我们就不需要降低智力，变得像机器一样。我们必须创建一个高度结构化和受监管的社会（即对人类强制执行类似机器的行为），否则机器将无法与人类打交道。把我们变成机器的过程，不是由机器的智能引发的，而是由它们彻底的、可能无法治愈的愚蠢导致的。

聪明的读者已经在问：“他们是谁——想把我们变成机器的人？”“他们就是我们自己。”事实上，我们正在大规模集体自杀。

慢板：丢失的人性

我们生活在一个部分自动化的世界：我们使用机器（汽车、公共汽车、火车、飞机）旅行，厨房电器承担了大部分的家务，电视机、个人电脑、游戏机为我们提供消遣娱乐活动。

我们与他人互动的领域日趋狭隘，因为机器完成了许多过去由人类执行的功能。谁在银行给你现金？——自动柜员机。谁在停车场把票给你？——停车场的机器。

我们习惯于从纯粹的经济角度来看待正在取代人类的机器，我们现在可以全天 24 小时地得到各种服务，且价格低廉，有些甚至是免费的。人们会失业，但我们可以利用节省下的资金，在其他方面再创造出更多的就业机会。但是在机器不断涌现的背后还产生了一个重要的问题：假如我周围的人都被机器取代，这意味着我与人类的互动将会极度减少。每当有一个人被机器取代，就会减少一个互动的机会。我们经常谈论人机交互，却往往忽略了它的后果，那就是人与人交互的减少。

这种趋势已经持续了至少一个世纪。在过去，有大批的电话接线员接听电话，有大批的秘书打字，有大批的柜台营业人员为顾客服务，等等。如今，在这些岗位上的工作人员已经消失了，我们在这个充斥着机器的世界里变得形单影只。

这种趋势将持续到人工智能时代，以至于许多人，尤其是老年人，只会与机器互动。机器将照管我们的房子，我们的差事，我们的健康，我们的娱乐。这将大大减少我们与他人互动的需要，即使在自己的家庭内部，甚至组建家庭这件头等大事也会变得无足轻重。

你的同事将会是机器人。你的朋友将会是机器人。甚至你的爱人也可能会是一个机器人。最后一个等着你离别人世的朋友，也可能是一个机器人。在世界各地的许多医院里，照顾临终病人的已经是一台机器了。

当你不再与人类交流时，人类会发生什么?

你是一个机器人

自由意志的终结

应该怀疑人工智能将对人类的发展进程产生重大的影响。来自人工智能的令人震惊的启示并不是机器能干我们所能做的一切（我们可以很容易地接受这一点），而是折射出另一种现实：我们只能做机器能做的事情，换而言之，我们也是一台机器。机器人没有自由意志。你能分析出机器人所有动作的机电原理。你可以排列出触发机器整套动作的确切顺序。无论多么复杂，这其中有着清晰的必然的因果关系。终有一天，机器会抬起手臂说："这种生命完全没有意义。"一旦这些机器开始做我们所做的一切，很明显，我们的所作所为将失去意义，一切都将脱离我们的控制。

关注一下记忆力。人类知道自己的记忆有多容易出错，机器每天都在向我们提示人类的记忆力是多么可怜。如果没有计算机内的记忆体来提醒我们的约会、重要数据、文档、最喜欢的视频等，我们会手忙脚乱不知所措。让机器提醒我们去做这样或那样的事情，正在进一步削弱我们的记忆力。

神经科学已经知道人类的行为是由大脑中的电化学反应引起的，但是我们中的大多数人总是忽略这个发现的意义——自由意志是一种幻觉：甚至我对自由意志的认识，都是由大脑中无法控制的神经事件引起的。

机器人是由操作系统、一些训练、一个程序和一些输入信息来驱动的机器。而我们则是在基因、教育、时代观念和大事件综合作用下形成的

“机器”。神经系统疾病和营养不良会改变我们的行为，就像软件故障或停电会影响机器人的行为一样。

究其根源，邪恶的性格是由一系列难以控制的因素（基因、教养、意识形态、经历）共同影响的结果，就像机器人无法控制自己如何被构建和编程一样。善与恶都是没法选择的：我们是由外部力量经过“编程”后造就的机器。连环杀手相比地震，哪一个更加恐怖？道德、复仇、正义等情感都来自大脑中由基因、经历、变故和外部影响引起的神经化学反应。

机器人将时刻提醒我们，人类也只是机器，由血肉构成的机器。

我怀疑，智能机器的出现、崛起非但不会让我们达到无所不知、无所不晓的境地，反而会让人类感到无地自容。哥白尼告诉我们，我们不是宇宙的中心。牛顿和爱因斯坦告诉我们，未来是由过去决定的。人工智能将告诉我们，我们根本无法掌握自己的命运：因为我们也是“机器人”，就像“他们”一样。

神经变异

神经科学已经确定了——大脑中的特定区域决定了特定的技能。假如大脑的某个区域受损，那么这个人就会失去某种功能。神经学家告诉我们，大脑的运作并没有想象中那么简单，许多区域可以在大脑发出的同一条指令中相互发挥作用，但我们确实很容易将大脑视为一组神经网络。如果通用人工智能仅是对各种单一人工智能进行汇总，那么要复制人类的大脑只需要设计出一个具备正常人类能力的神经网络集合即可。今天的神经网络通常是高度专业化的，他们的性能在很大程度上取决于使用怎样的数据集来加以训练，但完全有可能改进设计，使用更可靠的体系架构，最终会有人找到一种方法，将无数的神经网络集成到一个人工大脑中去，从而与真正的人类大脑的活动相匹配。不能认为如此这般的人工智能仅是受命于人类、执行各类指定任务所需的人工神经网络的集合。在这里可以得出一个重要的结论：它有别于人们热衷讨论的——不是预言机器有一天会拥有自由意志，而是……我们人类压根就会失去自由意志。如果你相信我们的大脑是由基因（犹如人工神经网络的大脑是由它的设计者塑造的）和“数据集”（经验）塑造的，那么我们，就像人工神经网络一样，只是在执行大脑中已被编程的指令。我的自由意志在哪里？我可以把自己犯下的过错理直气壮地归咎于塑造大脑的基因，以及训练我大脑的“数据集”。加州大学旧金山分校的生理学家本杰明·利贝特（Benjamin Libet）发现，我们只会在“事后”才能清晰地意识到自己的行为，即在大脑已经向肢体发出行动信号之后（引自《有意识和无意识体验中的皮质激活》，1965）。康奈尔大学的迈克尔·加扎尼加（Michael Gazzaniga）在他的《社会大脑》（1985）一书中将这一概念推进了一步：大脑中的“观察员”能够理解大脑中其他模块所做的决策，而这个观察员就是你的意识。所以说，我是不能控制我自己的行为的，假如我犯了罪，请不要责怪我。法律免除丧失控制自己行为能力的人的责任。我的自由意志在哪里？圣·奥古斯汀（St Agustine）也曾致力于解决同样的问题，他认为：假如上帝创造出了罪人，上帝决定了宇宙中发生的一切，我们为什么还要为罪人的罪行而惩罚他们呢？他的假设决定了行为一经成立，再要证明自由意志的存在就不可能了。如果你对宇宙中的一切是否完全被确定的话题感兴趣，请查阅有关量子力学中随机性含义的各种哲学理论（如我的《有关思维的思考》）。请记住，随机性通常只是无知的另一种说辞。

你无法控制这场风暴，你也没有迷失在其中。你就是风暴本身。

——山姆·哈里斯

你是一位……

科学解释得太多了，即便是对我们不想知道的事情也逐一地进行解释分析。科学发现，许多等式在发挥作用，它们调节着宇宙中发生的一切。科学给我们的思想注入了决定论：一切都是按预先计划好的在进行——从公式的初始条件出发，而我们只是这个巨大传动链上的一个个齿轮。

我们可以接受这种观点。如果用物理方程式来解释，我还是有点不同的感觉。

然而，当机器能够完成我们所能做到的一切时，我们就很难感觉到人类有什么特别之处了。这将又一次证明我们只是机器。

人工智能本身包含一层含义：人类就是机器。假如我们不认为自己是机器，我们就可以从哲学上讨论机器能变成像我们一样的人的可能性。如果我们认为自己只是机器，那么讨论就不再是哲学层面，而是技术层面上的，即一个逆向工程的问题。

因此，当机器最终与我们所有的能力相匹配时，技术将证明科学早已暗示了这一切。所有的公式都没能让我们相信自己只是机器，但技术可以排除一切质疑，向我们展示一台机器——可以做我们所会的一切，甚至做得更好。然后呢？

也许我们真的需要一种全新的宗教来救赎这包裹在皮囊中的肉体，赋予“我”以意义。

Chapter
8

Intelligence is
not Artificial
(Expanded Edition)

Intelligence is
not Artificial
(Expanded Edition)

Intelligence is
not Artificial
(Expanded Edition)

Intelligence is
not Artificial
(Expanded Edition)

第八章
人工智能的未来

Intelligence is
not Artificial
(Expanded Edition)

Intelligence is
not Artificial
(Expanded Edition)

Intelligence is
not Artificial
(Expanded Edition)

Intelligence is
not Artificial
(Expanded Edition)

Intelligence is
not Artificial
(Expanded Edition)

人工智能与“没有免费午餐定理”

计算机科学家大卫·沃伯特（David Wolpert）于 1995 年和 1996 年在圣菲研究所证明了一些著名的计算机定理，包括“没有免费午餐定理”，这主要应用在搜索领域（引自《没有免费的午餐定理》，1995）、监督学习（引自《学习算法之间缺乏先验区别》，1996）和优化（引自《没有免费的午餐定理》，1996）。他证明任何学习算法都不可能用于学习所有东西：通过学习掌握了一种模式，但其他模式中有的模式是同一学习者无法掌握的。不久之后，加拿大阿尔伯塔大学的约瑟夫·卡伯森（Joseph Culberson）发表了论文《算法观点》，阐述了“没有免费午餐定理”与复杂性理论的相关性（引自《论盲目搜索的徒劳》，1996）。很显然，这些定理是实现通用性学习算法、“通用”人工智能梦想的障碍。当然，沃伯特是在一些假设下证明他的定理的（尤其是他们只考虑离散函数），这些假设是否适合应用，取决于你选择的机器学习方法。

法国国家信息与自动化研究所的安妮·奥格（Anne Auger）和奥利维尔·泰陶德（Olivier Teytaud）证明了这些定理并不适用于连续的领域（引自《连续的午餐是免费的》，2007）。后来，田纳西大学的迈克尔·沃斯（Michael Vose）和其他人证明了它们确实存在于任意的领域（引自《重新诠释没有免费的午餐》，2009）。争论仍在继续，它对通用性人工智能可能性的影响悬而未决。正如哥伦比亚大学的埃里克·霍尔（Erik Hoel）在 2017 年所写的那样：“超级智能是一场免费午餐，但天底下没有免费午餐。”他认为，进化就是在学习新技能的同时遗忘以往的，由此不断创造出新的智力形式，但没有一种是“通用性的”。每当发生突变，使有机体适应一个新的环境时，它也使该有机体遗弃了对其他环境的适应力。也许，在个人层面上——当我们在做某件事使自己变得更聪明时，我们去做其他事情时会变得更愚笨。

揭开图灵测试的神秘面纱

艾伦·图灵在 1950 年发表的文章《计算机器与智能》中引入了机器智能测试，这也标志着哲学的一个新分支的诞生："思维"能否被定义为大脑对运算法则执行的过程?

英国哲学家约翰·卢卡斯（John Lucas）出版了《心智、机器与哥德尔》(1959）一书，基于哥德尔的定理"证明"，机器不可能变得比我们更加聪明。英国物理学家罗杰·彭罗斯在 1989 年出版的《皇帝新脑》一书中重述了这一观点。哥德尔定理指出，每一个完整的系统（如数学）都包含一个无法被证实的证伪命题。另外，哥德尔定理同时陈述了人脑相对于机器的优越性：有些数学运算是不可计算的，然而人脑可以处理它们（至少可以证明它们是不可计算的)。人类可以意识到哥德尔定理的存在，而机器的运转仅限于数学推理，永远无法产生意识。我们可以直观地理解，计算机只能尝试着去证明，但事实上没有一个数学系统能够完全表达出库尔特·哥德尔的思想。

哲学家希拉里·普特南（Hilary Putnam）提出了一种反驳意见：计算机可以观察"另一台"计算机系统出现的故障，这和人类观察它是一样的。计算机可以很容易地证明命题，"假如理论是统一的，那么'至少存在一个不可判定命题'的命题为真"，而这正是人类大脑所有运作的基础。哥德尔定理限制的不是机器的智能，而是人类的思维：基于人类的思维，永远无法制造出会思考的机器。但这并不能证明机器不会思考。例如，鲁迪·洛克（Rudy Rucker）认为，我们无法建造出具有数学直觉的机器，但这样的机器可以产生。它不能由人类建造，它的功能也无法被人类理解，但它可以根据达尔文的进化论，从一个人造机器开始起步。哥德尔定理的结论是：

人类的大脑无法解释数学直觉。英国物理学家斯蒂芬·霍金指出，蚯蚓的行为或许可以用电脑逼真地模拟出来，因为它们不适用哥德尔的定理。达尔文进化论可以通过一个与哥德尔定理无关的过程（即自然选择），从蚯蚓的智力中发展出人类的智力。因此，哥德尔定理并不意味着对智能计算机的出现的否定。

约翰·塞尔（John Searle）的文章《思维、大脑和程序》（1980）另辟蹊径，通过“中文房间”的思维实验，提出了对人工智能的质疑。一个对中文一窍不通的人被锁在房间里，他甚至不知道中文是什么，但他拥有针对所有问题的答案，看到他解读问题的人会认为这是一位汉学大师，但却不懂他是如何得出答案的。不管答案有多好，也改变不了这个人不懂中文的事实。类似地，电脑也不会“思考”，不管它的程序被设计得有多好。用弗雷德·德雷斯克（Fred Dretske）的话说，计算机不知道它在做什么，因此它其实什么都没做。

与塞尔的观点相反，最简单的反驳是，这个人或许不“懂”中文，但是他“懂”房间（即应用规则来表述中文）。既然能够流利地表达，那么他也应该算是“懂”中文的人。我们对“理解”的真正含义也不清楚。在某种意义上，塞尔有些断章取义，狭义地定义了理解：在我们要理解某件事时，大脑所做的正是这个人在房间里所做的。塞尔的反对听起来更像是：假如你能解释“理解”的机制，那么这就不是真正的“理解”。我们可以将问题归纳为：对思维的模拟是否能成为思维。

受埃德蒙·胡塞尔（Edmund Husserl）提出的现象学的启发，另一位美国哲学家休伯特·德雷福斯（Hubert Dreyfus）发起了第三轮攻击。德雷福斯指出，智能行为（尤其是理解一种情境）不能忽视情境发生时的环境和主体。环境中的信息对一个人的智力是至关重要的，同样重要的是，它建立在机体运行的状态之上（引自《计算机不能做的事》，1979）。但德雷福斯主要针对的是依赖编码规则的象征性的、基于知识积累的人工智能学派。受德国哲学家海德格尔（Martin Heidegger）的影响，特里・维诺格拉德（Terry Winograd）认为，智能生物首先重在行动，而不是思考：人是被"扔"到现实世界中的，只有当行动没有产生预期的结果时，他们才开始"思考"。只有这时，他们才会停下行动，设想情况的复杂性，把它加以分解，并试图根据已有的知识推断出下一步的行动。同样地，罗德尼・布鲁克斯（Rodney Brooks）认为智力不能与身体分离：智力不仅是大脑的一个功能，它还充分地体现在物质世界中。人类身体的每一部分都在运作，以保证机体在环境中整体"功能"的稳定发挥。在物理世界中，移动任何一步所需的智能，脱离了物理世界就不可能存在（引自《稳定的移动机器人的分层控制系统》，1986）。

图灵测试的目的是建造出一种机器，它能够用与人类同样的交流方式来回答问题。现在如果你直接用日常交流的方式提出问题，所有的计算机程序都无法通过图灵测试，而且往往是一种答非所问的结果。

语言学家喜欢探讨模棱两可的话，要知道，当涉及常识问题时，机器的工作就变得非常困难了。例如，"去年去世的卡尔是一个伟大的科学家，他的儿子戴尔保留着对过去的美好回忆，他现在负责整个中心的事务"。这句话里后面的"他"是指谁非常清楚，因为卡尔已经死了，因此他不可能掌管中心的事务。但对于一台不知道"去世"意味着什么的机器来说，这一点并不肯定。

针对"这个娃娃放不进盒子，因为它太大了"这句话，如果问："哪个太大了，洋娃娃还是盒子？"我们几乎 100% 会回答正确，但机器答对的概率只有 50%，因为它只能靠胡乱猜测（就像抛硬币一样）。就凭这样的询问，你就很容易判断出你是在与机器还是在与人对话。机器没有常识：它不懂得为了装进盒子里，物体必须比盒子小这样初级的知识。这就是在 2011 年多伦多大学赫克托尔・莱维斯克（Hector Levesque）设计的维诺格勒模式所挑战的精髓。

图灵测试存在的一个问题是，它不清楚应该“测量”什么：认知还是意识？图灵没有费心去区分两者。而把它当作一个非对即错的问题也过于简单化：从爱因斯坦到一些政客，人们的智力差异很大。智力是分等级的。动物在某些方面可能很聪明，而对于它们是否能思考（有意识）则是有争议的。智力迟钝的人并不聪明，但在某种程度上，他仍是有意识的。意识也可能以不同的程度出现。图灵没有对此加以区别，因此他没有告诉我们测试所注重的是什么，测试是一个“非黑即白”的二元测试，并没有反映出我们在现实生活中所见到的智力水平的连续性——从白痴到天才。

图灵测试需要有更严谨的定义，从设置本身开始：必须使用哪些工具？图灵测试使用某个人（我们称之为“观察者”或“仲裁者”，而实际上，这也是一个测量的工具）来判定一台机器是否和人类（姑且称之为“参照物”）表现得一样自然。因此，工具和参照物都是人，但没有规定观察者和参照物必须是怎样的人。智障人士可否作为参照物？吸毒的人可否作为参照物？或者必须是高智商的人类才可作为参照物？测试结果显然会因我们设置的选项而有很大的不同。至于仲裁者，图灵的文章同样没有具体说明应该是哪类人：牧师、律师、澳大利亚土著、图书管理员、数学家、经济学家、轻信他人的人、怀疑论者……？很显然，“仲裁者”提出的问题类型取决于他的身份和他的职业性质。

仲裁者必须判断问题的答案是来自人还是机器。如果仲裁者无法分清两者的区别，把人错当成了机器，那么机器就通过了测试。但是对参与测试的人，我们可以对没有通过的人得出什么结论呢？换句话说，如果一台机器没有通过测试，那么仲裁者会得出它不智能的结论，但如果是一个人没有通过测试，仲裁者该得出什么结论呢？这个人不够智能？

根据不同的定义，计算机和机器人或许已经算是“认知”系统了：它们（在某种程度上）有记忆、学习和推理的能力。但通常只能在一个狭窄的领域内做到这一点。

正如美国计算机科学家斯图尔特·罗素（Stuart Russell）所言，图灵的定义既太弱又太强。太弱是因为它不会应对“规避风险”这样的“小聪明”行为；太强是因为它包含了“中文房间”这种非智能的问题。大多数孩子不能回答许多成年人所能回答的问题，他们不会通过测试，但这并不意味着他们可以成为机器。

哲学家们可以随心所欲地吹毛求疵，但图灵测试衡量的只是软件回答问题的能力，仅此而已。回答问题不是“思考”的标志，就像会洗碗不代表会“思考”一样，尽管这些简单动作都是有思维的生物才可以做的。

我们通常不会问死人会不会思考，或者家具会不会思考——我们假设活着是思考的前提。因此，在我们问机器是否会思考之前，我们应该先问它们是否有生命。

浅人工智能

人工神经网络的发展，从第一个感知器到福岛邦彦的卷积神经网络，再到辛顿的深度学习，都是基于动物如何在简单的条件反射的情况下，通过反复试验来学习的模型。它不是基于对通常意义上的智能的研究。因此，深度学习与传统意义上的智能相去甚远也就不足为奇了。

训练神经网络是一个非常不自然的过程。如果你想让深度学习系统来识别蛋糕，你必须用成千上万的蛋糕图片来训练它。而孩子在看到（尝过）几次蛋糕后就能认出它。

人工智能常常忽略（有时在几十年后会重新发现）心理学家的研究成果。在20世纪50年代，杰罗姆·布鲁纳赫尔德（Jerome Brunerheld）认为，每个类别都由一组特征来定义，每项特征都体现出了个性化，其组合定义出了某个对象的类别（引自《思考的研究》，1956）；而罗杰·布朗（Roger Brown）发现，我们“自然而然”地会根据我们所“对待”的对象的方式来区分该对象：我们对待花朵的方式明显不同于我们对待一只猫的方式（引自《词汇与事物》，1958）。我们采取的行为方式告诉我们，猫就是猫，花就是花。在20世纪60年代，布伦特·伯林（Brent Berlin）发现，在世界的任何地方，人们对植物的分类都采用同样的“基本方法”，这个方法仅涉及形状、物质和模式的变化（引自《隐蔽的分类与民间的分类》，1968）。在20世纪70年代，埃莉诺·罗斯奇（Eleanor Rosch）认为，概念是通过原型来表达的：类别中一个对象的隶属程度，由该对象与该类别原型的相似性的程度决定（引自《认知与分类》，1978）。《女人、火和危险的东西》（1987）的作者乔治·莱考夫（George Lakoff）认为，分类还取决于“分类者”的自身体验。弗兰克·凯尔（Frank Keil）认为，任何概念都不能脱离所有的其他概念来独立理解：概念体现了关于世界“运行系统的因果关系集”（引自《概念、种类和认知发展》，1989）。我的书《关于思维的思考》对这些理论进行了长期的研究。

一个程序有成千上万的例子作为训练内容，它可以学习如何在一个“19×19”的棋盘上下围棋（并击败了世界冠军），但它不能玩其他的棋类游戏，除非你再次用成千上万的实例来训练它，这很难被称为“智能”。当你稍微更改提问，系统便会不知所措，这也很难称为智能，它只能被认为是在一个特定的配置中解决特定问题的应用。

为何没有构建人工通用智能

多任务思维

2013年4月，我在斯坦福大学人工智能实验室看到，肯尼斯·索尔兹伯里（Kenneth Salisbury）的团队与柳树车库合作，制作了一款可以搭乘电梯上下楼来购买咖啡的机器人。这些操作对人类来说根本不足挂齿：能识别透明的玻璃门（有别于墙上的窗户，别在意玻璃反射出的自身镜像），找到离目标最近的门（旋转门、滑动门或自动门），找到开门的把手，识别出弹簧门——不像普通的门那样容易打开，走到电梯门口按下按钮，走进电梯以后找到需要按下的楼层按钮，电梯的墙壁上会有反射玻璃（因此机器人会看到自己的镜像），上楼后找到柜台，点单、付款、端起咖啡返回——整个过程中都需要和人打交道（人类也会从门口进出，一同搭乘电梯，排队），还要避免意外的故障，如果张贴有通知，机器人还得阅读理解其中的含义（例如，电梯出故障或咖啡店停业），相应地更改计划。最终，机器人不辱使命，用了 40 分钟，端着咖啡胜利回来。

这并非不可能，这一天终会到来。但我希望专家们估计一下：机器人能在任何情况下（不仅是由工程师编写的程序）去楼上买一杯咖啡，并像人类那样麻利地在 5 分钟内完成——研发出这样的机器人，还需要多少年的时间。然而，最根本的问题仍然是，这种机器人是否因为它可以去买一杯咖啡而被视为一个智能生物，或者它只是一种功能复杂的电器？

这需要时间（可能比乐观主义者宣称的时间要长得多），但某种“人工智能”的确正在到来。要用多久时间？这取决于你对人工智能的定义。

尼克·博斯特罗姆（Nick Bostrom）写道，人工智能科学家之所以会在预测未来时遭遇如此严重的滑铁卢，是因为技术难度超出了他们的预期。我不这么认为。那些科学家对他们计划中构建的项目有充分的理解和准备。博斯特罗姆的估计是“（人工智能的）预期实现日期难以确定”，其原因在于我们不断改变着对它的定义。“人工智能”从来就没有一个精确的定义，现在仍然没有。难怪最初的人工智能科学家们不关心安全或伦理问题，当然，他们想到的机器是国际象棋棋手和证明定理的工具。这就是“人工智能”的原意。可怜的哲学家和历史学家们，他们没有意识到自己处于长达几百年的自动化浪潮之中，这股历史性的巨大浪潮将为世界创造出更多惊人的自动化设备。他们无法预见的是，在近几十年内，所有这些自动化机器会出现得更快、更廉价，而且会大规模地彼此连接。真正的进步不是在人工智能方面，而是在小型化方面。小型化使得使用数千个廉价的微处理器并实现大规模的连接成为可能。虽然由此产生的“智慧”仍乏善可陈，但产生的影响力却不容小觑。

首先，从人工智能中区分出通用性人工智能是很明智的。假如你不太注重人工智能的定义，它很快就会出现，或者说早已存在：我们只是在对其冠以“自动化”这个名义而已，这个过程始于古希腊的水车（也许还有更早的例证）。搜索引擎（将非常老式的算法大量安装应用在现代化“服务器群”中）能为你可能遇到的任何问题找到答案。机器人（由于制造业的进步和价格的迅速下降）将会在所有领域普及，成为家用电器设备，就像洗衣机和抽水马桶一样，最终一些机器人将成为多功能的干活儿行家（就像今天的智能手机结合了以前的手表、相机、手机等功能。在智能手机出现之前，汽车就已经拥有了收音机和空调，飞机上也配置了各种精密仪器）。

数以百万计的工作岗位将被创造出来，以满足制造机器人所需的基础设施，以及制造它们的机器人……有些机器人会早些出现，有些则需要几个世纪才会出现。微型化技术会使它们变得更袖珍，价格更便宜。在某种程度上，我们真的会被尼尔·斯蒂芬森（Neil Stephenson）的“智能尘埃”（引自他的小说《钻石时代》）所包围，换而言之，我们会被无数的微型机器人包围，它们各自执行着某一项独特的功能。如果你想称这些单功能程序为“人工智能”，那么也可以。

我们通常不会把只会做一件事的人称为“聪明人”。

通用性人工智能更接近我们人类，也许人类做得不够好，但我们确实做了很多事情。在能力可及的范围内，有些事我们永远不会去做。通用性人工智能将不会局限于一两个或 N 个任务，它几乎能够执行人类的所有任务，尽管不一定擅长其中的任何一项。

在对通用性人工智能的构成有明确定义之前，预测它到来的时间就像预测耶稣降临人间一样，毫无科学依据。通用性人工智能可以是一个功能程序的集合，其中，每个程序执行一项特定的任务。这样的话，势必要告诉人工智能专家，我们希望它胜任哪些具体的任务。例如，是否需要它会在赞比亚乘坐公共汽车，在海地兑换货币，或者要能够以闪电般的速度整理大量数据等。一旦有了这个任务列表，世界上的相关专家就可以对实现其中每项功能所需的研发时间进行合理的估计和预测。

这是一个历时长久的争论。几十年前，计算数学的众多创始者（艾伦·图灵、克劳德·香农、诺伯特·维纳、约翰·冯·诺依曼等）讨论过哪些任务可以交由“机械师”，即由计算机来执行，以及计算机又应该具备哪些功能。今天的计算机执行当前的深度学习算法，如玩围棋，这仍然是通用的图灵机的范畴，取决于关于这类机器的基础理论研究。因此，艾伦·图灵的规则仍然适用。1936 年，图灵机发明的全部意义（在概念层面）是证明是否存在一个通用算法，可以解决所有可能的程序输入配对的“停机问题”（Halting Problem），答案明显是否定的：至少总有一款程序不能“判断”，即永远无法停机。1951 年，亨利·戈登·赖斯（Henry Gordon Rice）用一个更令人生畏的命题——“赖斯定理”（Rice’s Theorem）——加强了这一结论：图灵机行为的任何特殊性质都是不可判断的，这是一个关于图灵机不可判定性的更泛化的命题。换句话说，如果机器是通用的图灵机（就像今天所有的计算机一样），那么无论取得多大的进步，机器所能“理解”的东西都是有限的。

尽管如此，通过使用数千台这样的机器的“蛮力”的方法已经取得了惊人的成就，如能够打败围棋世界冠军的机器，和识别出各式各样的猫的机器。因此，你可能会倾向于接受通用性人工智能完全是通过“蛮力”创建的，为每个可能的任务创建一个函数程序，然后将它们以某种方式组合在一台机器上，以便能够达到人类具备的各种能力。

有人会怀疑人类的思维是否也是如此运作的。我们还没有看到神经学方面的证据，可以表明人类大脑是一个单一功能程序的集合。但已经有相反的证据：人类的大脑能够将某类能力中的具体技能应用到另一项能力中，尽管并没有人要我们这么做。我们之所以聪明，是因为即使没有人训练我们去完成新任务，大脑也能处理新任务，最终找到方法去完成它们。

1888 年，也就是埃米尔·柏林发明留声机（记录声音）的那一年之后，梵高和尼采精神失常了。同年，柯达推出了第一台消费级的照相机（记录图像）。发生了什么？你的大脑在寻找某种联系，对吧？一项发明成功得到了实际应用并推向社会，而在同一年有画家和哲学家精神失常了，这完全是风马牛不相及的两码事。没有人会为此编写程序，来寻找两位名人精神失常与前者的联系。但你自然而然地会产生联想。确实，这完全是无用和无意义的瞎操心。尽管如此，这就是多任务智能才能做到，并且一直在做的事情。

智能而非深度学习

人工智能和机器人研究将继续向纵深发展，以期生产出更完善、更智能的设备（但这些设备无法达到人类那样的“智能”），但这并不等同于认为，开发出能与（一般）人类智能相匹配的机器有了更大的可能性。

我不知道这样的突破应该是什么样的，但我知道它不应该是什么样的。击败围棋世界冠军的这台机器，掌握了几乎有史以来全部的围棋知识，它可以在做出决策之前运行数百万个逻辑步骤。这显然使人类竞争者处于极大的劣势。即使是最出色的人类围棋冠军，拥有超强的记忆，也只能记住以往有限的比赛场次。人类玩家依赖于直觉和判断力，而机器则依赖于大量的历史知识积累和极快的处理速度。如果将机器所拥有的知识库，和我们人类所拥有的保持同等水平，限制机器逻辑计算步骤的数量，使之和我们人类力所能及的水平相当，然后我们可以测算一下机器对普通玩家的胜率会有多少，更不用说世界冠军了。

让一台计算机（或者更准确地说，让一个庞大的知识库）与人下棋就像让一头硕大的大猩猩与我进行拳击比赛：谁能从比赛结果中得出关于智力水平的结论？

我曾提到过，在自然语言处理方面几乎没有什么进展。其中的关键词是“自然”。机器实际上能够处理非自然语言，这种语言在语法上是正确的，但个体所独有的语言习惯和风格都从这种语言中被删除了：“每一句都是主语谓语宾语——主语谓语宾语——主语谓语宾语。”问题是人类不会这么做。我相信如果让你描述一个场景十次，你每次都会用到不同的词汇。

语言是一门艺术。这就是症结所在。我们有几台机器可以创造艺术？我们距离拥有一台会在半夜自动（醒来）开机，因为突发灵感即刻写诗或作画的计算机还有多远？人类的思想是不可预测的。不仅是成年人的大脑，宠物和孩童也经常会有让我们感到惊讶的举止。那么，上一次机器让你吃惊是在什么时候？机器只是在毫无想象力的情况下，重复地执行着人类命令它们干的工作。

这才是真正的突破：一台机器对围棋比赛所涉及的知识有限，在开始之前，它只能运行有限的逻辑步骤，但却仍然可以玩得很好。其原因是这台机器正在发挥它的直觉和判断力。这样的机器可能会在半夜醒来写首诗。这台机器可能会在几个月内学会一门人类语言，就像未经启蒙的孩童一样。这台机器绝不会把“‘Thou’是一个古英语单词”这句话翻译成“Tu e un antica parola Inglese”（即你是一个古英语单词的古英语表述），当情况紧急时，即使遇到红灯，它也绝不会停下来。

我想这需要对当今计算机的架构进行一些重大的改革。例如，一个突破可能是从数字架构到模拟架构的过渡。另一项突破可能是从硅（在自然界中从未被用来制造智能生物）到碳（所有自然大脑都是由碳构成的）的转变。还有一点或许是要创造出一个有自我意识的人造生命。

如今，人们普遍认为，在20世纪70年代，人工智能科学家过早地放弃了神经网络和联结主义。我的直觉是，在21世纪的第一个10年，我们对符号处理（基于知识的）程序的弃之不顾非常可惜。基本上，我们对待逻辑方法就像之前对待联结主义一样。在20世纪70年代，神经网络被遗忘了，因为基于知识的系统能提供实际有效的结果……但后来却发现该系统的作用非常有限，而神经网络能够做更多的事情。

我的揣测是，基于知识的方法并没有错。不幸的是，我们从来没有找到过一种合适的方式来表达人类的知识。表象是哲学中最古老的问题之一，我们现在已经有了强大的计算机，但离解决表象问题还差得很远。计算机的速度在修正错误方面起不到什么作用。

于是我们认为，基于知识的方法是错误的，进而选择了神经网络（深度学习等）。事实证明，神经网络非常擅长模拟特定的任务，每个神经网络都能很好地完成一件事，但却不能完成所有事，包括最笨的人和动物都能做得很好的事情：使用同一个大脑来完成数千件（可能是无限件）不同的任务。

即便机器被认为是绝对可靠的，它也不可能是智能的。

——艾伦·图灵，1947

通用性人工智能的时间框架

如果“人工智能”只意味着一台机器可以做某些（不是所有）我们能做的（如识别出猫或下棋），而不是“一切”我们能做的（包括老鼠和棋手能做到的很多事情），那么所有的机器，包括所有电器都在人工智能的范畴之内。它们中的一些（收音机、电话、电视）甚至是超越了人类的智力的，因为它们能做人类大脑所不能做到的事情。

定义非常重要：对于“机器何时会变得智能”和“超人智能何时会出现”等问题，没有单一的答案。这取决于这些词的确切含意是什么。我的回答可以是“它已经在这里了”或“从来没有过”。

就目前而言，对通用性人工智能（真正的智能机器）未来的预测是对一种不存在的技术的预测。可以让火箭专家预测人什么时候能去冥王星：那项技术是存在的，人们可以推测出在那个特定的任务中使用的某项技术会在什么时候出现。对于真正的智能机器而言则相反，我的感觉是，根据现有的技术，我们不可能创造出一台机器，用来完成我们的日常认知中的种种工作。所需的技术还不存在，谈何创造？这台机器应该比我们更聪明，它不仅会夺去你的工作，甚至会统治世界（杀死我们所有人或者让我们永生），这是纯粹的想象，就像幻想天使和魔鬼存在那样。

预测未来是困难的，原因是我们往往会在某个特定方向预测未来，而不是预测所有的可能性。据我所知，没有人预测专家系统会在大多数领域变得无足轻重，因为数以百万计的志愿者会将知识免费发布到一个名为“万维网”的网络上，只要配备一台小型计算机，任何人都可以访问这个网站，这是一种可能的未来。未来存在多种可能，少有人能够预测准确。同样，我们很难预测 10 年后会发生什么，更别说 50 年后了。

如果 3D 打印和其他一些技术能够让普通人制造出廉价产品，那会怎样呢？为什么我们仍然需要机器人？如果合成生物学开始创造出具有各种功能的生命体又将如何？为什么我们还需要机器？在我们预测的未来，一个建立在今天基础上的未来，机器将在这个世界里继续成倍增长，其性能和本领将得到极大提高。未来还有许多可能性，计算机和机器人也可能因为今天尚未出现的科学技术而变得微不足道。

安德斯·桑德伯格（Anders Sandberg）和尼克·博斯特罗姆（Nick Bostrom）在其著作《全脑模拟》（2008）中进行了“机器智能调查”（2011）。

调查伊始，该书给人工智能的定义为：一个系统——“能够代替人类执行所有认知任务，还需要具有创造力、常识和社会生活的技能”。我估计这种物种的出现大约还需要 20 万年，这是依据自然进化过程，形成近似人类智慧的物种所需的时间。假如人工智能以我们今天拥有的机器为基础，经过新兴的科学技术的不断改型、充实、提高，最终进化出了能够与你进行正常对话的机器，对此我的估算时间是：“永远不会”。我在人工智能领域所看到的进步速度（非常少而且非常缓慢），使我能推断出人类发明这种机器需要近似无限的时间。

我们可能还会长时期地讨论“所有认知任务”这个表述的真正含义。例如，是否要把意识排除在认知任务的范畴之外，这就像把贝多芬排除在音乐家的范畴之外，原因是我们无法解释他的才能。

这是完全可能的，机器让我们变得有点迟钝（或者说，自动化设计了更好的生存环境，让我们变得更有依赖性）。还有，在越来越多的领域中（从算术到导航），机器比人类“更聪明”，这不仅是因为机器在不断进步，也要归因于人类失去了他们原先使用的技能。假如我把这种趋势投射到未来，很有可能人类会变得比今天更加笨拙，甚至降低了通用性人工智能的门槛，从而使其比现在更有可能实现；“超人”智能或许会出现，但实际上应该被称为“替代人的”智能。

硅能产生智能吗

目前的人工智能（神经网络和深度学习）比过去的人工智能更具生物特性，但也仅此而已。距离深刻认识大脑本质，我们还有很长的路要走。当今复杂的神经网络结构是对大脑的粗略模拟。设想神经元和神经递质的数量以及没有两个神经元是完全相同的，这可以让我们认识到大脑的复杂性——远远超过了软件工程师设计的神经网络。

生物物质的复杂性（也许）无法在硅或任何其他非生物物质中复制。生物物质自然生长出数十亿个彼此不同的神经元，这些神经元通过无数的自发突变，通过彼此不同的突触相互连接。一个名为“大脑躯体马赛克主义网络”（Brain Somatic Mosaicism Network）的联盟进行的一项研究发现，单个神经元在基因层面就存在差异：每个神经元都有略微不同的基因（引自《不同神经元基因组与神经精神疾病的交集》，2017）。此外，我大脑中的神经元和你们大脑中的神经元是不一样的。我大脑中的神经递质和你大脑中的神经递质不完全一样。虽然人们可以争辩说“功能”是相同的，但不能说两者是“相同的东西”。使用显微镜进行观察你会发现，它们都是稍微不同的“东西”。

生物物质是极其混乱的，就像没有两个树杈是完全相同的（不管你检查了多少棵树），没有两个指纹是完全相同的。生物本质中不存在复制的可能性。相反，我们的模拟方式是由相同的 0 和 1 构建的，这些 0 和 1 被用来创建相同的（人工的）神经元，这些神经元使用相同的传递方式进行通信。如果不使用生物物质，几乎不可能复制出生物形态的混沌状态。

仿照大脑的结构（神经网络），我们可以制造出有使用价值的机器，但也许我们能从这个程序中得到的只是“有用”，而不是“智能”。妄言这些机器就是“大脑”，就像宣称拐杖是腿一样。人类的大脑不仅是复杂的，而且它的数十亿个单位彼此之间完全不同。虽然这种现象在自然界中是一种规律（没有两块石头是完全相同的，没有两片云是完全相同的，没有两根棍子是完全相同的），但它与人类的人工制品是不同的，人类的人工制品是用完全相同的积木建造的。

下一项突破是：了解大脑

回顾过去，我们可以发现，神经网络的进步得益于物理学（霍普菲尔德通过递归神经网络研究退火过程）和神经科学（福山邦彦发现卷积神经网络，用来研究猫的视觉系统）领域新的进展。这两方面的见解产生了对传统数据在优化和控制领域的重新发现和适应。我想，这种情况在将来还会继续下去。但是，物理学大多是旧的知识，而神经科学是新的知识。因此，人工智能更多部分的进展要归功于神经科学。

从对大脑的了解中，我们学到了很多东西。每当我们发现它的一个秘密时，改善机器性能的方向就会又一次豁然开朗。例如，你如何知道对方感到害怕了？威斯康星大学的保罗·惠伦（Paul Whalen）的研究小组发现，我们的大脑可以通过简单地观察人的眼白，就识别出他是否害怕了：如果眼白变大，这个人很可能是害怕了。大脑不需要扫描整张脸，也不需要处理大量的信息。进化为大脑装备了大量的认知工具，使我们可以快速地获得各种各样的近似结论。

国家和国际研究项目最令那些讨厌纳税的人反感，但是这些项目在 20 世纪取得了巨大的成功。富兰克林·罗斯福（Franklin Roosevelt）的曼哈顿计划（1941）造出了原子弹，约翰·肯尼迪（John Kennedy）的阿波罗计划（1963）把人送上了月球，理查德·尼克松（Richard Nixon）的阿帕网（1969）创建了国家的计算机网络，乔治·赫伯特·布什（George Herbert Bush）的人类基因组计划（1990）成功地解码了人类基因组，其产生的副产品应用于许多学科（并为纳税人带来了数以百万计的高薪工作）。巴拉克·奥巴马（Barack Obama）的大脑计划（BRAIN Initiative，2013）以及欧盟的人类大脑计划（Human BRAIN Project，2013）具有同样强大的潜力。其实，BRAIN 是通过先进的神经技术进行大脑研究的缩写。

大脑计划包含了大脑皮层网络的机器智能（微米）项目，该项目旨在对大脑进行逆向工程，它由哈佛大学的雅各布·沃格尔斯坦（Jacob Vogelstein）、戴维·考克斯（David Cox），卡耐基 - 梅隆大学的李泰成（Tai Sing Lee）和贝勒医学院的安德烈亚斯·托里亚斯（Andreas Tolias）共同发明。坏消息是，在开放蠕虫（OpenWorm）项目中，我们甚至还没有模拟出秀丽隐杆线虫。在这方面，还有很长的路要走。

但是，了解大脑或许并不等同于理解“我们是谁”，长期以来，这是哲学家们乐此不疲地探讨的话题。当设计的神经网络和编写的方程可以完全描绘出大脑时，我们会完全找到自己吗？意识只是一个数学公式吗？

作为一名从事理论物理学的数学家，我发现了物理学家所面临的困局。理查德·费曼（Richard Feynman）表示：“如果今天所有的数学都消失了，物理学将倒退整整一周。”但是尤金·威格纳（Eugene Wigner）却对数学如此精准地描述现实感到惊奇，他认为“自然科学中，数学具有难以置信的有效性”。

在《为什么深度和廉价的学习效果如此之好》（2016）一书中，哈佛大学的物理学家亨利·林（Henry Lin）和麻省理工学院的数学家马克斯·泰格马克（Max Tegmark）提出了多层神经网络或许与我们宇宙的本质有着深刻的共同之处的假设。

尼尔斯·波尔（Niels Bohr）喜欢互补的原则，即现实中存在双重公式。例如，在物理学体系中，对粒子和波，你必须从中“二选一”，舍弃另一个，但不能将其混合（这成就了维尔纳·海森堡著名的不确定性原理）。玻尔扩展了互补原则，用来处理哲学问题：身心问题、生命论、阴阳等。我怀疑波尔会同时接受大脑作为纯粹的计算数学和大脑是一种有意识的存在这两种观点。

神经科学是最终的答案，抑或只是提出了另一个问题？

为什么我不害怕人工智能的到来

2014—2015 年，硅谷的连续创业者伊隆·马斯克、英国物理学家斯蒂芬·霍金与前世界首富比尔·盖茨都敲响了人工智能将对人类构成威胁的警钟。他们深受比尔·乔伊的著作《未来不需要我们》的影响。在2016年，伊隆·马斯克和彼得·泰尔成立了非营利组织“OpenAI”，以“推进数字智能，造福全人类”为使命。他们聘请了曾在谷歌和辛顿小组任职的伊尔亚·苏茨克维来牵头研究，并聘请加州大学伯克利分校的皮耶特·阿布比尔、约书亚·本吉奥和个人电脑先驱艾伦·凯担任顾问。甚至前国务卿亨利·基辛格（Henry Kissinger）也对此发表了看法，在《大西洋月刊》上发表了一篇题为《启蒙运动如何结束》的文章（2018 年 6 月）。

但是，我并不担心人工智能的到来，因为我们离真正的智能机器还非常遥远。

我不怕人工智能的到来，相反，我怕它来得不够快。机器是我们未来幸福生活的关键，在越来越大的程度上决定着我们未来的生活水平，智能机器对我们这个时代的最严重的问题的解决来说，很可能是不可或缺的。

没有机器人的世界意味着人类必须以非常低的工资生产普通家庭能负担得起的商品。在那样的世界里，只有富人能买得起车，甚至电视机。没有机器人的世界意味着人类将必须执行各种对健康危害很大的危险工作，如清理福岛的核灾难现场，在矿山、钢厂恶劣的工作条件下工作。机器人可以被用来解除自杀性人肉炸弹、排除地雷。没有机器人，这些工作只能由人类来干。没有机器人的世界将是一个可怕的世界。

当前，机器人的营销有失偏颇。机器人大多被表现为可怕的大型猛兽。我们应该改变宣传口径，例如，有一天隔壁的五金店将出售为我们修理和疏通房屋管道的微型爬行机器人；穿上机器人“护甲”，我们能够举起并搬运后院的重物。以此类推：机器人将帮助我们解决家居中出现的实际问题。

不必担心机器可能“偷走”我们的工作，我们应该担心一些需求紧迫的工作没有人干。照顾老年人是一个典型的例子。事实上，世界上绝大多数国家的人口并未加速增长，反而增长减缓。在某些国家，人口已变为负增长。在许多国家，人口数量已经达到顶峰，很快将开始下滑，还将出现人口老龄化问题。换句话说，许多国家需要为未来老年人与照顾他们的年轻人的人口比例失调问题做好准备。

20世纪50年代到60年代，西方世界出现了“婴儿潮”。21世纪将迎来一大社会变革——老年潮。富裕国家正在步入“老年潮”时代。谁将照顾年龄逐渐增长的老年人？大多数这些老龄化的人口都没有负担全职保姆的经济能力。机器人可以解决这个问题：机器人能帮助人买东西，打扫房屋，可以提醒人吃药，给人量血压等。机器人可以不分昼夜、全年无休地做这些事情，而且价格实惠。我担心人工智能来得不够及时，以至于我们将不得不独自面临老龄化的问题。

我们宣称，我们希望世界上所有人都能达到富裕的西方国家水平，但事实是，任何“富裕”国家都需要穷人来做“富人”拒绝做的工作。穷人做的大多数工作是维持社会正常运转、维系我们日常生活的工作。这些都是低报酬的工作，如收垃圾、做三明治。我们宣称，我们希望地球上的80亿人口达到富裕国家的生活水准，但是当所有这80亿人都变得富足，没有人愿意去做那些不起眼的低报酬工作时，世界会变成什么样呢？谁每周收一次垃圾？谁在餐厅做三明治？谁清理公共浴室？谁擦办公楼的玻璃？我们不愿承认，但今天我们依靠众多的穷人为我们做那些我们不想做的工作。

我希望我们在50年甚至更短的时间内切实解决贫困问题，但是这意味着我们只有50年的时间创造出可以做所有人类不想做的工作的机器人。我不害怕机器人，我害怕的是，不知50年后如果我们没有收垃圾、做三明治、清理浴室的智能机器人，我们的世界将是怎样的景象。

可以想象，未来没有机器人的世界也许无法正常运转，非常贫穷的人在恶劣的条件下工作和生活，老人无人照顾，残障人士无人帮助。

没有机器人的世界是一个可怕的世界。

隐形的机器人云

今天，我们在“数据经济”中蓬勃发展。信用卡公司不再是一家金融公司：它已经变成了一家数据公司（它知道你买什么）。社交媒体显然是数据公司：它们知道你的兴趣是什么，与谁有联系，以及你喜欢的商品是什么。这些技术有什么共同点——物联网、生物技术、可穿戴设备、社交媒体……？他们生产数据，数以亿计的数据。几乎每一项新技术都会产生大量的数据，深度学习是分析这些数据的一种技术。事实证明，“大数据”也是人工智能训练神经网络所需要的。深度学习需要大数据集，大数据集需要深度学习。在传统上，神经网络是关于模式识别的（如图像或语音识别）。随着数据的规模变得如此之大，一种新的自然应用程序（撒手锏应用程序）变得越来越具有吸引力：概要文件识别。如果我们把你买的东西、你做的事、你和谁交朋友等放在一起，我们就能得到你的数字行为，这基本上就反映了你的思想（欲望、信念、需求等）。

隐形机器人可以分析我们在网络上留下的所有数据，并了解很多有关我们的事情。这些看不见的机器人可以窥探到你生活中的私密事件。不仅知道你的数字行为，还知道其他人的数字行为。它知道环境和人类行为之间的关系，它能从你所处的环境中分析你的行为，并“建议”你采取某种行为。

这个看不见的机器人能够“说服”你，因为它知道你的想法，可以为你的大脑定制消息，促使你去干某些事。它能提供信息用以精心设计你的行为。这并不是什么新鲜事，这是营销专家的拿手好戏。现在不同的是：（1）它可以为每个人定制；（2）“机器人”可以发现更多关于你的信息，这是以往任何营销研究都无法想象的。

这台机器比你最好的朋友更了解你，也比你更了解其他人。所以机器可以用人类的知识来理解人类的行为，然后用你所提供的数据来分析如何操纵你。听起来可怕吗？更让人心惊胆战的是：有成千上万的隐形机器人将在这个项目上通力合作、团队作战。

机器人无法理解你的对话，也无法真正“学习”任何东西；但当你在网上商店买东西或在社交媒体上与人交流时，它可以留下你的数字足迹，进而产生神奇的效果。

隐形机器人不仅是市场营销的未来。使用选民行为数据集进行训练的机器人，可以定制政治候选人的信息，从而最大限度地增加该候选人的得票数。使用绩效评估数据集进行培训的机器人，在物色岗位的最佳人选方面可能比招聘人员更有效率。受过惯犯历史记录训练的机器人甚至能就最公正的判刑期向法官提供建议，因为它能预测被告出狱后再次重操旧业的可能性。

苹果公司在早期颇具影响力的设计师布鲁斯·托尼亚齐尼（Bruce Tognazzini）曾写道：“在我们这个时代，无形的电脑为无形的用户工作。”我可以把它重新表述为：“无数隐形的机器人为无数隐形的用户在孜孜不倦地工作。”

未来的工程师是“行为设计师”。未来的工程师还需要理解机器的语言，而不仅是人类的。机器的语言是计算数学。

我想你会想成为塑造人工智能的人，而不是被人工智能塑造的人。

附录　人工智能大事记

1935 年　阿隆佐·邱奇（Alonzo Church）证明了一阶逻辑的不可判定性。

1936 年　艾伦·图灵提出了通用机器模型（《关于可计算的数字，以及恩斯凯顿问题的应用》）。

1936 年　阿隆佐·邱奇进行了 Lambda 演算。

1941 年　康拉德·楚泽（Konrad Zuse）发明了可编程电子计算机。

1943 年　数学家诺伯特·维纳、生理学家阿图罗·罗森布鲁斯和工程师朱利安·毕格罗共同撰写了《行为、目的和目的论》一书。

1943 年　肯尼斯·克雷克出版了《解释的本质》。

1943 年　沃伦·麦卡洛克和沃尔特·皮茨提出了二元神经元理论（《神经活动内在观念的逻辑演算》）。

1945 年　约翰·冯·诺依曼提出了拥有自己指令的计算机的概念，即“存储–程序架构”。

1946 年　ENIAC 计算机诞生。

1946 年　第一次梅西会议召开。

1947 年　约翰·冯·诺依曼提出自我复制自动机的模型。

1948 年　艾伦·图灵提出了“智能机器”的概念。

1948 年　诺伯特·维纳提出了“控制论”。

1949 年　莱昂·多斯特（Leon Dostert）创立了乔治敦大学语言与语言学研究所。

1949 年　威廉·格雷-沃尔特（William Grey-Walter）发布了埃尔默和埃尔西机器人。

1949 年　沃伦·韦弗（Warren Weaver）发布了有关“翻译机”的备忘录。

1949 年　比率俱乐部成立。

1950 年　克劳德·香农发表了《为下棋而编程》。

1950 年　艾伦·图灵发表了《计算机器与智能》(提出图灵测试)。

1951 年　克劳德·香农（Claude Shannon）制作出了迷宫机器人（电子老鼠）。

1951 年　卡尔·拉什利（Karl Lashley）发表了《行为序列问题》。

1952 年　约书亚·巴尔-希勒尔（Yehoshua Bar - Hillel）组织了第一次机器翻译国际会议。

1952 年　罗斯·阿什比（Ross Ashby）发表了《大脑的设计》。

1953 年　哈维·查普曼（Harvey Chapman）制作了“Garco”机器人。

1953 年　马歇尔·罗森布鲁斯发明了后来由他的妻子阿里安娜（Arianna）实现的“大都会算法”，即第一个马尔可夫链蒙特卡罗方法。

1954 年　韦斯利·克拉克（Wesley Clark）和贝尔蒙特·法利（Belmont Farley）建立了第一个神经网络计算机模拟系统。

1954 年　马文·明斯基发表了关于强化学习的论文。

1954 年　乔治敦大学的莱昂·多斯特（Leon Dostert）和 IBM 的卡斯伯特·赫德（Cuthbert Hurd）团队演示了一款机器翻译系统，这可能是第一台数字计算机的非数字应用。

1955 年　西方计算机联合会议召开，由纽维尔（Newell）、塞尔弗里奇（Selfridge）、克拉克（Clark）等人撰写了论文。

1955 年　阿瑟·塞缪尔（Arthur Samuel）的跳棋程序是世界上第一个自学项目，

也是阿尔法-贝塔算法的第一个实例应用。

1956年　艾伦·纽维尔（Allen Newell）和赫伯特·西蒙论证了“逻辑理论家”。

1956年　达特茅斯人工智能会议召开。

1956年　雷·索洛莫诺夫（Ray Solomonoff）推出归纳推理机。

1956年　戈登·帕斯克（Gordon Pask）推出特殊用途的电动机械——自动机SAKI和Eucrates。

1957年　理查德·贝尔曼（Richard Bellman）出版了《动态编程》。

1957年　弗兰克·罗森布拉特（Frank Rosenblatt）制作出了感知机。

1957年　纽维尔和西蒙提出了“通用问题的解决机器”。

1957年　诺姆·乔姆斯基提出“句法结构”（转换语法）理论。

1958年　约翰·麦卡锡提出了LISP编程语言。

1958年　奥利弗·塞尔弗里奇（Oliver Selfridge）出版了《学习范例：Pandemonium》。

1958年　约翰·麦卡锡出版了《常识程序》，注重常识的再现。

1958年　约书亚·巴尔-希勒尔“证明”机器翻译是不可能的。

1959年　约翰·麦卡锡和马文·明斯基在麻省理工学院建立了人工智能实验室。

1959年　诺姆·乔姆斯基对斯金纳的一本书的评论终结了行为主义的统治，复兴了认知主义。

1959年　工业机器人Unimate被部署在通用汽车公司。

1959年　伯纳德·威德罗（Bernard Widrow）和泰德·霍夫（Ted Hoff）提出了Adaline（自适应线性神经元，或被后人称为自适应线性元素），它使用了神经网络的Delta规则。

1959年　泽利格·哈里斯（Zellig Harris）的团队编写了第一个自然语言解析器。

1960年　亨利·凯利（Henry Kelley）和亚瑟·布赖森（Arthur Bryson）发明了反

向传播。

1960 年　唐纳德·米基（Donald Michie）提出了强化学习系统——MENACE。

1960 年　希拉里·普特南（Hilary Putnam）提出了计算功能主义。

1961 年　梅尔文·马龙（Melvin Maron）发表了《自动索引》。

1963 年　欧文·约翰·古德（Irving John Good，又名伊西多尔·雅各布·古达克）对“超智能机器”（奇点）进行了预测。

1963 年　约翰·麦卡锡搬到斯坦福大学并创建了斯坦福人工智能实验室（SAIL）。

1963 年　爱德华·费根鲍姆和朱利安·费尔德曼（Julian Feldman）发表了《计算机与思想》。

1963 年　弗拉基米尔·万普尼克（Vladimir Vapnik）和阿列克谢·切尔冯尼基斯（Alexey Chervonenkis）发明了支持向量机（SVM）。

1964 年　IBM 推出了用于语音识别的“鞋盒”（Shoebox）。

1965 年　阿列克谢·伊娃科（Alexey Ivakhnenko）发表了第一个多层网络学习算法。

1965 年　爱德华·费根鲍姆推出了 Dendral 专家系统。

1965 年　洛塔菲·扎德（Lotfi Zadeh）提出了模糊逻辑理论。

1965 年　布鲁斯·莱西（Bruce Lacey）的机器人 ROSA Bosom 在计算机艺术展上展出。

1966 年　伦纳德·鲍姆（Leonard Baum）提出了隐马尔可夫模型。

1966 年　乔·维岑鲍姆（Joe Weizenbaum）推出了聊天机器人 Eliza。

1966 年　罗斯·奎廉（Ross Quillian）推出了语义网络。

1967 年　查尔斯·菲尔莫尔（Charles Fillmore）推出格框架语法。

1968 年　格伦·谢弗（Glenn Shafer）和亚瑟·邓普斯特（Arthur Dempster）提出了“证据理论”。

1968 年　彼得·托玛（Peter Toma）创立了 Systran 公司，将机器翻译系统商业化。

1969 年　第一次人工智能国际联合会议（IJCAI）在斯坦福召开。

1969 年　马文·明斯基和塞缪尔·帕佩特（Samuel Papert）的“感知机”扼杀了神经网络的研究。

1969 年　罗杰·沙克（Roger Schank）提出了自然语言处理的“概念依赖理论”。

1969 年　科德尔·格林（Cordell Green）提出了程序自动合成。

1969 年　斯坦福研究所制作出了机器人 Shakey。

1970 年　艾伯特·皮特·乌特利（Albert Pete Uttley）提出了自适应模式识别信息。

1970 年　威廉·伍兹（William Woods）提出了自然语言处理增强转换网络（ATN）。

1971 年　理查德·菲克斯（Richard Fikes）和尼尔斯·尼尔森（Nils Nilsson）开发出了 STRIPS 规划者。

1971 年　英戈·瑞肯伯格（Ingo Rechenberg）提出了“进化策略”。

1972 年　阿兰·科尔默劳尔（Alain Colmerauer）发明了 ProLog 编程语言。

1972 年　肯尼斯·科尔比（Kenneth Colby）在斯坦福大学设计的聊天机器人 Parry 和麻省理工学院的聊天机器人 Eliza 之间进行对话。这是聊天机器人对聊天机器人在阿帕网上的第一次对话。

1972 年　哈里·克洛普夫（Harry Klopf）发表了《大脑功能与适应系统》。

1972 年　布鲁斯·布坎南（Bruce Buchanan）推出了 MYCIN。

1972 年　休伯特·德雷福斯出版了《计算机不能做什么》。

1972 年　特里·维诺格拉德（Terry Winograd）推出了 SHRDLU。

1973 年　詹姆斯·莱特希尔（James Lighthill）在《人工智能——一项全面调查》中批评了人们对人工智能的过度夸大。

1973 年　加藤一郎（Ichiro Kato）的 Wabot 是第一个拟人化步行机器人。

1973 年　吉姆·贝克（Jim Baker）将隐马尔可夫模型应用于语音识别。

1974 年　马文·明斯基框架被提出。

1974 年　保罗·韦伯斯（Paul Werbos）推出了神经网络反向传播算法。

1975 年　第一次医学人工智能讲习班在罗格斯大学举行。

1975 年　约翰·霍兰（John Holland）提出了遗传算法。

1975 年　罗杰·沙克（Roger Schank）提出了脚本理论。

1975 年　拉杰·兰迪（Raj Reddy）在卡耐基 - 梅隆大学的团队开发出了三种语音识别系统（布鲁斯·泰勒的 Harpy、Hearsay II 和吉姆·贝克的 Dragon）。

1976 年　斯蒂芬·格罗斯伯格（Stephen Grossberg）提出了无监督学习自适应共振理论（ART）。

1976 年　弗雷德·耶利内克（Fred Jelinek）发表了《用于连续语音识别的统计方法》。

1976 年　理查德·莱恩（Richard Laing）提出了通过自我检查进行自我复制的范式。

1977 年　帕特·兰利（Pat Langley）推出了 Bacon——一种应用于发现科学规律的系统。

1978 年　雷扎德·米切斯基（Ryszard Michalski）建立了第一个从实例中学习的实用系统——AQ11。

1978 年　大卫·马尔（David Marr）提出了视觉理论。

1978 年　约翰·麦克德莫特（John McDermott）提出了专家系统 R1/XCON。

1979 年　约翰·迪克（Johan DeKleer）提出了定性推理。

1979 年　德鲁·麦克德莫特（Drew McDermott）提出了“非单调逻辑”。

1979 年　威廉·克兰西（William Clancey）发表了《Guidon》。

1980 年　第一家人工智能的初创公司 Intellicorp 成立。

1980 年　约翰·塞尔在《中文房间》杂志上发表了《思想、头脑和程序》。

1980 年　福岛邦彦提出了卷积神经网络。

1980 年　约翰·麦卡锡提出了界限理论。

1981 年　丹尼·希利斯（Danny Hillis）推出了连接机。

1981 年　汉斯·坎普（Hans Kamp）提出了话语再现理论。

1981 年　加州大学圣地亚哥分校并行分布式处理研究小组成立。

1982 年　日本启动了第五代计算机系统项目。

1982 年　约翰·霍普菲尔德（John Hopfield）描述了基于退火模拟的新一代神经网络。

1982 年　朱迪亚·珀尔（Judea Pearl）建立了“贝叶斯网络”。

1982 年　图沃·科霍宁（Teuvo Kohonen）推出了无监督学习自组织映射理论（SOM）。

1982 年　加拿大高级研究院（CIFAR）建立了人工智能和机器人技术的第一款程序。

1983 年　斯科特·柯克帕特里克（Scott Kirkpatrick）提出了模拟退火方法。

1983 年　尤里·涅斯捷罗夫提出了梯度下降的加速版（涅斯捷罗夫动量）。

1983 年　杰弗里·辛顿和特里·谢诺沃斯基推出了玻尔兹曼机。

1983 年　杰拉德·索尔顿（Gerard Salton）发表了《现代信息检索导论》。

1983 年　约翰·莱尔德（John Laird）和保罗·罗森布卢姆（Paul Rosenbloom）推出了 Soar 系统。

1984 年　瓦伦蒂诺·布莱顿伯格（Valentino Braitenberg）出版了《车辆》（*Vehicles*）。

1985 年　罗斯·昆兰（Ross Quinlan）推出了 ID3，用于决策树分析。

1986 年　特里·谢诺沃斯基和查尔斯·罗森伯格推出了 NETtalk。

1986 年　大卫·齐普泽（David Zipser）推出了“自动编码器”。

1986 年　珍妮·艾罗和克里斯蒂安·朱顿推出了独立成分分析理论。

1986 年　大卫·鲁梅尔哈特的“并行分布式处理”重新发现了韦伯斯的反向传播算法。

1986 年　保罗·斯莫伦斯基（Paul Smolensky）提出了受限玻尔兹曼机。

1986 年　芭芭拉·格罗斯（Barbara Grosz）发表了《注意、意图与话语结构》。

1986 年　罗德尼·布鲁克斯（Rodney Brooks）发表了《哑巴机器人》。

1987 年　达纳·巴拉德（Dana Ballard）使用无监督学习逐层构建了表示层。

1987 年　克里斯·兰顿（Chris Langton）创造出了“人造生命”一词。

1987 年　辛顿至加拿大高级研究院（CIFAR）任职。

1987 年　马文·明斯基出版了《心理社会》。

1988 年　福田俊夫（Toshio Fukuda）推出了自我重组机器人 CEBOT。

1988 年　迪恩·波默洛（Dean Pomerleau）提出了自动驾驶汽车的概念。

1988 年　弗雷德·耶利内克在 IBM 的团队出版了《语言翻译的统计方法》。

1988 年　希拉里·普特南提出：“人工智能是否教会了我们有关于大脑的重要知识？”

1988 年　菲利普·阿格雷创建了第一个“海德格尔式人工智能”——Pengi，这是一个可以玩 Pengo 游戏机的系统。

1989 年　燕乐存发表了《反向传播在手写邮编识别中的应用》。

1989 年　乔治·西班科（George Cybenko）证明了神经网络可以近似连续函数。

1989 年　克里斯多夫·沃特金斯提出了 Q-Learning 算法。

1989 年　亚历克斯·韦贝尔（Alex Waibel）提出了“延时”神经网络。

1989 年　燕乐存实现了手写 – 数字识别卷积神经网络（LeNet-1）。

1990 年　罗伯特·雅各布斯（Robert Jacobs）提出了“混合专家”体系架构。

1990 年　卡福·米德（Carver Mead）描述了一种“神经形态”处理器。

1990 年　IBM 的彼得·布朗（Peter Brown）实现了一个以统计学为基础的机器翻译系统。

1990 年　雷·库兹韦尔（Ray Kurzweil）出版了《智能机器时代》。

1991 年　伊莎贝尔·盖恩（Isabelle Guyon）将万普尼克（Vapnik）的“支持向量机”（SVM）应用于模式分类。

1992 年　托马斯·雷（Thomas Ray）开发出了虚拟世界“Tierra”。

1992 年　哈瓦·西格尔曼（Hava Siegelmann）和爱德华多·桑塔格（Eduardo Sontag）证明了递归神经网络可以实现图灵机的功能。

1992 年　罗恩·威廉姆斯（Ron Williams）提出了 REINFORCE 算法。

1992 年　林隆基（音译）提出了强化学习的“体验回放”算法。

1993 年　稻叶良幸（Masayuki Inaba）推出了远程大脑操控机器人。

1993 年　汤姆·米切尔（Tom Mitchell）推出了 Xavier 机器人。

1994 年　厄恩斯特·迪克曼（Ernst Dickmanns）的自驾汽车行驶了 1000 多公里。

1994 年　在亚利桑那州图森举行了第一次“面向意识科学”的会议。

1995 年　杰弗里·辛顿推出了亥姆霍兹机。

1995 年　弗拉基米尔·万普尼克（Vladimir Vapnik）提出了“支持–向量网络”。

1995 年　大卫·沃伯特（David Wolpert）首次提出了“没有免费的午餐”定理。

1996 年　大卫·菲尔德（David Field）和布鲁诺·奥尔斯豪森（Bruno Olshausen）提出了稀疏编码。

1997 年　塞普·霍克莱特（Sepp Hochreiter）和尤尔根·施米德胡贝提出了 LSTM 模型。

1997 年　IBM 的“深蓝”国际象棋机器击败了世界冠军加里·卡斯帕罗夫（Garry Kasparov）。

1997 年　美国宇航局的火星探路者号登陆火星，并部署了第一个漫游机器人索杰纳（Sojourner）。

1998 年　燕乐存推出了 LeNet-5。

1998 年　塞巴斯蒂安·特伦制作了 Minerva 和 Pearl 机器人。

1998 年　两名斯坦福学生，拉里·佩奇（Larry Page）和俄罗斯裔的谢尔盖·布林（Sergey Brin）创办了搜索引擎公司——谷歌。

1998 年　托尔斯滕·约阿希姆（Thorsten Joachims）提出了“支持向量机的文本分类”。

2000 年　辛西娅·布雷西亚（Cynthia Breazeal）推出了情感机器人 Kismet。

2000 年　本田公司推出了仿真机器人 Asimo。

2000 年　赛斯·劳埃德（Seth Lloyd）发表了《计算的终极物理极限》。

2000 年　井上博允（Hirochika Inoue）推出了人形机器人 H6。

2001 年　约书亚·本吉奥（Yoshua Bengio）提出了“神经概率语言模型”。

2001 年　翁菊洋（音译）发表了《机器人与动物的自主心智发展》。

2001 年　尼古拉斯·汉森（Nikolaus Hansen）提出了一种用于解决非线性问题数值优化的进化策略——协方差矩阵自适应（CMA）。

2001 年　赫伯特·耶格尔（Herbert Jaeger）推出了回声状态网络。

2002 年　沃尔夫冈·马斯（Wolfgang Maass）和亨利·马克拉姆（Henry Markram）推出了液体状态机。

2002 年　iRobot 公司推出了 Roomba。

2003 年　石黑浩（Hiroshi Ishiguro）推出了 Actroid，一个看起来像年轻女性的机器人。

2003 年 约翰霍普金斯大学的杰克丽特·苏塔克（Jackrit Suthakorn）和格里高利·齐里克吉安（Gregory Chirikjian）制造了一个可以自主复制的机器人。

2003 年 李泰兴（音译）提出了“视觉皮层的层次贝叶斯推理”。

2003 年 克劳斯·洛弗勒（Klaus Loeffler）制作了人形机器人约翰尼（Johnnie）。

2004 年 马克·蒂尔登（Mark Tilden）制作了生物形态机器人罗伯萨皮尔（Robosapien）。

2005 年 斯坦福大学的吴恩达（Andrew Ng）启动了 STAIR 项目（斯坦福人工智能机器人）。

2005 年 波士顿动力公司发布了四足机器人“大狗”。

2005 年 吴君浩（Jun–ho Oh）推出了人形机器人 Hubo。

2005 年 霍德·利普森（Hod Lipson）在康奈尔大学推出了“自动装配机”。

2005 年 彼得罗·佩罗娜（Pietro Perona）和李飞飞提出了“学习自然场景类别的贝叶斯层次模型”。

2005 年 塞巴斯蒂安·特伦的无人驾驶汽车 Stanley 赢得了 DARPA 的挑战赛。

2006 年 杰弗里·辛顿提出了深度信念网络（Deep Belief Networks，一种用于受限玻尔兹曼机的快速学习算法）。

2006 年 长谷川修（Osamu Hasegawa）提出了自组织增量神经网络（SOINN），一个自我复制的无监督学习神经网络。

2006 年 机器人初创公司柳树车库（Willow Garage）成立。

2006 年 亚历克斯·格雷夫斯（Alex Graves）提出了基于神经网络的时序分类（CTC）。

2007 年 约书亚·本吉奥提出了堆叠式自动编码器。

2007 年 斯坦福大学发布了机器人操作系统（ROS）。

2008 年　阿德里安·鲍耶（Adrian Bowyer）的 3D 打印机复制了自身。

2008 年　麻省理工学院媒体实验室的辛西娅·布雷西亚的团队揭开了 Nexi 的面纱，这是第一台移动－灵巧－社交（MDS）机器人。

2008 年　IBM 的达摩德拉·莫德哈（Dharmendra Modha）启动了一个构建神经形态处理器的项目。

2009 年　李飞飞（音译）完成了 ImageNet 人类标记图像数据库。

2010 年　丹妮拉·罗斯（Daniela Rus）提出了“可编程物质折叠”。

2010 年　詹姆斯·库夫纳（James Kuffner）创造出了“云机器人”一词。

2011 年　董宇（音译）推出了深度学习语音识别技术。

2011 年　IBM 的沃森首次在电视节目中亮相。

2011 年　尼克·达洛伊西奥（Nick D’Aloisio）发布了智能手机应用 Trimit（后来的 Summly）。

2011 年　长谷川修设计的 SOINN 机器人可以学习编程无法达到的功能。

2012 年　罗德尼·布鲁克斯（Rodney Brooks）推出手控可编程机器人 Baxter。

2012 年　亚历克斯·克里泽夫斯基（Alex Krizhevsky）和伊莉娅·苏克弗（Ilya Sutskever）证实，在处理了 2000 亿张图片后，深度学习的表现要远胜于传统的计算机视觉处理方法。

2012 年　吴恩达的团队展示了一种无监督的神经网络，可以识别视频中的猫。

2013 年　罗斯·格什克（Ross Girshick）提出了基于区域的神经网络（R-CNN）。

2013 年　马克斯·韦林（Max Welling）和迪德里克·金玛（Diederik Kingma）提出了变分自动编码器。

2013 年　伏尔迪米尔·明（Volodymyr Mnih）提出了深度 Q 网络。

2014 年　弗拉基米尔·维塞洛夫（Vladimir Veselov）和尤金·德姆琴科（Eugene Demchenko）的 Eugene Goostman 系统模拟了一个 13 岁的乌克兰男孩，

它通过了伦敦皇家学会的图灵测试。

2014 年　李飞飞的计算机视觉算法可以描绘照片。

2014 年　亚历克斯·格雷夫斯、格雷格·韦恩（Greg Wayne）和艾沃·丹妮尔卡（Ivo Danihelka）发表了一篇关于“神经图灵机器”的论文。

2014 年　詹森·韦斯顿、萨姆特·乔普拉（Sumit Chopra）和安托万·博尔德斯（Antoine Bordes）发表了一篇关于“记忆网络”的论文。

2014 年　伊莉娅·苏克弗和奥利奥尔·温雅尔斯（Oriol Vinyals）利用递归神经网络改善了谷歌的机器翻译（引自《神经网络的序列到序列学习》）。

2014 年　伊恩·古德费勒（Ian Goodfellow）提出了生成对抗性网络理论。

2014 年　凯伦·西蒙尼安（Karen Simonyan）和安德鲁·泽斯曼（Andrew Zisserman）提出了 VGG–16。

2014 年　曹奎力（Kyunghyun Cho）提出了编码器 – 解码器模型和门控回归单元（GRUs）。

2014 年　伏尔迪米尔·明提出了复发注意模型（RAM）。

2014 年　亚历克斯·格雷夫斯的 LSTM 脱离了隐马尔可夫模型进行语音识别。

2014 年　克里斯蒂安·斯齐格迪（Christian Szegedy）提出了 GoogLeNet。

2014 年　微软的 Skype 展示了一个实时的口语翻译系统。

2015 年　微软用残差学习方法训练出了一个 152 层的神经网络。

2015 年　亚历克·雷德福（Alec Radford）提出了深度卷积生成对抗性网络。

2015 年　1000 多名知名的人工智能科学家签署公开信，呼吁禁止“自主攻击性武器”。

2015 年　百度的“Deep Speech2”用 GRU 代替 LSTM，脱离了隐马尔可夫模型。

2015 年　弗朗索瓦·乔利特（Francois Chollet）开发了深度学习平台 Keras。

2016 年　何开明（音译）的 ResNet 拥有 1001 层的身份映射。

2016 年　由 DeepMind 的黄亚杰（音译）团队开发的 AlphaGo 打败了围棋大师李世石。

2017 年　辛顿提出了 CapsNet。

2017 年　DeepMind 推出了 AlphaZero。

2017 年　阿列克谢·埃弗斯的团队使用 Pix2pix 从草图中生成了图像。

2017 年　科学家们推出了 100 多个生成对抗性网络的变种。

2017 年　约翰·舒尔曼（John Schulman）提出了关于强化学习的近端政策优化。

2017 年　辛顿的胶囊网上线。

2018 年　王晓龙（音译）推出了非局部神经网络。

2018 年　杰里米·霍华德（Jeremy Howard）和塞巴斯蒂安·鲁德（Sebastian Ruder）推出了 ULMFiT。

2018 年　戴维·杜维纳德（David Duvenaud）推出了神经常微分方程。

2019 年　OpenAI 的 GPT2 撰写出了令人信服的文章。

2019 年　在即时战略游戏《星际争霸 2》中，DeepMind 的 AlphaStar 击败了 99.8% 的人类对手。